只做好题
税法（II）

税务师职业资格考试辅导用书 · 基础进阶 全2册·上册

斯尔教育　组编

北京理工大学出版社
BEIJING INSTITUTE OF TECHNOLOGY PRESS

·北京·

图书在版编目（CIP）数据

只做好题. 税法. Ⅱ : 全2册 / 斯尔教育组编. --

北京 : 北京理工大学出版社, 2024.6

税务师职业资格考试辅导用书. 基础进阶

ISBN 978-7-5763-4124-9

Ⅰ. ①只… Ⅱ. ①斯… Ⅲ. ①税法—中国—资格考试

—习题集 Ⅳ. ①F810.42–44

中国国家版本馆CIP数据核字(2024)第110444号

责任编辑：武丽娟　　　　**文案编辑：**武丽娟

责任校对：刘亚男　　　　**责任印制：**施胜娟

出版发行 / 北京理工大学出版社有限责任公司

社　　址 / 北京市丰台区四合庄路6号

邮　　编 / 100070

电　　话 / （010）68944451（大众售后服务热线）

　　　　　　 （010）68912824（大众售后服务热线）

网　　址 / http://www.bitpress.com.cn

版 印 次 / 2024年6月第1版第1次印刷

印　　刷 / 三河市中晟雅豪印务有限公司

开　　本 / 787 mm×1092 mm　1/16

印　　张 / 16.5

字　　数 / 419千字

定　　价 / 35.40元（全2册）

各位备考路上的朋友们，在你们使用本书之前，我有些话想嘱咐大家：

首先，重视做题。

看书、听课是知识输入的过程，但若只是输入，往往会陷入虽然花费了相当多的精力认真学习但依然记不住这些知识的困局中。这是因为在知识输入的时候，大脑并没有进行深层次思考，只是储存了知识，尚未能够成功地将其转化为自己的东西。想要破解这一困局，最有效的办法就是进行知识输出，做题便是知识输出的非常重要的一环。通过做题，可以检验自己对知识的掌握程度，同时，对做题过程中遇到的记忆模糊不清、模棱两可的知识重新学习，深入思考，再进行输出，便可以成功地将储存的知识转化为自己的知识，提高运用知识的能力，掌握做题技巧。

其次，只做好题。

做题并不是盲目刷题，搞题海战术，而是做好而精的题目。本书在编写过程中特意设置了两类题目：【做经典】【做新变】，旨在帮助同学们更清晰地认识题目，尽可能地掌握经典题目，重视新增与变化内容对应的题目，最大限度地提高"偏难怪"题目的得分率。

最后，如何才能充分地利用好这本书？

第一，及时做题。

这本书是与《打好基础·税法（Ⅱ）》配套的，在学完《打好基础·税法（Ⅱ）》的每一章之后，都要去做对应章节的练习，及时地对知识点进行巩固。在涉及主观题的章节，本书都设置了相关练习，并为各个税种综合的题目单独设立了"综合题演练"模块，希望能够通过系统化、模块化的练习帮助你们更好地了解本科目主观题考试的特点和涉及的考点。

第二，独立做题。

切忌边查阅资料边做题，同时谨记选答案时不要过分纠结。通过做题暴露出掌握不牢固的知识点，再基于此进行查漏补缺。

第三，自主分析错题。

核对完答案后，无须因正确率低而黯然神伤，也无须因正确率高而开心不已，而是要正确对待错题，这些错题正是大家在做题过程中开采到的一座宝藏，要加以利用，发挥其最大价值。不要急于翻阅答案册的详细解析，先独立思考，再去翻阅讲义或者笔记，通过自主分析加强对知识点的理解与记忆，最后再翻阅详细解析，掌握正确的解题思路。

第四，及时复盘。

　　分析错题原因，是单纯地因为粗心做错，还是因为未能识别出出题人设置的陷阱，抑或是对知识点本身掌握不牢，解题思路有问题。对于因为粗心大意或是未能识别出陷阱而出错的题目，做好标记，日常多着重记忆；对于薄弱知识点，有针对性地攻克遗漏或者忘记的知识点；对于解题思路有问题的题目，提炼总结同类习题的正确解题思路，做好笔记并加以记忆。

　　最后，祝愿大家能够在知识输入与输出的反复循环中，加强对知识的掌握，举一反三，掌握应试技巧，提高综合解题与知识运用能力，不骄不躁，顺利通关！

·目　录·

第一章　企业所得税

一、单项选择题

1.1 根据企业所得税相关规定，下列企业中属于非居民企业的是（　　）。

　A. 依法在中国境内成立的外商独资企业

　B. 在中国境内未设立机构、场所，但有来源于中国境内所得的外国企业

　C. 在中国境内未设立机构、场所，且没有来源于中国境内所得的外国企业

　D. 依法在境外成立但实际管理机构在中国境内的外国企业

1.2 下列关于所得来源地的确定，符合企业所得税相关规定的是（　　）。

　A. 销售货物所得按照销售货物的企业所在地确定

　B. 股息、红利权益性投资所得按照分配所得的企业所在地确定

　C. 特许权使用费所得按照转让特许权的企业所在地确定

　D. 动产转让所得按照交易活动发生地确定

1.3 在中国境内设立机构、场所的非居民企业取得的下列所得中，实际适用 10% 的企业所得税税率的是（　　）。

　A. 与境内机构、场所没有实际联系的境外所得

　B. 与境内机构、场所没有实际联系的境内所得

　C. 与境内机构、场所有实际联系的境外所得

　D. 与境内机构、场所有实际联系的境内所得

1.4 下列关于收入确认时间的说法，符合企业所得税相关规定的是（　　）。

　A. 从事权益性投资取得股息、红利的，为实际收到股息的日期

　B. 采取预收款方式销售商品的，为收到预收款的日期

　C. 接受捐赠资产的，为签订捐赠协议的日期

　D. 将资金提供他人使用但不构成权益性投资的，为合同约定的债务人应付利息的日期

1.5 下列关于企业所得税应税收入的确认时间，正确的是（　　）。

　A. 销售商品采用托收承付方式的，在办妥托收手续时确认收入的实现

　B. 特许权使用费收入，按照实际收到特许权使用费的日期确认收入的实现

　C. 销售商品采用支付手续费方式委托代销的，发出货物 180 天后确认收入的实现

　D. 销售商品需要简单安装的，需要在安装和检验完毕时确认收入的实现

1.6 下列关于收入确认时间的说法中，符合企业所得税相关规定的是（　　）。

A.包含在商品售价内可区分的服务费应在提供服务的期间分期确认收入

B.长期为客户提供重复的劳务收取的劳务费应在收到费用时确认收入

C.为特定客户开发软件的收费应于软件完成验收时确认收入

D.广告的制作费应在相关广告出现于公众面前时确认收入

1.7 2021年甲公司与乙公司签订股权转让协议，甲公司将所持丙公司30%的股权转让给乙公司。2022年丙公司股东大会审议通过股权转让协议；2023年完成股权变更手续；2024年乙公司付讫股权转让价款。甲公司转让该股权应确认企业所得税收入的年度是（　　）。

A.2021年

B.2022年

C.2023年

D.2024年

1.8 甲企业在2023年8月以300万元现金直接投资于乙企业，取得乙企业30%的股权，2023年乙企业的税后利润100万元，2024年8月甲企业转让乙企业的股权，取得股权转让收入650万元，此时乙企业账面累计未分配利润和累计盈余公积共200万元。甲企业应确认的股权转让所得的应纳税所得额是（　　）万元。

A.650

B.350

C.320

D.290

1.9 某商贸公司采用"买一赠一"方式销售冰箱20台，不含税销售总金额为60 000元，总成本为40 000元，同时赠送加湿器20台，每台加湿器成本500元，每台不含税销售价格600元。依据企业所得税法相关规定，商贸公司就该业务确认冰箱的销售收入是（　　）元。

A.50 000

B.48 000

C.72 000

D.60 000

1.10 某公司将设备租赁给他人使用，合同约定租期为从2023年9月1日到2026年8月31日，每年不含税租金为480万元，2023年8月15日一次性收取3年租金1 440万元。下列关于该租赁业务收入确认的说法中，正确的是（　　）。

A.2023年增值税应确认的计税收入为480万元

B.2023年增值税应确认的计税收入为160万元

C.2023年应确认企业所得税收入1 440万元

D.2023年应确认企业所得税收入160万元

1.11 依据企业所得税的相关规定，企业接收县政府以股权投资方式投入的国有非货币性资产，应确定的计税基础是（　　）。

A.该资产的公允价值

B.该资产的账面净值

C.政府确定的接收价值

D.该资产的账面原值

1.12 2024 年 1 月甲公司接受母公司划入的一台机器设备用于扩大再生产，该机器设备的账面价值为 680 万元，不含税市场价格为 800 万元，甲公司取得母公司开具的增值税普通发票，发票上列明的税额为 104 万元，双方协议未约定将其作为资本金处理。甲公司接受母公司划入资产应确认的收入金额为（　　）万元。

A.800

B.680

C.0

D.904

1.13 2024 年 1 月甲公司接受母公司划入的一台机器设备用于扩大再生产，该机器设备的账面价值为 680 万元，不含税市场价格为 800 万元，甲公司取得母公司开具的增值税专用发票，发票上注明的进项税额为 104 万元，双方协议未约定将其作为资本金处理。甲公司接受母公司划入资产的计税基础为（　　）万元。

A.800

B.680

C.0

D.904

1.14 下列关于企业转让代个人持有的上市公司限售股的税务处理中，正确的是（　　）。

A. 依法院判决，通过证券登记结算公司将该限售股直接变更到实际所有人名下的，纳税人为企业

B. 限售股转让收入扣除限售股原值后的余额为限售股转让所得

C. 不能准确计算该限售股原值的，主管税务机关一律按该限售股转让收入的 3%，核定为应纳税额

D. 完成纳税义务后的限售股转让收入余额转付给实际所有人时不再纳税

1.15 下列关于股息、红利等权益性投资收益的说法中，正确的是（　　）。

A. 个人独资企业直接投资境内非上市公司取得的股息，免征企业所得税

B. 新加坡企业在境内设立的分公司直接投资境内非上市公司取得的股息，免征企业所得税

C. 新加坡企业直接投资境内非上市公司取得的股息，免征企业所得税

D. 居民企业直接投资境内上市公司，股票持有时间未满 12 个月时取得的股息，免征企业所得税

1.16 依据企业所得税的相关规定，符合条件的非营利性组织取得的下列收入中，应缴纳企业所得税的是（　　）。

A. 接受社会捐赠的收入

B. 因政府购买服务取得的收入

C. 按照省级以上民政、财政部门规定收取的会费收入

D. 不征税收入、免税收入孳生的银行存款利息收入

1.17 下列收入中，属于企业所得税法规定的不征税收入的是（　　）。

A. 企业收到地方政府未规定专项用途的税收返还款收入

B. 外贸企业收到的出口退税款收入

C. 事业单位收到的财政拨款收入

D. 企业依法收取未上缴财政的政府性基金

1.18 下列收入中，属于企业所得税不征税收入的是（　　）。

A.境外机构从境内债务市场取得的企业债券收入

B.非营利组织为政府提供服务取得的收入

C.投资者从债券投资基金分配中取得的收入

D.社保基金取得的股权投资基金收益

1.19 下列选项中应缴纳企业所得税的是（　　）。

A.公募证券投资基金持有创新企业CDR取得的股息红利

B.投资者从证券投资基金分配中取得收入

C.纳入预算管理的事业单位取得省级人民政府的财政拨款

D.在境内设立机构的外国企业取得的与境内机构有实际联系的企业债券利息

1.20 下列税金，在发生当期可以一次性在企业所得税前全额扣除的是（　　）。

A.耕地占用税

B.契税

C.房产税

D.企业所得税

1.21 2023年某公司向正式员工实际发放的合理工资总额为1 000万元，向临时工发放的工资总额为15万元，向实习生发放的工资总额为6.6万元。当年会计账簿上记录的职工福利费为200万元，职工福利费应调增应纳税所得额（　　）万元。

A.56.98　　　　　　　　　　B.57.9

C.59.08　　　　　　　　　　D.60

1.22 2023年某医药上市公司给自有员工以现金形式发放的合理工资总额为1 000万元，当年该公司高管对其拥有的10万股股票期权行权，行权价为20元/股，行权日公允价值为50元/股，会计上确认了费用180万元。假设公司当年发生的职工教育经费为70万元，上年结转未扣除的职工教育经费为40万元，上述事项应对应纳税所得额（　　）万元。

A.调减24.4　　　　　　　　B.调减144.4

C.调减160　　　　　　　　　D.调减154

1.23 下列费用中，应作为职工教育经费在企业所得税前全额扣除的是（　　）。

A.核力发电企业发生的核电厂操纵员培养费用

B.软件生产企业发生的职工培训费用

C.航空企业发生的乘务训练费

D.航空企业发生的飞行训练费

1.24 某电子公司（企业所得税税率15%）2023年1月1日向母公司（企业所得税税率25%）借入2年期贷款5 000万元用于购置原材料，约定年利率为10%，银行同期同类贷款利率为7%。2023年电子公司企业所得税前可扣除的该笔借款的利息费用为（　　）万元。

A.1 000　　　　　　　　　　B.500

C.350 D.0

1.25 甲公司持有乙制造公司 60% 股权，乙公司注册资本为 4 000 万元。2023 年 6 月 1 日，乙公司向甲公司借款 5 000 万元用于扩大再生产，借款期限为 3 年，约定年利率为 10%，银行同期同类贷款利率为 7%。2023 年乙公司企业所得税应纳税调整的金额为 （　　）万元。

A.164 B.95.67

C.196 D.87.5

1.26 对于企业发生的广告费，下列所得税处理正确的是（　　）。

A. 酒类制造企业的广告费，不得在税前扣除

B. 医药销售企业的广告费，不超过当年销售收入 30% 的部分准予税前扣除

C. 企业筹建期间发生的广告费，可按实际发生额计入筹办费，按有关规定在税前扣除

D. 签订广告分摊协议的关联企业，计算税前可扣除的广告费，只能在关联企业之间平均分摊扣除

1.27 某白酒制造企业 2023 年取得收入 4 000 万元，发生广告费用 500 万元，广告已经制作且取得广告公司发票，2018 年和 2022 年企业结转至本年扣除的广告费用分别为 55 万元和 105 万元，该企业计算 2023 年企业所得税时可以扣除广告费用（　　）万元。

A.500 B.605

C.660 D.600

1.28 下列关于保险企业发生各项费用的说法中，正确的是（　　）。

A. 保险企业发生的与生产经营有关的手续费及佣金支出，不超过全部保费收入 18% 的部分，准予税前扣除

B. 保险公司以现金方式支付给个人的手续费及佣金不得税前扣除

C. 财产保险公司的保险保障基金余额达到公司总资产 6% 的，其缴纳的保险保障基金不得在税前扣除

D. 保险公司实际发生的各种保险赔款，应按实际赔付金额在当年税前扣除，无须考虑提取的准备金

1.29 2023 年度某公司实现利润总额 1 000 万元，当年发生公益性捐赠支出 200 万元，2022 年度结转到 2023 年未抵扣完的公益性捐赠有 30 万元。该公司 2023 年计算应纳税所得额时可扣除本年发生的公益性捐赠金额是（　　）万元。

A.80 B.90

C.110 D.120

1.30 企业发生的下列保险支出中，不准予在企业所得税税前扣除的是（　　）。

A. 雇主责任险

B. 公众责任险

C. 按政府规定标准缴纳的失业保险

D. 为特定员工支付的家庭财产保险

1.31 甲企业于 2017 年 1 月开始生产经营，2020 年 6 月 28 日取得国家高新技术企业资质，2023 年该企业又重新取得了高新技术企业资质。截至 2023 年 12 月 31 日，甲企业经营状况如下表。该企业 2023 年应缴纳企业所得税（　　）万元。

单位：万元

年度	2017 年	2018 年	2019 年	2020 年	2021 年	2022 年	2023 年
所得	−430	−100	−100	200	50	−150	700

A.87.5 　　　　　　　　　　　　B.52.5

C.25.5 　　　　　　　　　　　　D.42.5

1.32 下列关于固定资产税务处理的说法中，符合企业所得税相关规定的是（　　）。

　　A. 按会计准则提取的固定资产减值准备，不得在税前扣除

　　B. 盘盈的固定资产，以同类固定资产的公允价值为计税基础

　　C. 固定资产的预计净残值一经确定，1 个年度内不得随意变更

　　D. 未投入使用的固定资产，不得计算折旧扣除

1.33 下列文书或凭证中，属于企业所得税税前扣除凭证的是（　　）。

　　A. 裁决文书 　　　　　　　　　B. 合同协议

　　C. 完税凭证 　　　　　　　　　D. 付款凭证

1.34 依据企业所得税的相关规定，下列固定资产中，可以计提折旧的是（　　）。

　　A. 闲置未用的仓库和办公楼

　　B. 以经营租赁方式租入的生产设备

　　C. 单独估价作为固定资产入账的土地

　　D. 已提足折旧仍继续使用的运输工具

1.35 2023 年 6 月，某企业从国内购入 1 台安全生产设备并于当月投入使用，增值税普通发票上注明的价款为 400 万元、进项税额为 52 万元，企业采用直线法按 5 年计提折旧，残值率为 5%（经税务机构认可），税法规定该设备可以选择一次性在税前进行扣除。该安全生产设备应纳税调减的金额是（　　）万元。

A.355.67 　　　　　　　　　　　B.362

C.401.9 　　　　　　　　　　　D.409.06

1.36 甲公司 2023 年新租入一栋办公楼，合同约定租期为 2023 年 5 月 1 日至 2026 年 4 月 30 日，月租金为 80 万元，甲公司于 2023 年 5 月 10 日支付一年租金 960 万元。为营造更好的办公环境，甲公司对此办公楼重新装修，于 6 月 25 日装修完成，共发生装修费 102 万元。该事项甲公司 2023 年可以税前扣除的金额是（　　）万元。

A.658 　　　　　　　　　　　　B.660.4

C.742 　　　　　　　　　　　　D.1 062

1.37 2022 年 6 月 1 日甲居民企业以账面价值 500 万元、公允价值 800 万元的实物资产直接投资于境内成立的乙非上市企业（该实物资产的账面价值与企业所得税计税基础一致），取得乙企业 30% 的股权，该过程支付的相关税费 120 万元。投资期间乙企业

累计盈余公积和未分配利润为 1 000 万元。2023 年 3 月 15 日甲企业取得乙公司的分红 200 万元，2023 年 10 月 1 日以 1 500 万元的价格转让乙公司股权。甲企业 2023 年取得的股息所得及股权转让所得应缴纳的企业所得税为（　　）万元。

A.145　　　　　　　　　　　　B.120

C.195　　　　　　　　　　　　D.220

1.38　2022 年 1 月小斯居民企业以 800 万元直接投资小丁居民企业，取得股权 40%。2023 年 12 月，小斯企业将所持小丁企业股权全部撤回，取得转让收入 1 000 万元。投资期间小丁企业累计盈余公积和未分配利润为 400 万元。小斯居民企业撤回投资应缴纳的企业所得税为（　　）万元。

A.10　　　　　　　　　　　　B.50

C.30　　　　　　　　　　　　D.250

1.39　2023 年初，甲公司拥有对乙公司的债权 200 万元，已计提坏账准备 5 万元。截至 2023 年末，因乙公司流动资金周转困难，经双方协商，甲公司同意乙公司用其存货偿还欠款。该批存货的公允价值为 210 万元，账面价值为 150 万元，不考虑相关税费。根据企业所得税的相关规定，甲公司取得该批存货的计税基础是（　　）万元。

A.150　　　　　　　　　　　　B.195

C.200　　　　　　　　　　　　D.210

1.40　依据企业所得税相关规定，下列资料中属于确认资产损失外部证据的是（　　）。

A. 资产盘点表　　　　　　　　B. 经济行为业务合同

C. 企业破产清算公告　　　　　D. 会计核算资料

1.41　下列应收账款损失中，如已说明情况出具专项报告并在会计上已作为损失处理，可以在企业所得税税前扣除的是（　　）。

A. 逾期 3 年的 20 万元应收账款损失

B. 相当于企业年度收入千分之一的应收账款损失

C. 逾期 2 年的 10 万元应收账款损失

D. 逾期 1 年的 10 万元应收账款损失

1.42　下列股权或债权发生的净损失中，可以在企业所得税税前扣除的是（　　）。

A. 被投资方财务状况严重恶化，连续两年发生巨额亏损导致资不抵债的

B. 被投资方依法宣告破产的

C. 行政干预逃废或悬空的企业债权

D. 企业未向债务人和担保人追偿的债权

1.43　某金融企业 2023 年末，准予提取贷款损失准备金的贷款资产余额为 10 000 万元，截至 2022 年末已在税前扣除的贷款损失准备金余额为 60 万元。该金融企业 2023 年准予税前扣除的贷款损失准备金为（　　）万元。

A.100　　　　　　　　　　　　B.160

C.40　　　　　　　　　　　　D.240

1.44 依据企业所得税的相关规定，当企业分立事项采取一般性税务处理方法时，分立企业接受资产的计税基础是（　　）。

A. 被分立资产的公允价值

B. 被分立资产的账面净值

C. 被分立资产的账面原值

D. 被分立资产的评估价值

1.45 下列各项关于基础设施领域不动产投资信托基金的表述中正确的是（　　）。

A. 设立前，原始权益人向项目公司划转基础设施资产相应取得项目公司股权的，适用一般性税务处理

B. 设立阶段，原始权益人向基础设施 REITs 转让项目公司股权实现的资产转让评估增值，应在转让当期计算缴纳企业所得税

C. 设立前，原始权益人向项目公司划转基础设施资产相应取得项目公司股权，双方取得基础设施资产或项目公司股权的计税基础，均以基础设施资产的原计税基础确定

D. 原始权益人转让 REITs 份额时，对其通过二级市场认购（增持）的部分，按照加权平均原则确定转让份额的原值

1.46 甲企业持有乙企业 93% 的股权，共计 3 000 万股。2023 年 8 月丙企业决定收购甲企业所持有的乙企业全部股权，该股权每股计税基础为 10 元，收购日每股公允价值为 12 元。在收购中丙企业以公允价值为 32 400 万元的股权以及 3 600 万元银行存款作为支付对价。假定该收购行为符合且企业选择特殊性税务处理，则甲企业股权转让所得的应纳税所得额为（　　）万元。

A.600   B.5 400

C.0   D.6 000

1.47 2023 年 6 月，甲企业与乙企业发生属于同一控制下且不需要支付对价的吸收合并。甲企业被合并前弥补的以前年度亏损为 400 万元，净资产原有计税基础为 2 000 万元，公允价值为 4 000 万元。假定当年年末国家发行的最长期限国债利率为 4%。本次合并选择特殊性税务处理，乙企业 2023 年可以弥补的甲企业以前年度亏损限额是（　　）万元。

A.0   B.160

C.400   D.80

1.48 从事下列项目取得的所得中，可以免征企业所得税的是（　　）。

A. 黄鱼养殖   B. 茶叶种植

C. 肉兔饲养   D. 牡丹种植

1.49 下列所得中，可享受企业所得税减半征税优惠的是（　　）。

A. 种植油料作物的所得

B. 种植豆类作物的所得

C. 种植香料作物的所得

D. 种植糖料作物的所得

1.50 某商业企业 2023 年年均职工人数 215 人，年均资产总额 4 500 万元，当年经营收入 5 640 万元，税前准予扣除项目金额 5 400 万元。该企业 2023 年应缴纳企业所得税（　　）万元。

A.12
B.16.5
C.30
D.9.5

1.51 2023 年某互联网企业（我国居民企业）发生符合条件的研发费用共计 5 400 万元（含其他相关费用 600 万元），在计算企业所得税时，该企业当年研发费用中可以扣除的金额为（　　）万元。

A.10 740
B.10 800
C.9 733.33
D.10 733.33

1.52 某小型微利企业，2023 年委托境内外部机构发生的研发费用为 200 万元，委托境外机构发生的研发费用为 100 万元，委托境外个人发生的研发费用为 50 万元，可以加计扣除的合计数为（　　）万元。

A.200
B.240
C.280
D.266.67

1.53 某企业 2023 年度自行申报营业收入 780 万元，从境内居民企业分回股息收入 100 万元，资产溢余收入 20 万元，无法准确核算成本费用，其主管税务机关以收入为依据核定征收企业所得税，假定应税所得率为 10%，该企业当年应缴纳企业所得税（　　）万元。

A.19.5
B.22
C.22.5
D.20

1.54 某企业 2023 年 6 月购置环境保护专用设备（属于企业所得税优惠目录的范围）并投入使用，取得的增值税普通发票上注明的金额为 300 万元、税额 39 万元。该设备未选择一次性税前扣除，会计折旧年限符合税法规定。2023 年该企业应纳税所得额为 468 万元。该企业当年应缴纳的企业所得税是（　　）万元。

A.12
B.42
C.83.1
D.87

1.55 甲创业投资企业 2021 年 3 月 1 日向乙企业（初创期科技型企业）投资 5 000 万元，甲企业 2023 年度的应纳税所得额为 6 500 万元，该企业 2023 年应缴纳的企业所得税是（　　）万元。

A.1 625
B.375
C.500
D.750

1.56 小斯公司 2023 年转让 5 年以上（含）全球独占许可使用权，取得转让收入 1 600 万元，其中包含转让零部件取得的收入 200 万元。与该项技术转让有关的成本、费用和税金为 500 万元。则小斯公司 2023 年转让该项专利技术应缴纳的企业所得税为（　　）万元。

A.137.5
B.112.5

C.50   D.75

1.57 下列说法中，符合高新技术企业所得税涉税后续管理规定的是（   ）。

A.企业获得高新技术企业资格后应按规定向主管税务机关办理备案手续

B.企业的高新技术企业资格期满当年应按 25% 的税率预缴企业所得税

C.企业自获得高新技术企业资格次年起开始享受企业所得税优惠政策

D.企业因重大安全事故被取消高新技术企业资格的应追缴已享受的全部税收优惠

1.58 下列地区中，属于西部大开发企业所得税优惠政策适用范围的是（   ）。

A.江西省宜春市

B.黑龙江省杜尔伯特蒙古族自治县

C.广东省连南瑶族自治县

D.湖北省恩施土家族苗族自治州

1.59 下列关于海南自由贸易港企业的企业所得税税收优惠的说法中，正确的是（   ）。

A.对注册在海南自由贸易港并实质性运营的鼓励类产业企业，减按 10% 的税率征收企业所得税

B.在海南自由贸易港设立的旅游业企业，从境外新设分支机构取得的营业利润免征企业所得税（被投资国企业所得税率符合规定）

C.总机构设在海南自由贸易港的符合条件的企业，总机构和分支机构取得的所得，均可享受企业所得税的优惠政策

D.对在海南自由贸易港设立的企业新购置的机器设备，允许一次性计入当期成本费用在计算应纳税所得额时扣除，不再分年度计算折旧和摊销

1.60 某外国公司实际管理机构不在中国境内，也未在中国境内设立机构、场所，2023 年从中国境内某企业取得非专利技术使用权转让收入 21.2 万元（含增值税），发生成本 10 万元。已知适用的增值税税率为 6%，该外国公司不满足受益所有人的条件，则其在中国境内应缴纳企业所得税（   ）万元。

A.1   B.2

C.2.5   D.5

1.61 下列关于居民企业核定征收企业所得税的说法，正确的是（   ）。

A.采用两种以上方法测算的应纳税额不一致时，应按测算的应纳税额从低核定征收

B.经营多业的纳税人经营项目单独核算的，由税务局分别确定各项目的应税所得率

C.纳税人的法定代表人发生变化的，应向税务机关申报调整已确定的应税所得率

D.专门从事股权投资业务的企业不得核定征收企业所得税

1.62 下列关于外国企业常驻代表机构经费支出的规定，正确的是（   ）。

A.购置固定资产的支出，应在发生时一次性计入经费支出额

B.代表处设立时发生的装修费，应按照长期待摊费用不低于 3 年分摊计入经费支出额

C.发生的交际应酬费，应按照实际发生额的 60% 计入经费支出额

D.以货币形式用于我国境内公益事业的捐赠可以据实作为经费支出额

1.63 房地产开发企业出包工程因未最终办理结算而未能取得全额发票的，在证明资料充分的前提下，可将发票不足金额预提费用作为计税成本，但最高不得超过合同总金额的（　　）。

A.5% 　　　　　　　　　　　B.10%

C.15% 　　　　　　　　　　　D.20%

1.64 房地产开发企业单独作为过渡性成本对象核算的公共配套设施开发成本，分配至各成本对象的方法是（　　）。

A. 建筑面积法

B. 占地面积法

C. 直接成本法

D. 预算造价法

1.65 下列关于房地产开发经营业务成本、费用扣除的税务处理中，错误的是（　　）。

A. 企业开发产品转为自用的，其实际使用时间累计未超过 24 个月又销售的，不得在税前扣除折旧费用

B. 企业因国家无偿收回土地使用权而形成的损失，可作为财产损失按有关规定在税前扣除

C. 企业开发产品整体报废或毁损，其净损失可以在税前扣除

D. 企业发生的期间费用、已销开发产品计税成本、税金及附加、土地增值税准予当期按规定扣除

1.66 下列关于房地产开发企业销售收入实现，不符合企业所得税法相关规定的是（　　）。

A. 采取委托收款方式销售开发产品的，于签订委托销售协议之日确认收入的实现

B. 采取银行按揭方式销售开发产品的，其首付款应于实际收到日确认收入的实现

C. 采用分期收款方式销售开发产品的，应按销售合同或协议约定的价款和付款日确认收入的实现

D. 采取一次性全额收款方式销售开发产品的，应于实际收讫价款或取得索取价款凭证（权利）之日确认收入的实现

1.67 下列关于房地产开发企业计税成本的说法中，错误的是（　　）。

A. 利用地下基础设施形成的停车场所，作为公共配套设施进行处理

B. 应向政府上缴但尚未上缴的物业管理基金应按应缴全额 50% 计提

C. 公共配套设施尚未建造或尚未完工的，可按预算造价合理预提建造费用

D. 预提的资产减值损失，不得税前扣除

1.68 2023 年 8 月，某房地产公司采取基价并实行超基价分成方式委托中介公司销售开发产品，截至当年 12 月 31 日，房地产公司、中介公司与购买方三方共同签订销售合同的成交额为 5 000 万元，其中房地产公司的获得基价、超基价分成额分别为 4 200 万元和 500 万元。房地产公司企业所得税的应税收入是（　　）万元。

A.4 200 　　　　　　　　　　B.4 500

C.4 700 　　　　　　　　　　D.5 000

1.69 企业在年度中间终止经营活动的，办理当期企业所得税汇算清缴的时间是（　　）。

A. 自清算完成之日起 30 天内

B. 自注销营业执照之前 30 日内

C. 自实际经营终止之日起 60 日内

D. 自人民法院宣告破产之日起 15 日内

1.70 关于企业政策性搬迁相关资产计税成本的确定，下列说法正确的是（　　）。

A. 企业搬迁过程中外购的固定资产，以购买价款和支付的相关税费作为计税成本

B. 企业搬迁中被征用的土地，采取土地置换的，以换入土地的评估价值作为计税成本

C. 企业需要大修理才能重新使用的搬迁资产，以该资产净值与大修理支出合计数作为计税成本

D. 简单安装或不需要安装即可继续使用的搬迁资产，以该项资产净值与安装费用的合计数作为计税成本

1.71 关于企业政策性搬迁损失的所得税处理，下列说法正确的是（　　）。

A. 自搬迁完成年度起分 2 个纳税年度，均匀在税前扣除

B. 自搬迁完成年度起分 3 个纳税年度，均匀在税前扣除

C. 自搬迁完成年度起分 5 个纳税年度，均匀在税前扣除

D. 自搬迁完成年度起分 4 个纳税年度，均匀在税前扣除

1.72 总分机构汇总纳税时，一个纳税年度内总机构首次计算分摊税款时采用的分支机构营业收入、职工薪酬和资产总额数据与此后经过中国注册会计师审计确认的数据不一致时，正确的处理方法是（　　）。

A. 不作调整

B. 总机构及时向主管税务机关报告

C. 总机构根据中国注册会计师审计确认的数据予以调整

D. 和中国注册会计师再次核对

1.73 下列关于合伙企业所得税的征收管理的表述中错误的是（　　）。

A. 合伙企业生产经营所得和其他所得采取"先分后税"的原则

B. 合伙企业的法人合伙人可以用合伙企业的亏损抵减其盈利

C. 合伙企业的合伙人以合伙企业的生产经营所得和其他所得，按照合伙协议约定的分配比例确定应纳税所得额

D. 合伙协议未约定分配比例或者约定不明确的，以全部生产经营所得和其他所得，按照合伙人协商决定的分配比例确定应纳税所得额

1.74 除了税收法律、行政法规另有规定外，居民企业所得税的纳税地点是（　　）。

A. 经营所在地

B. 机构所在地

C. 登记注册地

D. 办公所在地

二、多项选择题

1.75 下列各项所得中，需要缴纳我国企业所得税的有（　　　）。

A. 中国境内企业转让其位于俄罗斯的厂房取得的收入

B. 在中国境内未设机构、场所的日本企业投资中国境内企业取得的股息所得

C. 在中国境内未设机构、场所的日本企业将其机器设备转让给中国境内企业取得的收入

D. 中国境内企业在美国提供建筑服务取得的收入

E. 在中国境内设立机构、场所的美国企业，将该机构的机器设备出租给日本企业取得的租金收入

1.76 下列企业所得中，实际适用15%的企业所得税税率的有（　　　）。

A. 生产装配伤残人员专用品的居民企业

B. 技术先进型服务企业来自境内的所得

C. 符合条件的小型微利企业来自境内的所得

D. 西部地区国家鼓励类产业企业来自境内的所得

E. 从事污染防治的第三方企业

1.77 注册地与实际管理机构均在新加坡的某银行取得的下列各项所得中，适用25%的企业所得税税率的有（　　　）。

A. 来自境内但与境内分行没有直接联系的特许权使用费所得

B. 总行持有在香港证券交易所上市的香港公司股票，取得的分红所得

C. 在我国境内设立的分行，取得的来自日本的贷款利息所得

D. 转让分行位于我国境内的不动产，取得的财产转让所得

E. 在我国境内设立的分行取得的来自境内的理财咨询服务所得

1.78 依据企业所得税的相关规定，下列关于收入确认时间的说法中，正确的有（　　　）。

A. 利息收入，以实际收到利息的日期确认收入

B. 以分期收款方式销售货物的，按照合同约定的收款日期确认收入

C. 提供设备和其他有形资产的特许权费，在交付资产或转移资产所有权时确认收入

D. 股息收入，以实际收到股息的日期确认收入

E. 采取产品分成方式取得收入的，按照合同约定应分得产品的日期确认收入

1.79 下列收入确认时间的说法，符合企业所得税相关规定的有（　　　）。

A. 宣传媒介的收费，应在相关的广告或商业行为出现于公众面前时确认收入

B. 艺术表演的收费，应在表演发生时确认收入

C. 会员费，如果会员期内不再付费就可得到各种服务，应在会员到期时确认收入

D. 会员费，如果只允许取得会籍，所有其他服务或商品都要另行收费的，应在取得时确认收入

E. 安装费，如果安装工作是商品销售的附带条件，安装费在确认商品销售实现时确认收入

1.80 依据企业所得税的相关规定，下列行为应视同销售确认收入的有（　　　）。

A. 将外购货物用于业务宣传　　　　　　B. 将自产货物用于职工奖励

C. 将自建商品房转为固定资产　　　　　D. 将自产货物用于职工宿舍建设

E. 将自产货物移送到境外分支机构

1.81 下列关于收入确认金额的说法，符合企业所得税相关规定的有（　　）。

A. 采用售后回购方式销售商品进行融资的，销售的商品按售价确认收入

B. 采用以旧换新方式销售商品的，应按实际收到的金额确认收入

C. 采取商业折扣方式销售商品的，应按商业折扣后的金额确认收入

D. 采取现金折扣方式销售商品的，应按现金折扣后的金额确认收入

E. 已经确认销售收入的售出商品发生销售折让的，应冲折让当期的收入

1.82 企业取得的下列收入中，应一次性计入收入取得所属纳税年度的有（　　）。

A. 债务重组收入

B. 租金收入

C. 接受捐赠收入

D. 工期为两年的船舶制造收入

E. 无法偿付的应付款收入

1.83 2023 年 1 月 1 日甲居民企业以账面价值 500 万元、公允价值 800 万元的实物资产直接投资于乙居民企业（该实物资产的账面价值与企业所得税计税基础一致），取得乙企业 30% 的股权，2023 年 1 月 1 日投资协议生效并办理了相关股权变更手续。2024 年 1 月，甲企业将持有乙企业的股权全部转让，取得收入 900 万元。甲企业未放弃适用优惠政策。下列关于该项投资业务企业所得税处理的说法中，正确的有（　　）。

A. 甲企业在投资当年无须确认非货币性资产转让所得，可递延至转让时确认转让所得

B. 甲企业可选择分 5 年分期确认非货币性资产转让所得，2023 年应确认的非货币性资产转让所得为 60 万元

C. 2024 年应确认的应纳税所得额为 340 万元

D. 2023 年甲企业取得的乙企业股权计税基础为 500 万元

E. 2023 年乙企业取得的实物资产计税基础为 800 万元

1.84 企业通过下列途径取得的资产中，应计入收入总额，计算缴纳企业所得税的有（　　）。

A. 省级人民政府以股权投资方式将资产投入企业

B. 县级以上人民政府将国有资产无偿划入企业，指定专门用途并按规定进行管理

C. 省级人民政府将国有资产无偿划入企业，未指定专门用途

D. 股东无偿划入资产，合同未约定作为资本金处理

E. 股东无偿划入资产，合同约定作为资本金处理，会计上计入营业外收入

1.85 依据企业所得税的相关规定，企业取得的下列资金中，不计入企业收入总额的有（　　）。

A. 增加企业实收资本的国家投资

B. 无法偿付的应付款项

C. 企业资产的溢余收入

D. 企业使用后须归还财政的资金

E. 按规定取得的增值税即征即退退税款

1.86 企业发行符合条件的永续债可以适用股息、红利企业所得税政策，也可以适用债券利息企业所得税政策。下列属于按照债券利息适用企业所得税政策的永续债应符合的条件的有（　　）。

A. 有明确的利率和付息频率

B. 投资方参与被投资企业日常经营活动

C. 该投资的清偿顺序位于被投资企业股东持有的股份之前

D. 有一定的投资期限

E. 被投资企业可以赎回，或满足特定条件后可以赎回

1.87 下列企业发生的广告费和业务宣传费，不超过当年销售收入 30% 的部分准予扣除的有（　　）。

A. 化妆品制造企业

B. 化妆品销售企业

C. 医药制造企业

D. 医药销售企业

E. 酒类制造企业

1.88 依据企业所得税相关规定，关于业务招待费计算扣除的说法中，正确的有（　　）。

A. 企业筹建期间发生的业务招待费，可按实际发生额的 60% 计入筹办费在税前扣除

B. 从事股权投资业务的企业从被投资企业取得的股息、红利，可作为业务招待费的计算基数

C. 从事股权投资业务的企业取得的股权转让收入，可作为业务招待费的计算基数

D. 企业税前可扣除的业务招待费，最高不得超过当年销售或营业收入的 5‰

E. 企业视同销售的收入，不得作为业务招待费的计算基数

1.89 企业支付的下列保险费中，可以在企业所得税税前扣除的有（　　）。

A. 企业为投资者购买的商业保险

B. 企业按规定为职工购买的工伤保险

C. 企业为特殊工种职工购买的法定人身安全保险

D. 企业为因公出差乘坐交通工具的职工购买的人身意外保险

E. 企业参加财产保险，按规定缴纳的保险费

1.90 依据企业所得税法相关规定，下列企业发生的手续费，应按规定计算限额进行扣除的有（　　）。

A. 证券企业为扩展经纪业务而实际发生的手续费

B. 保险企业发生的与其经营活动有关的手续费

C. 上市公司向证券承销机构支付的股票发行手续费

D. 电信企业在扩展业务时因委托销售电话入网卡向经纪人支付的手续费

E. 制造企业向符合资格的个人支付的产品推销手续费

1.91 集成电路设计企业的下列支出，在计算应纳税所得额时可在发生当期据实扣除的有（　　）。

A. 职工培训费

B. 以现金方式支付给中介服务机构的手续费

C. 诉讼费

D. 非广告性赞助支出

E. 通过市政府向乡村教育的捐赠支出

1.92 下列支出，可以在企业所得税税前扣除的有（　　）。

A. 子公司支付给母公司的管理费

B. 直接对贫困生捐赠的支出

C. 企业内营业机构之间支付的特许权使用费

D. 银行企业内设营业机构之间支付的利息

E. 关联企业租赁设备支付的合理租金

1.93 根据企业所得税相关规定，企业下列支出超过税法规定扣除限额标准，准予向以后年度结转扣除的有（　　）。

A. 业务宣传费支出

B. 公益性捐赠支出

C. 广告费支出

D. 职工教育经费支出

E. 职工福利费支出

1.94 在计算企业所得税时，下列支出中不允许在税前扣除的有（　　）。

A. 合同违约金

B. 税收滞纳金

C. 非银行企业内营业机构之间支付的利息

D. 规定标准内的捐赠支出

E. 向投资者支付的股息

1.95 关于固定资产的企业所得税处理，下列说法正确的有（　　）。

A. 企业应当自固定资产购入月份的次月起计算折旧

B. 企业采取缩短折旧年限方法计提折旧的，折旧年限不得低于税法规定的最低折旧年限的50%

C. 企业按照会计规定提取的固定资产减值准备，不得税前扣除

D. 固定资产会计折旧年限如果长于税法规定的最低年限，应先纳税调减，后纳税调增

E. 企业按照会计规定提取的固定资产减值准备，不得税前扣除，其折旧仍按税法确定的固定资产计税基础计算扣除

1.96 依据企业所得税法的相关规定，下列关于生物资产的说法正确的有（　　）。

A. 薪炭林的最低折旧年限为10年

B. 产畜的最低折旧年限为2年

C. 用材林属于消耗性生物资产

D. 蔬菜属于生产性生物资产

E. 防风固沙林的最低折旧年限为 10 年

1.97 关于无形资产的企业所得税处理，下列说法正确的有（   ）。

A. 外购的无形资产，以购买价款和支付的相关税费作为计税基础

B. 外购商誉的支出，在企业整体转让或清算时扣除

C. 自创商誉不得计算摊销费用扣除

D. 通过债务重组方式取得的无形资产，以应收债权和支付的相关税费作为计税基础

E. 作为投资的无形资产，有关合同约定了使用年限的，可按照约定的使用年限摊销

1.98 根据企业所得税相关规定，下列支出中应作为长期待摊费用进行税务处理的有（   ）。

A. 融资租入固定资产的租赁费支出

B. 租入固定资产的改建支出

C. 固定资产的大修理支出

D. 已提足折旧的固定资产的改建支出

E. 未提足折旧的固定资产的改建支出

1.99 下列业务企业所得税的处理，正确的有（   ）。

A. 用于保值增值的艺术品，应作为投资资产进行税务处理，计提折旧不得税前扣除

B. 企业所得税核定征收改为查账征收后，企业能够提供资产购置发票的，以发票载明金额为该资产的计税基础

C. 境外投资者在境内从事混合性投资业务，境内被投资企业向境外投资者支付的利息应视为股息，不得进行税前扣除

D. 企业取得的与销货数量无关的政府财政补贴，无须确认收入

E. 购买方企业可转换债券转换为股票时，将应收未收利息一并转为股票的，其应收未收利息应作为当期利息收入申报纳税

1.100 企业对其扣除的各项资产损失，应当提供能够证明资产损失确属已实际发生的合法证据，下列属于外部证据的有（   ）。

A. 专业技术部门的鉴定报告

B. 仲裁机构的仲裁文书

C. 相关经济行为的业务合同

D. 对责任人的责任认定及赔偿情况说明

E. 企业的破产清算公告

1.101 依据企业所得税的相关规定，金融企业准予税前提取贷款损失准备金的贷款有（   ）。

A. 担保贷款

B. 委托贷款

C. 代理贷款

D. 抵押贷款

E. 质押贷款

1.102 企业发生的下列情形中，属于企业所得税法提及的重组类型中法律形式改变的有（　　）。

A. 住所地址的改变

B. 组织形式的改变

C. 注册名称的改变

D. 经营范围的改变

E. 管理人员的改变

1.103 对 100% 直接控制的居民企业之间按照账面净值划转资产，符合特殊性税务处理条件的下列税务处理中正确的有（　　）。

A. 划入方企业取得的被划转资产，应按其账面原值计算折旧扣除

B. 划入方企业取得被划转资产的计税基础以账面原值确定

C. 划入方企业不确认所得

D. 划入方企业取得的被划转资产，应按其账面净值计算折旧扣除

E. 划出方企业不确认所得

1.104 依据企业所得税相关规定，下列收入免征企业所得税的有（　　）。

A. 非营利性科研机构接收个人的基础研究资金收入

B. 企业取得的地方政府债券利息收入

C. 非营利组织免税收入孳生的银行存款利息收入

D. 居民企业借款给其他居民企业取得的利息收入

E. 保险公司为种植业提供保险业务取得的保费收入

1.105 下列各项收入，免征企业所得税的有（　　）。

A. 转让国债取得的转让收入

B. 非营利组织免税收入孳生的银行存款利息收入

C. 持有铁路债券取得的利息收入

D. 企业种植观赏性植物取得的所得

E. 国债利息收入

1.106 下列各项收入，减按 90% 计入企业所得税收入总额的有（　　）。

A. 提供社区养老服务取得的收入

B. 提供家政服务取得的收入

C. 保险公司为种植业提供保险业务取得的保费收入

D. 铁路债券利息收入

E. 金融机构农户小额贷款的利息收入

1.107 企业在一个纳税年度中发生的下列各项支出中，可计入研发费用享受加计扣除优惠政策的有（　　）。

A. 与研发活动直接相关的技术报告资料费

B. 从事研发活动直接消耗的动力费用

C. 专用于研发活动的非专利技术的摊销费用

D. 聘请税务师事务所出具可加计扣除研发费用专项审计报告的费用

E. 研发成果的鉴定费用

1.108 企业的下列活动或费用中不适用企业税前加计扣除的有（　　　）。

A. 对新工艺和材料的直接应用

B. 企业产品的常规性升级

C. 新产品设计费、新工艺规程制定费

D. 企业服务的常规性升级

E. 市场调查研究和效率调查

1.109 下列关于企业所得税加速折旧优惠政策的说法中，正确的有（　　　）。

A. 食品加工企业 2023 年 3 月新购进单位价值 460 万元的设备，应分年度计算折旧扣除，不得一次性计入当期成本费用税前扣除

B. 选择一次性税前扣除的固定资产，应在投入使用月份的当月所属年度一次性税前扣除

C. 固定资产加速折旧如采取缩短折旧年限方式的，不能低于税法规定折旧年限的 60%

D. 高新技术企业在 2023 年 12 月购置的价值 400 万元的厂房，允许当年一次性全额在计算应纳税所得额时扣除

E. 对全部制造业新购进的单位价值超过 500 万元的机器设备，可缩短折旧年限或采用加速折旧的方法

1.110 下列项目的所得，免征企业所得税的有（　　　）。

A. 企业销售的牲畜产生的分泌物　　　B. 企业将外购茶叶筛选分包后销售

C. 农机作业和维修　　　D. 农产品初加工

E. 企业委托个人饲养家禽

1.111 居民企业的下列所得，可以享受企业所得税技术转让所得优惠政策的有（　　　）。

A. 转让专利技术所有权的所得

B. 转让计算机软件著作权的所得

C. 转让植物新品种所有权的所得

D. 从直接或间接持有股权之和达 100% 的关联方取得的技术转让所得

E. 转让拥有 5 年以上独占许可使用权的所得

1.112 下列项目所得，可以享受企业所得税"三免三减半"优惠政策的有（　　　）。

A. 符合条件的节能服务公司实施的合同能源管理项目所得

B. 环境保护项目所得

C. 国家重点扶持的公共基础设施项目所得

D. 节能节水项目所得

E. 资源综合利用项目所得

1.113 甲企业 2020 年开始从事符合税法"三免三减半"企业所得税优惠的公共污水处理项目，2021 年取得第一笔收入，2022 年开始盈利，2023 年甲企业将该项目转让给乙企业，乙企业当年未取得项目收入。下列关于甲、乙企业享受税收优惠政策的说法正确的有（　　　）。

A. 乙企业自受让之日起在剩余期限内享受规定的减免税优惠

B. 甲企业从 2021 年开始享受"三免三减半"优惠政策

C. 享受优惠政策企业应在优惠年度汇算清缴结束之前向税务机关报备

D. 乙企业以取得第一笔收入的年度作为"三免三减半"优惠政策的起始年度

E. 甲企业转让项目时应补缴免征的企业所得税税款

1.114 企业从事国家重点扶持的公共基础设施项目，自项目取得第一笔经营收入所属纳税年度起，可享受第 1 年至第 3 年免征企业所得税优惠的有（　　）。

A. 港口投资

B. 机场投资

C. 公路投资

D. 仓储投资

E. 铁路投资

1.115 公司制创业投资企业采取股权投资方式直接投资于初创期科技型企业满 2 年的，可以按照投资额的 70% 在股权持有满 2 年的当年抵扣该企业的应纳税所得额。上述初创科技型企业，应同时符合的条件有（　　）。

A. 在中国境内注册成立，实行查账征收的居民企业

B. 接受投资时，从业人数不超过 100 人

C. 接受投资时设立时间不超过 5 年

D. 接受投资时以及接受投资后 2 年内未在境内证券交易所上市，但可以在境外证券交易所上市

E. 接受投资当年及下一纳税年度，研发费用总额占成本费用支出的比例不低于 60%

1.116 下列关于小型微利企业的说法，符合规定的有（　　）。

A. 企业无论采取查账征收还是核定征收方式，如符合条件，均可享受企业所得税的优惠政策

B. 小型微利企业所得税统一实行按季度预缴

C. 小型微利企业在预缴时，暂不享受税收优惠，汇算清缴时享受税收优惠

D. 从业人数及资产总额均应当按照企业全年的月度平均额确定

E. 企业接受的劳务派遣用工人数也应包含在从业人数中

1.117 在境内未设立机构、场所的非居民企业取得的下列利息所得，可享受企业所得税免税优惠的有（　　）。

A. 国际金融组织向中国政府提供优惠贷款取得的利息所得

B. 外国企业向中国居民企业提供优惠贷款取得的利息所得

C. 外国政府向中国政府提供贷款取得的利息所得

D. 国际金融组织向中国居民企业提供贷款取得的利息所得

E. 国际金融组织向中国非居民企业提供优惠贷款取得的利息所得

1.118 下列沪港通、深港通股票市场交易互联互通机制试点有关税收政策中，正确的有（　　）。

A. 内地投资者通过沪港通转让香港上市股票取得的转让收入，征收企业所得税

B. 内地投资者通过沪港通持有 H 股满 12 个月取得的股息红利收入，免征企业所得税

C. 内地投资者通过沪港通持有 H 股满 1 个月取得的股息红利收入，免征企业所得税

D. 香港投资者通过沪港通转让 A 股取得的转让收入，征收企业所得税

E. 香港投资者通过沪港通持有 A 股满 12 个月取得的股息红利收入，免征企业所得税

1.119 下列居民企业中，不得核定征收企业所得税的有（　　　）。

A. 小额贷款公司

B. 上市公司

C. 担保公司

D. 进出口代理公司

E. 专门从事股权（股票）投资业务的企业

1.120 下列关于房地产开发企业成本、费用扣除的企业所得税处理，正确的有（　　　）。

A. 企业利用地下基础设施建成的停车场，应作为公共配套设施处理

B. 企业因国家无偿收回土地使用权形成的损失可按照规定扣除

C. 企业支付给境外销售机构不超过委托销售收入 20% 的部分准予扣除

D. 企业单独建造的停车场所，应作为成本对象单独核算

E. 企业在房地产开发区内建造的学校应单独核算成本

1.121 依据《跨地区经营汇总纳税企业所得税征收管理办法》的规定，计算各分支机构企业所得税分摊比例，需要考虑的因素有（　　　）。

A. 职工薪酬　　　　　　　　　　B. 期间费用

C. 营业收入　　　　　　　　　　D. 资产总额

E. 利润总额

1.122 企业取得的下列收入中，属于企业所得税政策性搬迁收入的有（　　　）。

A. 由于搬迁处置存货而取得的处置收入

B. 由于搬迁、安置而给予的补偿

C. 对被征用资产价值的补偿

D. 对停产停业形成的损失而给予的补偿

E. 因资产在搬迁过程中毁损而取得的保险赔款

1.123 境内机构对外付汇的下列情形中，需要进行税务备案的有（　　　）。

A. 境内机构在境外发生差旅费 10 万美元

B. 境内机构发生在境外的进口贸易佣金 5 万美元

C. 外国投资者以境内直接投资合法所得在境内再投资

D. 境内机构向境外支付旅游服务费 10 万美元

E. 境内被投资企业向境外支付股息红利 100 万美元

三、计算题

1.124 某药品制造企业（一般纳税人）2023 年共计发生研发费用 1 291 万元，未形成无形资产。2024 年 3 月企业自行进行企业所得税汇算清缴时计算得加计扣除金额 1 291 万元，经聘请的税务师进行审核，发现相关事项如下：

（1）2022 年研发投入 1 000 万元并形成无形资产，无形资产摊销期 10 年，2023 年度摊销金额为 100 万元。

（2）2023 年自行研发投入 594 万元，相关明细如下表。

单位：万元

项目	人员人工费用	直接投入费用	折旧费用	新产品设计费	其他相关费用
金额	200	120	140	80	54

（3）2023 年委托境内关联企业进行应税药品研发，取得的增值税专用发票上注明的研发费用金额为 220 万元、税额 13.2 万元，该费用符合独立交易原则。

（4）委托境外机构进行研发，支付不含税研发费用 477 万元，该境外机构在境内未设立机构场所，也无代理人。

根据上述资料，回答以下问题：

(1) 事项（1）中该企业 2023 年研发费用加计扣除的金额是（   ）万元。

A.75   B.100   C.81.25   D.50

(2) 事项（2）中该企业 2023 年研发费用加计扣除的金额是（   ）万元。

A.445.5   B.450   C.540   D.594

(3) 事项（3）中该企业 2023 年研发费用加计扣除的金额是（   ）万元。

A.132   B.165   C.176   D.220

(4) 事项（4）中该企业 2023 年研发费用加计扣除的金额是（   ）万元。

A.381.6   B.357.75   C.477   D.286.2

1.125 某房地产开发公司 2023 年开发一栋写字楼，相关资料如下：

（1）取得土地使用权支付土地出让金 4 000 万元、市政配套设施费 350 万元，拆迁补偿支出 250 万元，缴纳契税 184 万元。

（2）支付前期工程费、建筑安装工程费、基础设施工程费共计 6 800 万元，支付公共配套设施费 400 万元。

（3）写字楼地上可售建筑面积 12 000 平方米，地下配套车位不可售面积 3 000 平方米。

（4）公司采取视同买断方式委托代销写字楼面积 70%，每平方米不含税买断价 1.9 万元，剩余面积 10% 用于抵偿债务，20% 办公自用；公司、受托方、购买方三方共同签订销售合同，合同约定不含税收入为 16 800 万元（已收到受托方已销写字楼清单，抵债部分已经办理所有权转移手续）。

（5）取得地下车位临时停车费不含税收入 18 万元。

（6）发生期间费用 1 500 万元，缴纳城市维护建设税、教育费附加、城镇土地使用税、印花税、土地增值税等税金及附加共计 2 100 万元。

根据上述资料，回答以下问题：

(1) 该公司 2023 年企业所得税应税收入是（   ）万元。

A.18 258   B.19 218   C.19 200   D.16 818

（2）该公司 2023 年企业所得税税前应扣除的土地成本（含契税）是（　　）万元。

A.4 784　　　　　　　B.3 547.2　　　　　　C.3 348.8　　　　　　D.3 827.2

（3）该公司 2023 年企业所得税税前应扣除的土地成本以外的开发成本是（　　）万元。

A.7 200　　　　　　　B.6 040　　　　　　　C.5 040　　　　　　　D.5 760

（4）该公司 2023 年应缴纳企业所得税（　　）万元。

A.1 687.7　　　　　　B.908.5　　　　　　　C.1 207.7　　　　　　D.1 507.7

四、综合分析题

1.126 某电子设备制造企业为增值税一般纳税人，适用的企业所得税税率为 25%，其 2023 年度的生产经营情况如下：

（1）当年销售货物实现销售收入 8 000 万元，对应的成本为 5 000 万元。

（2）12 月购入专门用于研发的新设备并投入使用，取得的增值税普通发票上注明的金额为 600 万元，当月投入使用。会计上作为固定资产核算并按照 5 年计提折旧。

（3）其他业务收入 700 万元，其他业务支出 100 万元，全部为转让 5 年以上独占许可使用权收入及与之相应的成本及税费。

（4）当年发生管理费用 800 万元，其中含新产品研究开发费用 300 万元（已独立核算管理）、业务招待费 80 万元。

（5）当年发生销售费用 1 800 万元，其中含广告费 1 200 万元，业务宣传费 300 万元。

（6）当年发生财务费用 200 万元。

（7）取得投资收益 330 万元，其中地方政府债券利息收入 150 万元（该地方政府债券系 2021 年度发行），企业债券利息收入 180 万元。

（8）全年计入成本、费用的实发合理工资总额 400 万元（含残疾职工工资 50 万元，生产线临时工工资 10 万元），实际发生职工福利费 120 万元，职工教育经费 33 万元（含实习生培训费 1 万元），拨缴工会经费 18 万元。

（9）当年发生营业外支出共计 130 万元，其中违约金 5 万元，通过省政府发生公益性捐赠支出 100 万元。

（10）当年税金及附加科目共列支 200 万元。

已知：各扣除项目均已取得有效凭证，相关优惠已办理必要手续。

根据上述资料，回答下列问题：

（1）下列关于资料（2）（3）的表述，正确的有（　　）。

A.12 月购进新设备的成本可以一次性税前列支

B.12 月购进的新设备，应调减 2023 年应纳税所得额 600 万元

C.企业转让独占许可使用权无须进行纳税调整

D.企业转让独占许可使用权应调减应纳税所得额 550 万元

E.企业转让独占许可使用权的所得不超过 500 万元的部分免征企业所得税

（2）2023 年该企业新产品研究开发费用和业务招待费的应纳税所得额应（　　）万元。

A. 调减 188.5　　　　　　　　　　　　　B. 调减 263.5

C. 调减 268　　　　　　　　　　　　　D. 调减 193

（3） 2023 年该企业广告费和业务宣传费、投资收益的应纳税所得额应（　　　）万元。

A. 调增 45　　　　　　　　　　　　　B. 调减 150

C. 调减 330　　　　　　　　　　　　　D. 调减 135

（4） 2023 年该企业工资、职工福利费、工会经费和职工教育经费的纳税调整额合计应（　　　）万元。

A. 调增 25　　　　　　　　　　　　　B. 调增 75

C. 调增 77.4　　　　　　　　　　　　D. 调增 27.4

（5） 业务（9）的应纳税所得额应（　　　）万元。

A. 调增 5　　　　　　　　　　　　　B. 调增 4

C. 调增 9　　　　　　　　　　　　　D. 调整 0

（6） 2023 年该企业应缴纳企业所得税（　　　）万元。

A.14　　　　　　B.14.13　　　　　　C.15.13　　　　　　D.15.25

1.127 某饮料生产企业甲上市公司为增值税一般纳税人，适用的企业所得税税率为 25%，2023 年度实现营业收入 80 000 万元，会计利润为 5 600 万元。2024 年 5 月经聘请的税务师事务所审核后，发现如下事项：

（1）2 月对 50 名高管授予限制性股票，约定服务期满 1 年后每人可按 6 元 / 股购买 2 000 股股票，授予日股票公允价值为 10 元 / 股，甲企业按照会计准则确认 100 万元管理费用。当月，转让一项专利技术取得收入 1 000 万元，该项专利技术的成本和相关税费为 300 万元。

（2）3 月转让持有的部分国债，取得收入 1 285 万元，其中包含持有期间尚未兑付的利息收入 20 万元。该部分国债按照先进先出法确定的取得成本为 1 240 万元。

（3）6 月购置一台生产线并于 7 月投入使用，支付的含税金额为 400 万元，取得的增值税普通发票上注明的价款为 353.98 万元、税额为 46.02 万元。会计核算按照使用期限 5 年、预计净残值率 5% 计提了累计折旧，企业选择一次性在企业所得税税前进行扣除。

（4）发生广告费和业务宣传费用 7 300 万元，其中 300 万元用于冠名的真人秀于 2023 年 2 月制作完成并播放，企业所得税汇算清缴结束前尚未取得相关发票。

（5）成本费用中含发放的合理职工工资 6 000 万元，发生的职工福利费 900 万元、职工教育经费 520 万元，取得工会经费代收凭据注明的拨缴工会经费 100 万元。

（6）发生业务招待费 800 万元。

（7）当年投入 1 000 万元研发新产品和新工艺，其中 400 万元未形成无形资产，已经全额计入费用中扣除，600 万元于 7 月 1 日形成了无形资产，摊销年限为 10 年，当年会计未进行摊销。

根据上述资料，不考虑其他税费，回答下列问题：

（1） 该企业资料（1）的应纳税所得额应（　　　）万元。

A. 调减 700　　　　　　　　　　　　B. 调减 650

C. 调减 600　　　　　　　　　　　　　D. 调减 500

（2）该企业资料（2）和（3）应调减的应纳税所得额合计为（　　）万元。

A.340.35　　　　　　B.382　　　　　　C.388.33　　　　　　D.362

（3）该企业 2023 年广告费和业务招待费的纳税调整额是（　　）万元。

A.300　　　　　　　　B.400　　　　　　C.700　　　　　　　D.480

（4）该企业 2023 年职工福利费、职工教育经费和工会经费应调整应纳税所得额
（　　）万元。

A.60　　　　　　　　B.40　　　　　　　C.80　　　　　　　D.100

（5）下列关于该企业资料（7）中研发费用说法正确的有（　　）。

A. 未形成无形资产的研发费用可以加计扣除 400 万元

B. 未形成无形资产的研发费用可以加计扣除 300 万元

C. 已形成无形资产的部分，应调减当年的应纳税所得额 30 万元

D. 已形成无形资产的部分，应调减当年的应纳税所得额 60 万元

E. 已形成无形资产的部分，应调减当年的会计利润总额 30 万元

（6）该企业 2023 年应缴纳的企业所得税为（　　）万元。

A.1 227　　　　　　　B.1 269.5　　　　　C.1 272　　　　　　D.1 264.5

1.128 甲公司为某生物质能发电有限公司，主营业务为利用秸秆、树根等发电，适用的企业
所得税税率为 25%。2023 年取得电力销售收入 13 200 万元（属于《资源综合利用企业所得税
优惠目录》的范围），仓库出租收入 500 万元，政府补助收入 300 万元，投资收益 1 400 万
元；扣除的成本、费用、税金及营业外支出共计 12 460 万元，自行核算利润总额 2 940 万元。
2024 年 3 月聘请税务师对 2023 年企业所得税进行汇算清缴，发现如下事项：

（1）1 月按照约定将购买方持有的可转换债券和应付未付利息一并转为股票，其中应付
未付利息的金额为 5 万元，会计上将应付利息转入所有者权益科目。

（2）5 月以 2 300 万元对乙公司进行投资，取得 30% 股权，乙公司净资产公允价值为
8 000 万元，甲企业对该项长期股权投资采用权益法核算，对初始投资成本调整部分已计入营
业外收入。12 月末根据乙公司实现的净利润确认投资收益 670 万元。

（3）6 月引入新的战略投资者丙公司，合同约定丙公司应于 2023 年 7 月 31 日前完成注
资 10 000 万元，截至约定出资日，公司实际收到投资款 8 000 万元，因公司经营需要，公司
于 2023 年 9 月 1 日向银行借款 2 500 万元，借款期 1 年，年利率 5%。2023 年 11 月 30 日，
甲公司收到剩余投资款 2 000 万元。会计上将借款期间产生的利息费用计入财务费用。

（4）12 月购买一台环保设备用于污水治理并于当月投入使用，取得的增值税专用发票
上注明的金额为 500 万元、税额 65 万元，该设备属于《环境保护专用设备企业所得税优惠目
录》，进项税额已抵扣。

（5）全年共发生广告费 400 万元，业务宣传费 1 200 万元。上年结转未扣除的广告费和
业务宣传费金额为 800 万元。

根据上述资料，回答下列问题：

(1) 关于可转换公司债券的说法，正确的有（　　　）。

A. 持有期间购买方取得的利息收入可选择适用居民企业之间的股息红利免税政策

B. 转换时点发行方的应付未付利息，视同已支付，可以依法税前扣除

C. 转换时点购买方的应收未收利息，无须申报纳税，但应计入所转换股票的投资成本

D. 转换时点购买方所转换股票的投资成本按照该可转换债券的初始购买成本和转换时的应收未收利息确定

E. 持有期间发行方支付的利息费用应适用利息支出的所得税处理，依法税前扣除

(2) 该企业资料（2）中的应纳税所得额应（　　　）万元。

A. 调增 100   B. 调减 570

C. 调减 670   D. 调减 770

(3) 该企业资料（3）中可以税前扣除的利息支出为（　　　）万元。

A.8.33   B.16.67   C.25   D.41.67

(4) 关于环保设备的说法，正确的有（　　　）。

A. 企业可以选择就该环保设备享受一次性税前扣除的政策

B. 该环保设备投资额的 70% 可以从企业的应纳税所得额中扣除

C. 该环保设备投资额的 10% 可以抵扣企业的应纳税额

D. 该环保设备在投入使用后 5 年内转让的，受让方不得享受税收优惠

E. 该环保设备在投入使用后 5 年内转让的，受让方可以在剩余优惠期内享受税收优惠

(5) 该企业资料（5）中的应纳税所得额应（　　　）万元。

A. 调整 0   B. 调增 345

C. 调减 455   D. 调减 800

(6) 该企业 2023 年应缴纳的企业所得税为（　　　）万元。

A.53.75   B.103.75   C.383.75   D.433.75

1.129　2021 年注册成立的某机械制造企业，为国家重点支持的高新技术企业。2023 年企业职工总人数 280 人（其中从事研发的科技人员 40 人，大专以上学历职工 140 人），营业收入 7 200 万元（其中高新技术产品销售收入 4 800 万元），销售成本 3 100 万元，税金及附加 70 万元，销售费用 1 850 万元，管理费用 730 万元，财务费用 280 万元，营业外收入 200 万元，企业自行核算的会计利润总额为 1 370 万元，拟以此为基础申报缴纳企业所得税。2024 年 3 月，经聘请的税务师事务所审核，发现 2023 年度企业核算中存在以下情况：

（1）营业收入中含单独计算的转让 5 年全球独占许可使用权特许收入 1 280 万元（其中包括该独占许可使用权相关原材料转让收入 20 万元）。经确认准予扣除的与转让独占许可使用权收入相关的成本为 270 万元，相关税金及附加为 30 万元，与转让原材料收入相关的成本为 10 万元。

（2）10 月购置新燃油商用车一辆，支付不含税购置金额 24 万元，缴纳车辆购置税 2.4 万元，当月取得机动车销售统一发票并投入使用。该商用车 2023 年度既未计提折旧也未申报缴纳车船税。

（3）销售费用中含全年支出的广告费 1 200 万元以及支付给合法中介机构高新技术产品推销佣金 240 万元（其中转账支付 200 万元，现金支付 40 万元），依据服务协议确认高新技术产品推销收入金额共计 3 000 万元。

（4）管理费用中含业务招待费 80 万元，符合企业所得税加计扣除规定的新产品境内研发费用 430 万元。

（5）计入成本费用中合理的实发工资总额 450 万元，拨缴职工工会经费 8 万元（已取得相关凭证），发生职工福利费 75 万元，职工教育经费 46 万元。

已知：燃油车用直线法折旧，年限 4 年，无残值，车船税年税额 1 200 元。

根据上述资料，回答下列问题。

(1) 下列符合高新技术企业认定条件的有（   ）。

A. 科技人员 40 人

B. 注册成立时间 3 年

C. 新产品研发费用 430 万元

D. 高新技术产品收入 4 800 万元

E. 大专以上学历职工 140 人

(2) 该企业转让独占许可使用权业务，符合税法规定享有企业所得税优惠政策的技术转让所得是（   ）万元。

A.950   B.459.5   C.970   D.980

(3) 燃油车按规定计提折旧和申报缴纳车船税后应调减应纳税所得额（   ）万元。

A.1.02   B.1.03   C.1.12   D.1.13

(4) 该企业实际支出的广告费和佣金应调增应纳税所得额（   ）万元。

A.140   B.170   C.180   D.210

(5) 该企业实际支出的业务招待费、研发费用、职工教育经费、职工福利费、职工工会经费应调整应纳税所得额（   ）万元。

A.-375   B.-364   C.-365   D.-376

(6) 该企业 2023 年应缴纳的企业所得税为（   ）万元。

A.113.31   B.72.73   C.107.23   D.153.23

做新变 new

一、单项选择题

1.130 某互联网企业适用的企业所得税税率为 25%，2023 年度转让符合条件的技术：A 项目转让收入 400 万元，技术转让成本 150 万元，相关税费 20 万元；B 项目转让收入 800 万元，技术转让成本 400 万元，相关税费 50 万元。2023 年度发生管理费用 100 万元，销售费用 150 万元，财务费用 120 万元，企业全年营业收入 6 000 万元。就该事项企业应调整的应纳税所得额是（　　）万元。

A.503　　　　　　　　　　　　B.506

C.540　　　　　　　　　　　　D.580

1.131 甲公司整体搬迁符合政策性搬迁的条件，其办公楼采取资产置换的方式。该办公楼账面原值 1 000 万元，已经折旧 400 万元，评估价格是 3 500 万元。置换新的办公楼市场价值是 4 000 万元，甲企业支付补价 500 万元。则甲公司换入新的办公楼的计税基础是（　　）万元。

A.600　　　　　　　　　　　　B.1 100

C.3 500　　　　　　　　　　　D.4 000

二、多项选择题

1.132 下列技术，可以享受技术转让所得税优惠政策的有（　　）。

A. 计算机软件著作权

B. 简单改变产品图案的外观设计

C. 动物新品种

D. 生物医药新品种

E.5 年以上非独占许可使用权

1.133 下列关于 2023 年度研发费用加计扣除政策的说法，正确的有（　　）。

A. 企业预缴企业所得税时不可以申报享受研发费用加计扣除政策

B. 集成电路企业实际发生的研发费用形成无形资产的，自形成当月起按照无形资产成本的 220% 在税前摊销

C. 企业直接从事研发活动人员的工资、社会保险费、福利费等费用，按照实际支出金额加计扣除

D. 研发产品过程中对外销售的试制品，对应的材料费用不可以享受加计扣除

E. 失败的研发活动实际发生的研发费用，不得加计扣除

第二章　个人所得税

一、单项选择题

2.1　下列个人中取得的境内和境外所得均负有我国纳税义务的是（　　）。

A. 在中国境内无住所且居住不满 90 天，但有来自境内所得的外籍个人

B.2023 年 1 月 1 日至 5 月 30 日在境内居住之后再未入境的外籍个人

C. 在中国境内无住所且不居住，但有来自境内所得的外籍个人

D.2023 年 3 月 1 日至 10 月 31 日在境内履职的外籍个人

2.2　出租车驾驶员取得的下列收入，按照"工资、薪金所得"缴纳个人所得税的是（　　）。

A. 从出租车经营单位购买出租车，从事运营取得的收入

B. 从出租车经营单位承租出租车，从事运营取得的收入

C. 从事个体出租车运营取得的收入

D. 以缴纳管理费的方式将本人出租车挂靠在出租车经营单位，从事运营取得的收入

2.3　个人取得的下列所得，应按照"工资、薪金所得"缴纳个人所得税的是（　　）。

A. 股东取得股份制公司为其购买并登记在该股东名下的小轿车

B. 个人因公务用车制度改革以现金、报销等形式取得的所得

C. 杂志社财务人员在本单位的报刊上发表作品取得的所得

D. 员工因拥有股权而参与企业税后利润分配取得的所得

2.4　个人参加非任职企业举办的促销活动，取得主办方赠送的外购商品，其缴纳个人所得税的计税依据是（　　）。

A. 外购商品的实际购置价格

B. 主管税务机关核定的价格

C. 外购商品同期同类市场销售价格

D. 促销活动宣传海报上载明的赠品价格

2.5　依据个人所得税的相关规定，个人取得的下列所得，采取按年计算税款且由个人自行申报缴纳税款的是（　　）。

A. 个人从事彩票代销业务而取得的所得

B. 律师以个人名义聘请的其他人员从律师处获得的报酬

C. 除个人独资企业、合伙企业以外的其他企业的个人投资者，以企业资金为本人支付的与经营无关的消费性支出

D. 产权所有人死亡，在未办理产权继承手续期间取得该财产的租金收入

2.6 个体工商户专营下列行业取得的所得，应缴纳个人所得税的是（　　）。

A. 种植业　　　　　　　　　　B. 养殖业

C. 服务业　　　　　　　　　　D. 饲养业

2.7 某有限责任公司 2023 年初有 800 万元"其他应收款"余额，其中 600 万元于 2022 年 2 月借给公司股东王某用于投资另一家企业，另有 200 万元系 2022 年 8 月该公司股东王某因个人购买房产的借款。下列对这些"其他应收款"的处理，符合现行个人所得税政策规定的是（　　）。

A.200 万元部分应按"工资、薪金所得"缴纳个人所得税；600 万元部分不涉及个人所得税

B.800 万元均应按"利息、股息、红利所得"缴纳个人所得税

C.200 万元部分不涉及个人所得税；600 万元部分按"利息、股息、红利所得"缴纳个人所得税

D.200 万元部分应按"利息、股息、红利所得"缴纳个人所得税；600 万元部分不涉及个人所得税

2.8 个人取得的下列报酬，应按"稿酬所得"缴纳个人所得税的是（　　）。

A. 摄影师因摄影作品在报刊发表取得的报酬

B. 演员在企业的广告制作过程中提供形象而取得的报酬

C. 编剧从制作单位取得的剧本使用费

D. 高校教授为某杂志社审稿取得的报酬

2.9 个人取得的下列所得中，应按"财产转让所得"适用 20% 税率缴纳个人所得税的是（　　）。

A. 个人取得的财产转租收入

B. 内地个人投资者通过基金互认买卖香港基金份额取得的转让差价所得

C. 职工个人以股份形式取得仅作为分红依据的量化资产

D. 个人转让境内商铺取得的所得

2.10 除国务院财政、税务主管部门另有规定外，居民个人的下列所得中，属于来源于中国境内所得的是（　　）。

A. 境内单位普通员工在境外提供劳务取得的所得

B. 将财产出租给境外企业在境内分公司使用取得的所得

C. 从境外企业取得的投资分红所得

D. 将特许权使用费让渡给境外企业在境外使用取得的所得

2.11 下列关于按次计征个人所得税的说法中，错误的是（　　）。

A. 财产租赁所得，以一个月内取得的收入为一次

B. 偶然所得，以每次取得该项收入为一次

C. 利息、股息、红利所得，以支付利息、股息、红利时取得的收入为一次

D. 劳务报酬所得，以每次取得该项收入为一次

2.12 居民个人的下列所得中，不并入综合所得计税的是（　　　）。

A. 稿酬所得　　　　　　　　　　　B. 劳务报酬所得

C. 财产租赁所得　　　　　　　　　D. 工资、薪金所得

2.13 下列关于个人所得税专项附加扣除时限的表述中，符合税法规定的是（　　　）。

A. 住房贷款利息，扣除时限最长不得超过 360 个月

B. 子女教育，扣除时间为子女年满 3 周岁当月至全日制学历教育结束的次月

C. 同一学历继续教育，扣除时限最长不得超过 48 个月

D. 专业技术人员职业资格继续教育，扣除时间为参加考试的当年

2.14 下列关于大病医疗专项附加扣除的表述中，符合税法规定的是（　　　）。

A. 纳税人可以选择在预扣预缴环节由扣缴义务人扣除，也可以选择在汇算清缴环节申报扣除

B. 纳税人及其配偶、未成年子女发生的医药费用可以合并计算扣除额

C. 纳税人发生的医疗费用可以选择由本人或者配偶扣除

D. 纳税人发生不在医保范围内的医药费用支出，超过 15 000 元的部分可以扣除，但扣除限额最多不超过 80 000 元

2.15 张某兄妹 4 人均为居民个人，父母均年满 60 周岁，同时张某还赡养其祖父母。2023 年张某综合所得申报缴纳个人所得税时，最多可以扣除的金额是（　　　）元。

A.36 000　　　　　　　　　　　B.9 000

C.18 000　　　　　　　　　　　D.12 000

2.16 张某夫妻二人在老家重庆有住房，该住房满足住房贷款利息专项附加扣除的条件。同时，夫妻二人均在深圳工作，分别在不同地区租房。2023 年在申报个人所得税时，张某夫妻二人最多可以扣除的金额是（　　　）元。

A.12 000　　　　　　　　　　　B.18 000

C.30 000　　　　　　　　　　　D.36 000

2.17 在计算个人所得税综合所得应纳税所得额时，下列支出中不得扣除的是（　　　）。

A. 个人购买的互助型医疗保险支出

B. 个人购买的个人养老金支出

C. 个人缴付符合国家规定的企业年金支出

D. 个人购买符合国家规定的商业健康保险支出

2.18 小张为甲单位员工，2023 年 1—12 月在甲单位取得工资、薪金 48 000 元，单位为其办理了 2023 年 1—12 月的工资、薪金所得个人所得税全员全额明细申报。2024 年，甲公司每月给其发放工资 8 000 元、个人按国家标准缴付"三险一金"2 000 元。在不考虑其他扣除情况下，2024 年 3 月甲公司应为小张预扣预缴的个人所得税税额为（　　　）元。

A.0　　　　　　　　　　　　　B.30

C.60　　　　　　　　　　　　　D.90

2.19 小王自 2021 年大学毕业后就在某省会城市甲公司任职，2023 年 3 月自甲公司离职，期间 1 月和 2 月均已支付工资并预扣预缴个人所得税，5 月小王重新入职乙公司工作，当月取得扣除"三险一金"后的工资薪金 20 000 元，除住房租金外无其他专项附加扣除，2023 年 5 月乙公司应为小王预扣预缴的个人所得税税额为（　　）元。

A.405
B.555
C.15
D.0

2.20 小王为独生子，2023 年 7 月大学毕业，8 月入职甲公司，其父亲于 2023 年 9 月年满 60 周岁，母亲年满 58 周岁。10 月份甲公司在为小王预扣预缴个人所得税时，应累计减除的专项附加扣除金额为（　　）元。

A.4 000
B.6 000
C.9 000
D.30 000

2.21 小王以个体工商户形式经营一家超市，账证健全。2023 年 1 月至 12 月取得经营所得 2 500 000 元。除经营所得外，小王本人没有其他应税收入，2023 年小王全年享受赡养老人的专项附加扣除合计 36 000 元。不考虑其他扣除，该个体工商户 2023 年度经营所得应纳个人所得税税额（　　）元。

A.387 950
B.458 650
C.479 650
D.775 900

2.22 2023 年公司高管赵某每月工资收入 20 000 元，公司为其按月扣缴"三险一金" 3 000 元。8 月起公司为其购买符合规定条件的商业健康保险，每月保费为 800 元，赵某无专项附加扣除和其他综合所得收入，当年赵某工资、薪金所得应缴纳个人所得税（　　）元。

A.11 800
B.11 880
C.12 480
D.12 520

2.23 徐某达到法定退休年龄，按季度领取企业年金 9 300 元，则应缴纳的个人所得税为（　　）元。

A.129
B.279
C.300
D.720

2.24 2023 年公司高管赵某每月工资收入 20 000 元，公司为其按月扣缴"三险一金" 3 000 元。此外，企业还建立了企业年金制度，双方约定企业缴费金额为缴费工资计税基数的 5%，个人缴费金额为缴费工资计税基数的 5%，缴费工资计税基数为 18 000 元。赵某无专项附加扣除和其他综合所得收入，当年赵某工资、薪金所得应缴纳个人所得税（　　）元。

A.11 232
B.11 016
C.11 880
D.12 312

2.25 居民纳税人王某一次性取得稿酬收入 3 800 元，按现行个人所得税的相关规定，其预扣预缴个人所得税的税额是（　　）元。

A.608
B.425.6

C.600   D.420

2.26 居民纳税人方某一次性取得劳务报酬收入 48 000 元，按现行个人所得税的相关规定，其预扣预缴个人所得税的税额是（   ）元。

A.9 520   B.7 680

C.12 160   D.9 440

2.27 2023 年 6 月李某将其位于市区的普通商品住房赠与挚友王某，李某取得该房屋的实际购置成本为 50 万元，赠与合同上标明的赠与房屋价值为 70 万元，税务机关核定该房屋价值为 100 万元，王某受赠该房屋支付的相关税费 3 万元，则王某应缴纳的个人所得税为（   ）万元。

A.20   B.13.4

C.14   D.19.4

2.28 2023 年某保险营销员取得不含税佣金收入 37.5 万元，假定不考虑其他附加税费、专项扣除和专项附加扣除，该营销员未取得其他所得，则 2023 年该营销员应缴纳个人所得税（   ）元。

A.83 000   B.16 080

C.43 080   D.28 080

2.29 某个体工商户 2023 年为其从业人员实际发放工资 105 万元，业主领取劳动报酬 20 万元。2023 年该个体工商户允许税前扣除的从业人员补充养老保险限额为（   ）万元。

A.6.25   B.5.25

C.3.15   D.4.2

2.30 根据个人所得税相关规定，计算合伙企业生产经营所得时准予扣除的是（   ）。

A. 合伙企业留存的利润

B. 分配给合伙人的利润

C. 合伙个人缴纳的个人所得税

D. 支付的工商业联合会会费

2.31 小斯持有某合伙企业 50% 的份额。2023 年该企业经营利润 30 万元（未扣投资者费用），其中实际分配利润 10 万元、留存利润 20 万元，小斯分得利润 5 万元。已知小斯无其他所得，不考虑专项扣除和专项附加扣除，则 2023 年小斯应缴纳个人所得税（   ）元。

A.0   B.3 500

C.7 500   D.19 500

2.32 合伙企业的合伙人以合伙企业的生产经营所得按照约定的分配比例确定应纳税所得额，首选的分配比例是（   ）。

A. 合伙人实缴出资比例

B. 按照合伙人数量平均计算的分配比例

C. 合伙协议约定的分配比例

D. 合伙人协商决定的分配比例

2.33 个人出租其商铺，在计算个人所得税时不得在税前扣除的项目是（　　）。

　　A. 缴纳的印花税　　　　　　　　　B. 出租方负担的物业费

　　C. 缴纳的城市维护建设税　　　　　D. 出租方负担的修缮费用

2.34 王某从 2023 年 1 月 1 日起出租其自有的一套住房，扣除相关税费后的每月租金收入为 3 000 元，全年共计 36 000 元。王某上述租房所得在 2023 年应缴纳的个人所得税为（　　）元。

　　A.2 880　　　　　　　　　　　　　B.5 760

　　C.2 640　　　　　　　　　　　　　D.5 280

2.35 下列关于个人转让住房过程中涉及装修费的说法中，表述错误的是（　　）。

　　A. 经济适用房的装修费用，最高扣除限额为房屋原值的 10%

　　B. 商品房的装修费用，最高扣除限额为房屋原值的 10%

　　C. 纳税人原购房为装修房，房价款中含有装修费的，不得重复扣除装修费用

　　D. 纳税人在转让前实际发生的装修费用，须提供合规发票，方可按规定扣除

2.36 2023 年 4 月，马某出售一套购置 3 年的商品房，不含税交易价格为 260 万元，该商品房不含税购置价格为 200 万元，已按照 1% 税率缴纳契税，取得合规票据的房屋装修费为 25 万元，假定按照最高扣除限额扣除装修费，则马某应缴纳个人所得税（　　）万元。

　　A.8　　　　　　　　　　　　　　　B.6.6

　　C.5.54　　　　　　　　　　　　　D.7.56

2.37 根据个人所得税的规定，下列关于拍卖财产的表述中，不符合税法规定的是（　　）。

　　A. 拍卖祖传收藏的字画，为收藏该拍卖品而发生的费用允许扣除

　　B. 拍卖时按规定支付的拍卖费（佣金）、鉴定费、评估费、图录费允许扣除

　　C. 财产原值不能准确确定时，拍卖品为海外回流文物的，按转让收入额的 2% 确定原值和合理费用

　　D. 个人财产拍卖所得应纳的个人所得税税款，向拍卖单位所在地主管税务机关纳税申报

2.38 对个人多次取得同一被投资企业股权的，计算部分股权转让的应纳税所得额时，确定转让股权原值采用的方法是（　　）。

　　A. 先进先出法　　　　　　　　　　B. 加权平均法

　　C. 后进后出法　　　　　　　　　　D. 移动加权法

2.39 个人因各种原因终止投资，从被投资企业取得补偿金收入，正确的税务处理是（　　）。

　　A. 无须缴纳个人所得税

　　B. 按照"偶然所得"缴纳个人所得税

　　C. 按照"财产转让所得"缴纳个人所得税

　　D. 按照"利息、股息、红利所得"缴纳个人所得税

2.40 个人再次转让同一公司股权且被投资企业净资产未发生重大变化的，主管税务机关可参照上一次股权转让时被投资企业的资产评估报告核定此次股权转让收入。此办法适用的时间段为发生股权转让后（　　）个月内。

　　A.1　　　　　　　　　　　　　　　B.3

C.12　　　　　　　　　　　　D.6

2.41 对个人股权转让所得，征收个人所得税的主管税务机关是（　　）。

A. 股权转让合同签署地的税务机关　　B. 被投资企业所在地的税务机关

C. 转让方经常居住地的税务机关　　　D. 受让方户籍所在地的税务机关

2.42 中国公民孙某 2023 年 7 月份购入 A 债券 20 000 份，每份买入价 5 元，支付相关税费共计 1 000 元。8 月份购入债券 5 000 份，每份买入价 6 元，支付相关税费共计 400 元。12 月份卖出 A 债券 10 000 份，每份卖出价 7 元，支付相关税费共计 700 元。孙某 2023 年 12 月转让债券所得应缴纳个人所得税（　　）元。

A.3 432　　　　　　　　　　　B.3 180

C.3 460　　　　　　　　　　　D.3 348

2.43 某商场在周年庆典活动中向消费者随机赠送礼品，对消费者个人因此获得的所得，下列说法中正确的是（　　）。

A. 个人获得的 1 000 元抵用券，超过 800 元部分征收个人所得税

B. 个人获得的价值 500 元的电饭煲，免征个人所得税

C. 个人获得的价值 3 000 元的吸尘器，超过 800 元部分征收个人所得税

D. 个人获得的价值 3 000 元的吸尘器，全额征收个人所得税

2.44 2023 年 5 月中国公民小斯将持有的境内上市公司限售股转让，取得转让收入 20 万元。假设该限售股原值无法确定。小斯转让限售股应缴纳个人所得税（　　）万元。

A.0　　　　　　　　　　　　　B.2

C.4　　　　　　　　　　　　　D.3.4

2.45 下列关于离婚析产房屋的个人所得税政策，说法正确的是（　　）。

A. 个人以离婚析产方式办理产权过户手续，取得产权方应按房屋市场价值缴纳个人所得税

B. 个人转让离婚析产房屋所取得的收入，允许扣除转让部分相应的财产原值和合理费用后，余额按照规定的税率缴纳个人所得税

C. 转让离婚析产房屋允许扣除的财产原值，为房屋初次购置全部原值和相关税费之和

D. 个人转让离婚析产房屋所取得的收入，符合家庭生活自用 2 年以上唯一住房的，可以申请免征个人所得税

2.46 王某委托某拍卖行拍卖其 2000 年购买的一件瓷器，最终拍卖取得的收入是 60 万元，支付拍卖行佣金 3 万元，鉴定费 1 000 元，无法提供购买瓷器的原值凭证，则王某应缴纳的个人所得税为（　　）万元。

A.1.8　　　　　　　　　　　　B.9.58

C.1.2　　　　　　　　　　　　D.1.71

2.47 个人下列公益救济性捐赠，以其申报的应纳税所得额 30% 为限额扣除的是（　　）。

A. 通过县政府对贫困地区的捐赠　　B. 对中国教育发展基金会的捐赠

C. 对公益性青少年活动场所的捐赠　　D. 对中国老龄事业发展基金会的捐赠

2.48 下列工资、薪金所得，免征个人所得税的是（　　）。

A. 年终加薪

B. 劳动分红

C. 退休人员再任职取得的收入

D. 农民在农贸市场销售其自产的花生

2.49 个人取得的下列所得，免征个人所得税的是（　　）。

A. 转让国债的所得

B. 提前退休发放的一次性补贴

C. 按国家统一规定发放的补贴、津贴

D. 县级人民政府颁发的教育方面奖金

2.50 外籍个人从任职单位取得的下列补贴，应缴纳个人所得税的是（　　）。

A. 按照合理标准取得的境内外出差补贴

B. 以实报实销形式取得的伙食补贴

C. 以非现金形式取得的搬迁费补贴

D. 以现金形式取得的住房补贴

2.51 个人领取原缴存的下列社会保险和企业年金时，应缴纳个人所得税的是（　　）。

A. 个人养老金　　　　　　　　　　B. 失业保险金

C. 基本养老保险金　　　　　　　　D. 医疗保险金

2.52 某内地个人投资者于2023年6月通过深港通投资在香港联交所上市的H股股票，取得股票转让差价所得和股息红利所得。下列对该投资者股票投资所得计征个人所得税的表述中，正确的是（　　）。

A. 股票转让差价所得按照10%的税率征收个人所得税

B. 股息红利所得由H股公司按照10%的税率代扣代缴个人所得税

C. 股票转让差价所得免予征收个人所得税

D. 取得的股息红利由中国证券登记结算有限责任公司按照20%的税率代扣代缴个人所得税

2.53 居民个人同时从中国境内外取得的下列同类所得中，应合并计算个人所得税的是（　　）。

A. 劳务报酬所得

B. 财产租赁所得

C. 财产转让所得

D. 利息、股息、红利所得

2.54 某国有企业职工张某，于2023年2月因健康原因办理了提前退休手续（至法定退休年龄尚有36个月），取得单位按照统一标准支付的一次性补贴216 000元。则张某2023年2月收到的提前退休一次性补贴应缴纳的个人所得税为（　　）元。

A. 30　　　　　　　　　　　　　　B. 1 080

C. 21 390　　　　　　　　　　　　D. 14 040

2.55 某公司员工李某，在公司任职 3 年，2023 年 1 月依法与公司解除劳动关系，获得经济补偿金 180 000 元，生活补助费 10 000 元。此外，当月取得正常工资收入 19 000 元，假设当地上年度职工年平均工资为 50 000 元。不考虑专项扣除和专项附加扣除，李某 1 月应缴纳的个人所得税为（　　）元。

A.1 480　　　　　　　　　　　　B.1 620

C.1 900　　　　　　　　　　　　D.2 050

2.56 下列关于年金的个人所得税处理中，正确的是（　　）。

A. 年金的企业缴费计入个人账户的部分，应并入个人当月工资缴纳个人所得税

B. 个人按本人缴费工资计税基数的 5% 缴纳的年金，在计算个人所得税时可全额扣除

C. 按年缴纳年金的企业缴费部分，应按照全年一次性奖金的计税方法缴纳个人所得税

D. 年金基金投资运营收益分配计入个人账户时，暂不缴纳个人所得税

2.57 下列关于个人领取年金的方式中，说法错误的是（　　）。

A. 年金按月领取的，适用月度税率表

B. 年金按季领取的，适用月度税率表

C. 年金按年领取的，适用综合所得税率表

D. 因出国定居一次性领取年金的，适用月度税率表

2.58 根据个人所得税的相关规定，下列关于个人养老金的表述中，错误的是（　　）。

A. 个人养老金的扣除限额为 12 000 元 / 年

B. 个人缴纳的个人养老金，在限额内可以选择在综合所得或分类所得中据实扣除

C. 个人养老金投资环节产生的投资收益暂不征收个人所得税

D. 个人领取养老金时，应由开立个人养老金资金账户所在市的商业银行机构代扣代缴其应缴的个人所得税

2.59 公民张某作为引进人才，2023 年 4 月以 50 万元的价格购买引进单位提供的市场价值为 80 万元的住房，同月以 2 元 / 股的价格被授予该单位的不可公开交易股票期权 20 000 股，授权日股票的市场价格为 5.6 元 / 股，行权日为 2024 年 12 月，2023 年张某就以上两项所得缴纳个人所得税（　　）元。

A.43 080　　　　　　　　　　　　B.58 590

C.47 760　　　　　　　　　　　　D.63 270

2.60 非上市公司授予本公司员工的股票期权，符合规定条件并向主管税务机关备案的，可享受个人所得税的（　　）。

A. 免税政策　　　　　　　　　　　　B. 减税政策

C. 不征税政策　　　　　　　　　　　D. 递延纳税政策

2.61 下列关于居民个人取得上市公司股票期权等股权激励的个人所得税处理中，正确的是（　　）。

A. 并入当年综合所得计算纳税

B. 不作为应税所得征收个人所得税

C. 不并入当年综合所得，全额单独适用综合所得税率计算纳税

D. 不并入当年综合所得，单独适用综合所得税率按月份数分摊计算纳税

2.62 根据个人所得税相关规定，天使投资个人采取股权投资方式直接投资初创期企业满 2 年的，可以享受的税收优惠是（　　）。

A. 按照投资额的 70% 抵扣从初创企业分回的股息所得

B. 按照投资额的 70% 抵扣转让初创企业股权取得的收入

C. 按照投资额的 70% 抵扣转让初创企业股权取得的应纳税所得额

D. 按照转让部分对应投资额的 70% 抵扣转让初创企业股权取得的应纳税所得额

2.63 根据创业投资企业个人合伙人的所得税政策，下列说法错误的是（　　）。

A. 创投企业选择按单一投资基金核算的，其个人合伙人从该基金应分得的股权转让所得，按照 20% 税率计算缴纳个人所得税

B. 创投企业选择按年度所得整体核算的，其个人合伙人应从创投企业取得的所得，按照"经营所得"项目计算缴纳个人所得税

C. 创投企业选择按单一投资基金核算的，被转让项目对应投资额的 70% 不足抵扣的部分，可以结转以后年度抵扣

D. 创投企业选择按年度所得整体核算的，被转让项目对应投资额的 70% 不足抵扣的部分，可以结转以后年度抵扣

2.64 对于律师事务所雇员的律师与律师事务所按规定的比例对收入分成取得的收入，如果律师事务所不负担律师的办案支出，在计算个人所得税时，正确的表述是（　　）。

A. 分成收入全额按"经营所得"征税

B. 分成收入按规定扣除办案支出后的余额按"劳务报酬所得"征税

C. 分成收入全额按"工资、薪金所得"单独征税

D. 分成收入按规定扣除办案支出后，余额与律师事务所发放的工资合并，按"工资、薪金所得"项目征税

2.65 汤姆先生为中国境内无住所个人，2023 年全年境内工作天数为 73 天，其中第四季度境内工作天数为 46 天。2024 年 1 月，汤姆先生同时取得 2023 年第四季度奖金 20 万元和全年奖金 50 万元，两笔奖金中由境内支出的比例均为 40%。汤姆先生 2024 年 1 月取得的奖金中归属于境内的收入额为（　　）万元。

A.28　　　　　　　　　　　　　　　　B.8

C.20　　　　　　　　　　　　　　　　D.70

2.66 下列关于个人发生的公益捐赠支出金额的说法中，符合个人所得税相关规定的是（　　）。

A. 捐赠的专利技术，按照捐赠合同约定的捐赠金额确定

B. 捐赠的房产，按照该房产的市场价格确定

C. 捐赠的车辆，按照该车辆的净值确定

D. 捐赠的股权，按照个人持有该股权的原有价值确定

2.67 2023 年中国境内某公司聘请境外无住所科研人员杰克参与公司项目研发，2023 年 1—6 月杰克在境内公司履职，7 月境内公司向其分别发放 2023 年第一季度和第二季度的奖金 90 000 元和 91 000 元。已知杰克第一季度境内工作天数为 40 天，第二季度境内工作天数为 45 天。杰克 2023 年 7 月取得的奖金中应缴纳的我国的个人所得税为（　　）元。

A.5 980

B.15 590

C.23 090

D.8 540

2.68 对于非居民个人取得工资、薪金所得的征收管理，下列说法正确的是（　　）。

A. 依据综合所得税率表，按月代扣代缴税款

B. 由扣缴义务人按月代扣代缴税款，不办理汇算清缴

C. 扣缴义务人可将同期的工资、薪金和劳务报酬所得合并代扣代缴税款

D. 向扣缴义务人提供专项附加扣除信息的，可按扣除专项附加后的余额代扣税款

二、多项选择题

2.69 个人取得的下列收入中，应按"特许权使用费所得"项目计征个人所得税的有（　　）。

A. 作者将自己的文字作品手稿原件公开拍卖取得的收入

B. 作者去世后，财产继承人取得的遗作稿酬收入

C. 摄影记者在本单位杂志上发表摄影作品取得的收入

D. 个人取得著作权的经济赔偿收入

E. 编剧从电视剧的制作单位取得的剧本使用费收入

2.70 下列各项中应按照"利息、股息、红利所得"缴纳个人所得税的有（　　）。

A. 个体工商户对外投资取得的股息所得

B. 个人独资企业的投资者家庭成员收到个人独资企业以企业资金为其购买的住房

C. 企业员工收到个人独资企业为其购买的车辆

D. 股东个人取得有限责任公司购买并将所有权办到其名下的车辆

E. 有限责任公司对外投资取得的股息所得

2.71 下列各项中应按照"工资、薪金所得"缴纳个人所得税的有（　　）。

A. 上市公司股权激励方案下，公司员工取得股票增值权收益

B. 个人独资企业投资者当月从个人独资企业取得的报酬

C. 个人在任职单位兼任公司监事，取得的监事费收入

D. 出版社的专业作者撰写、编写的作品，由本社以图书的形式出版取得的所得

E. 证券经纪人取得的佣金收入

2.72 个人的下列应税所得中，实行全员全额扣缴个人所得税的有（　　）。

A. 工资、薪金所得

B. 劳务报酬所得

C. 稿酬所得

D. 财产租赁所得

E. 经营所得

2.73 下列各项中应按照"偶然所得"缴纳个人所得税的有（　　）。

A. 宋某因其个人专利被单位使用取得的经济赔偿收入 50 万元

B. 方某获得友人赠送的价值 30 万元的房产所得

C. 职工因拥有股票期权且在行权后取得的企业税后利润分配收益

D. 雷某在某超市消费后获得额外抽奖机会，抽中手机一部

E. 于某将自己的文字作品手稿复印件公开拍卖取得所得 20 万元

2.74 下列各项中，应按"利息、股息、红利所得"项目征收个人所得税的有（　　）。

A. 法人企业为其股东购买汽车并将汽车办理在股东名下

B. 个人转让国家发行的金融债券取得的所得

C. 个人独资企业业主用企业资本金进行的个人消费部分

D. 个人独资企业对外投资分回的利息或者股息、红利

E. 个人合伙企业的留存利得

2.75 下列个人收入，属于纳税人应按"劳务报酬所得"缴纳个人所得税的有（　　）。

A. 李某办理离职手续后，在外地其他单位重新任职后取得的搬家安置费收入

B. 某歌星去外地演出取得由当地主办方支付的演出费

C. 张某由任职的国有某控股集团派遣到集团下属的中外合资企业担任总经理取得的收入

D. 陈某非某厂家雇员，但为某厂家促成销售业务，厂家奖励陈某出境旅游

E. 王某担任某上市公司独立董事职务所取得的董事费收入

2.76 个人的下列应税所得中，可按按月换算的综合所得税率表计算个人所得税的有（　　）。

A. 非居民个人的工资、薪金所得

B. 居民个人单独计税的全年一次性奖金

C. 居民个人提前退休取得的一次性补贴

D. 非居民个人的劳务报酬所得、稿酬所得和特许权使用费所得

E. 居民个人达到国家规定退休年龄后按月领取的年金

2.77 个人投资者收购企业股权后将原盈余积累转增股本，被收购企业应在规定的时间内向主管税务机关报送的资料有（　　）。

A. 公司章程的变化

B. 扣缴税款情况

C. 转增股本数额

D. 股权交易前原账面记载的盈余积累数额

E. 股东及股权变化情况

2.78 非居民个人取得的下列所得中，属于来源于中国境内所得的有（　　）。

A. 在境外通过网上指导获得境内机构支付的培训所得

B. 在境外写稿在境内出版获得的境内机构支付的稿酬所得

C. 持有中国境内公司债券取得的利息所得

D. 将专利权转让给中国境内公司在中国使用取得的特许权使用费所得

E. 将施工机械出租给在美国的中国公民使用而取得的租金所得

2.79 下列关于专项附加扣除的说法，符合个人所得税相关规定的有（　　　）。

A. 住房贷款利息扣除的扣除标准是每月 1 500 元

B. 直辖市的住房租金支出的扣除标准是每月 1 500 元

C. 纳税人的父母发生的大病医疗费用超过 15 000 元的部分可以由纳税人进行扣除，最高扣除限额为 80 000 元

D. 赡养老人专项附加扣除的起止时间为被赡养人年满 60 周岁的当月至赡养义务终止的当月

E. 职业资格继续教育在取得相关证书的当年，按照 3 600 元定额标准扣除

2.80 下列关于 3 岁以下婴幼儿照护专项附加扣除的表述中，符合税法规定的有（　　　）。

A. 纳税人可以选择在预扣预缴环节由扣缴义务人扣除

B. 婴幼儿出生的次月至年满 3 周岁的当月，可以享受该政策

C. 纳税人也可以选择在汇算清缴环节扣除

D. 扣除标准为每个婴幼儿每月 2 000 元

E. 可以选择由父母一方扣除，或者父母双方均按照扣除标准的 50% 扣除

2.81 下列关于学历继续教育专项附加扣除的说法，符合个人所得税相关规定的有（　　　）。

A. 纳税人需要在中国境内接受全日制学历教育

B. 扣除期间为入学当月至教育结束的当月

C. 个人接受本科及以下学历（学位）继续教育符合条件的，可以选择由父母按 400 元 / 月进行扣除

D. 个人接受本科及以下学历（学位）继续教育符合条件的，可以选择由本人按 400 元 / 月进行扣除

E. 学历（学位）继续教育和职业资格继续教育不能同时享受

2.82 王某已享受住房租金专项附加扣除，在预扣预缴时，王某还可以享受的专项附加扣除有（　　　）。

A. 3 岁以下婴幼儿照护

B. 住房贷款利息

C. 赡养老人

D. 大病医疗

E. 职业资格继续教育

2.83 居民个人取得的下列所得中，在预扣预缴税款时，可以按照累计预扣法计算的有（　　　）。

A. 全日制大学生王某实习取得劳务报酬

B. 商场导购员王某取得的工资、薪金所得

C. 保险营销员王某取得的劳务报酬

D. 证券经纪人王某取得的劳务报酬

E. 大学教授王某取得的稿酬所得

2.84 在计算个体工商户应纳税所得额时，下列支出中不得在税前扣除的有（　　）。

A. 业主的工资、薪金支出

B. 直接对贫困生学费的赞助支出

C. 业主的住院治疗费支出

D. 固定资产的经营性租赁支出

E. 向税务机关缴纳的税收滞纳金

2.85 个体工商户的支出中，符合所得税相关规定的有（　　）。

A. 为其从业人员发生的职工教育经费的扣除限额为工资薪金总额的 8%

B. 业务招待费的扣除限额为实际发生额的 60%

C. 通过省政府的扶贫捐赠扣除限额为其应纳税所得额的 30%

D. 为开发新技术购置的单台价值 80 万的设备支出可以一次性扣除

E. 业主本人实际发生的职工福利费可以在规定范围内扣除

2.86 下列税务处理中，符合个人独资企业所得税相关规定的有（　　）。

A. 个人独资企业发生的与生产经营有关的业务招待费，可按规定扣除

B. 投资者兴办两个或两个以上企业的，其年度经营亏损不可跨企业弥补

C. 个人独资企业支付给环保部门的罚款允许税前扣除

D. 个人独资企业计提的各种准备金不得税前扣除

E. 个人独资企业用于企业生产经营及家庭生活支出，无法划分的，其 40% 准予扣除

2.87 根据个人所得税核定征收管理的规定，下列说法正确的有（　　）。

A. 核定征收方式包括定额征收、核定应税所得率征收以及其他合理征收方式

B. 实行核定征收的合伙企业投资者，不能享受个人所得税的优惠政策

C. 发生纳税义务而未按规定期限办理纳税申报的，应直接由税务机关核定征税

D. 征税方式由查账征收改为核定征收后，在原查账征收方式下经认定未弥补完的经营亏损，不得再继续弥补

E. 持有股权、股票等权益性投资的个人独资企业、合伙企业，不得采用核定征收方式计征个人所得税

2.88 根据个人所得税的规定，下列关于股权转让的表述中，符合税法规定的有（　　）。

A. 公司回购股权，个人取得的所得应按"财产转让所得"项目计税

B. 个人转让股权，以股权转让收入扣除股权原值后的余额为应纳税所得额

C. 因受让方违约，转让方取得的违约金收入，应按"偶然所得"项目计税

D. 按照合同约定，转让方在满足条件后取得的后续收入，不作为股权转让收入，应根据收入性质判断其适用的所得项目

E. 以非货币性资产出资方式取得的股权，其原值应按照投资入股时非货币性资产价格与取得股权直接相关的合理税费之和确认

2.89 根据个人所得税规定，下列转让住房过程中发生的支出可以在计算应纳税所得额时扣除的有（　　）。

A. 房屋原值　　　　　　　　　　　　B. 公证费

C. 住房贷款利息   D. 增值税

E. 土地增值税

2.90 根据个人所得税规定，下列转让行为中应被视为股权转让收入明显偏低的有（   ）。

A. 不具有合理性的无偿转让股权

B. 申报的股权转让收入低于股权对应的净资产份额的

C. 申报的股权转让收入低于取得该股权所支付的价款和相关税费的

D. 申报的股权转让收入低于相同或类似条件下同类行业的企业股权转让收入

E. 申报的股权转让收入不低于类似条件下同一企业其他股东股权转让收入的

2.91 个人通过竞拍方式购置"打包"债权后，只处置部分债权的情况下，下列关于应纳税所得额的确定方式正确的有（   ）。

A. 以每次处置部分债权的所得，作为一次财产转让所得

B. 其应税收入按照个人取得的货币资产和非货币资产的账面价值的合计数确定

C. 所处置的债权成本费用（即财产原值），按当次处置的债权账面价值从财产转让所得中扣除

D. 个人购买债权过程中发生的拍卖招标手续费、诉讼费、审计评估费及合理税金允许按规定比例扣除

E. 个人处置债权过程中发生的拍卖招标手续费、诉讼费、审计评估费及合理税金允许直接扣除

2.92 下列关于居民个人发生公益捐赠支出税前扣除的时间和方式的说法中，符合个人所得税相关规定的有（   ）。

A. 可选择在捐赠发生当月计算分类所得应纳税所得额时扣除

B. 可选择在计算工资、薪金所得预扣预缴税款或年度汇算清缴时扣除

C. 同时发生按限额扣除和全额扣除的，应按先全额扣除后限额扣除的顺序扣除

D. 可选择在捐赠发生当月计算稿酬所得预扣预缴税款时扣除

E. 可选择在计算个人经营所得预缴税款或年度汇算清缴时扣除

2.93 下列各项所得，无须缴纳个人所得税的有（   ）。

A. 托儿补助费

B. 工伤职工取得的一次性伤残保险待遇

C. 误餐补助

D. 差旅费津贴

E. 领取年金收入

2.94 个人取得的下列利息性质的收入，免征个人所得税的有（   ）。

A. 国债利息收入

B. 地方政府债券利息收入

C. 铁路债券利息收入

D. 证券市场个人投资者取得的证券交易结算资金利息收入

E. 储蓄存款利息

2.95 根据个人所得税规定，下列关于股息的表述，正确的有（   ）。

A. 个人从非上市公司取得的股息、红利，免征个人所得税

B. 个人从持股期限超过 1 年的上市公司取得的股息、红利，免征个人所得税

C. 个人从持股期限不满 1 年的上市公司取得的股息、红利，减半征收个人所得税

D. 个人持有上市公司限售股取得的股息、红利，照常征收个人所得税

E. 个人持有上市公司限售股，在解禁前取得的股息、红利，减半征收个人所得税

2.96 根据个人所得税规定，下列关于股权转让所得，免征个人所得税的有（   ）。

A. 个人转让境内上市公司股票取得的所得

B. 个人转让境内非上市公司股权取得的所得

C. 个人转让"新三板"挂牌公司原始股取得的所得

D. 个人转让"新三板"挂牌公司非原始股取得的所得

E. 个人转让上市公司限售股取得的所得

2.97 个人取得的下列所得中，免征个人所得税的有（   ）。

A. 王某购买体育彩票中奖 8 000 元

B. 王某因提供线索协助公安机关破案而从市公安机关取得的 8 000 元奖金

C. 企业职工因工伤取得的保险赔款收入

D. 一个纳税年度内在船航行时间累计满 183 天的远洋船员

E. 个人转让"新三板"挂牌公司原始股取得的所得

2.98 下列个人所得，免征个人所得税的有（   ）。

A. 个人转让"新三板"挂牌公司原始股取得的所得

B. 个人持有境内上市公司股票取得的股息所得

C. 内地个人投资者通过沪港通转让香港联交所上市 H 股取得的所得

D. 香港个人投资者通过沪港通转让上海证交所上市 A 股取得的所得

E. 个人持有非上市公司股权取得的股息所得

2.99 下列事项的个人所得税处理，正确的有（   ）。

A. 个人既有全年一次性奖金又有半年奖的，半年奖可并入全年一次性奖金计税

B. 个人以低于建造成本的价格购买单位住房的差价部分，应并入当月工资所得一并计税

C. 在一个纳税年度内，同一纳税人年终奖不并入综合所得的计税办法只允许采用一次

D. 纳税人取得的全年一次性奖金单独作为一个月的工资所得纳税，并以该数额确定税率和速算扣除数

E. 实行年薪制企业发放的年终双薪，可按全年一次性奖金纳税

2.100 下列关于居民个人取得上市公司股权激励的表述中，符合税法规定的有（   ）。

A. 居民个人在行权日之前将不可公开交易股票期权转让的，以股票期权的转让净收入，作为"工资、薪金所得"项目计税

B. 限制性股票个人所得税纳税义务发生时间为限制性股票全部解禁的日期

C.股票增值权个人所得税纳税义务发生时间为上市公司向被授权人兑现股票增值权所得的日期

D.个人获得股权奖励时，应按照"工资、薪金所得"项目计税

E.经备案，个人可自股票期权行权、限制性股票解禁或取得股权奖励之日起，在不超过 12 个月的期限内纳税

2.101 根据个人所得税的规定，对符合条件的非上市公司股权激励实行递延纳税的政策，享受此优惠须同时满足的条件有（　　　）。

A.激励对象应为公司董事会或股东（大）会决定的技术骨干和高级管理人员

B.激励对象人数累计不得超过本公司最近 6 个月在职职工平均人数的 35%

C.股票（权）期权自授予日起应持有满 3 年，且自行权日起持有满 1 年

D.股权奖励自获得奖励之日起应持有满 3 年

E.股票（权）期权自授予日至行权日的时间不得超过 10 年

2.102 根据个人所得税相关规定，居民个人取得的下列奖励中说法正确的有（　　　）。

A.高新技术企业技术人员科技成果转化取得的股权奖励，可以在不超过 12 个月内（含）分期缴纳

B.高新技术企业技术人员科技成果转化取得的股权奖励，在取得时暂不缴纳，递延至转让时按照"财产转让所得"纳税

C.国家设立的科研机构科技人员职务成果转化取得的现金奖励，可减按 50% 计入当月"工资、薪金所得"纳税

D.国家设立的科研机构科技人员科技成果转化取得的股权奖励，在取得时暂不征收个人所得税

E.上市公司人员取得股权奖励，取得时暂不征收个人所得税，递延至转让时纳税

2.103 根据个人所得税相关规定，下列关于居民个人取得的企业转增股本的说法中正确的有（　　　）。

A.股份制企业用股票溢价形成的资本公积金转增股本，不征收个人所得税

B.股份制企业用盈余公积派发红股，不征收个人所得税

C.上市公司用盈余公积向个人股东转增股本，个人股东应全额征税

D.非上市公司用未分配利润转增股本时，应由非上市公司代扣代缴个人所得税

E.个人从非上市的中小高新技术企业取得的转增股本，经备案可以在不超过 5 个年度内（含）分期缴纳个人所得税

2.104 下列情形中的居民个人无须办理汇算清缴的有（　　　）。

A.年度汇算需补税，但综合所得收入全年不超过 12 万元

B.取得劳务报酬 20 万元，扣缴义务人未扣缴税款

C.年度汇算需补税金额不超过 400 元

D.符合年度汇算退税条件但不申请退税

E.已预缴税额与年度汇算应纳税额一致

2.105 关于居民个人工资、薪金所得个人所得税的预扣预缴，雇佣单位及相关个人的税务处理正确的有（　　）。

A. 雇佣单位应当于年度终了后的两个月内向员工提供其已扣缴税款信息

B. 雇佣单位按累计预扣法计算应扣缴税款，并按月办理扣缴申报

C. 雇佣单位相关个人取得的税务机关扣缴税款手续费按"偶然所得"计税

D. 雇佣单位发现员工提供的涉税信息不准确的，应要求限期修正

E. 雇佣单位应在次月 15 日内将预扣员工的税款缴入国库

三、计算题

2.106 美国公民小丁，在我国无住所，受雇于我国境内某上市公司，担任该上市公司高级管理人员，2023 年度在我国境内累计居住 79 天。2023 年小丁取得以下收入：

（1）1 月至 2 月全月在境内工作，每月取得境内上市公司应税工资 50 000 元、实报实销的住房补贴 15 000 元、以现金方式发放的餐补 10 000 元；2023 年 3 月，小丁在境内履职 20 天后，离境回到美国，在境外远程继续工作。2023 年 3 月取得境内上市公司支付的工资 31 000 元。

（2）3 月受邀在境内为某非任职公司提供咨询服务，取得劳务报酬 50 000 元。

（3）3 月对由境内上市公司支付的股权激励进行行权，行权价为 1 元 / 股，共行权 1 000 股，行权日该股票市场价为 37 元 / 股，该批股权激励全部属于境内工作期间所得。

（4）5 月自境内某出版社取得一次性稿酬 3 000 元。

根据上述资料，回答以下问题：

(1) 小丁 1—3 月工薪收入应缴纳个人所得税（　　）元。

A. 32 770　　　　　B. 25 770　　　　　C. 30 270　　　　　D. 28 020

(2) 小丁 3 月劳务报酬收入应缴纳个人所得税（　　）元。

A. 1 480　　　　　B. 7 590　　　　　C. 10 000　　　　　D. 10 590

(3) 小丁股票期权行权所得应缴纳个人所得税（　　）元。

A. 2 970　　　　　B. 2 340　　　　　C. 3 390　　　　　D. 1 080

(4) 小丁稿酬所得应缴纳个人所得税（　　）元。

A. 0　　　　　B. 50.4　　　　　C. 308　　　　　D. 72

四、综合分析题

2.107 李某于 2023 年底承包甲公司，不改变企业性质，协议约定李某每年缴纳 400 万元承包费后，经营成果归李某所有。甲公司适用的企业所得税税率为 25%，假设 2023 年该公司有关所得税资料和员工王某的收支情况如下：

（1）甲公司会计利润 667.5 万元，其中含国债利息收入 10 万元、从未上市居民企业分回的投资收益 40 万元。

（2）甲公司计算会计利润时扣除了营业外支出 300 万元，系非广告性赞助支出。

（3）甲公司以前年度亏损 50 万元可以弥补。

（4）员工王某每月工资 18 000 元，每月符合规定的专项扣除为 2 800 元、专项附加扣除为 1 500 元；另外王某 2 月从其他单位取得劳务报酬收入 35 000 元。

已知：李某无其他所得。

根据上述资料，回答下列问题：

(1) 2023 年甲公司企业所得税纳税调整金额合计是（   ）万元。

A.250   B.260   C.290   D.300

(2) 2023 年甲公司应缴纳企业所得税（   ）万元。

A.166.88   B.216.88   C.226.88   D.229.38

(3) 2023 年李某承包甲公司应缴纳个人所得税（   ）元。

A.849 750   B.93 360   C.111 670   D.87 960

(4) 2023 年 2 月，甲公司应预扣预缴王某的个人所得税是（   ）元。

A.261   B.522   C.411   D.822

(5) 王某的劳务报酬应预扣预缴的个人所得税是（   ）元。

A.7 000   B.5 600   C.6 400   D.8 500

(6) 王某 2023 年个人所得税综合所得汇算清缴，应退个人所得税（   ）元。

A.6 120   B.3 600   C.6 400   D.5 560

2.108 中国居民王某为某企业员工，为独生子，2023 年发生了如下经济行为：

（1）王某每月扣缴"三险一金"后工资为 20 000 元，此外王某所在单位依照国家标准统一为员工购买了符合规定的商业健康保险产品，金额为 3 600 元 / 年。王某享受赡养老人专项附加扣除，其父亲在 2023 年 1 月年满 60 周岁，母亲将于 2024 年 6 月年满 60 周岁。除此外，无其他专项附加扣除。

（2）5 月购买福利彩票中奖 100 万元，通过县人民政府向贫困地区捐款 40 万元并取得相关捐赠票据。王某选择首先在本次中奖所得中直接扣除公益性捐赠项目。

（3）7 月因持有 2020 年 2 月 10 日购买的某 A 股上市公司股票 35 000 股，取得该公司 2022 年度分红 6 000 元；8 月将该上市公司股票在公开市场上全部出售，取得股票转让所得 167 000 元。8 月另取得 2023 年 1 月购买的另一 A 股上市公司股票分红 8 000 元。

根据上述资料，回答下列问题：

(1) 关于商业健康保险，下列表述中正确的是（   ）。

A. 商业健康保险费用由公司负担，故该项费用无须从王某的工资中扣除

B. 商业健康保险费用应计入王某的工资、薪金总额中，因其未超过王某工资、薪金的 4%，可以全额从工资中扣除

C. 商业健康保险费用应计入王某的工资、薪金总额中，因其未超过王某工资、薪金的 5%，可以全额从工资中扣除

D. 商业健康保险费用应计入王某的工资、薪金总额中，扣除限额 2 400 元 / 年可以从其工资中扣除，超过部分不予扣除

（2）王某所在单位 2023 年对工资、薪金累计预扣预缴的个人所得税额为（　　）元。

A.12 120　　　　　B.11 520　　　　　C.11 640　　　　　D.15 720

（3）王某 2023 年向贫困地区的捐款允许在中奖所得中税前扣除（　　）万元。

A.0　　　　　　　B.12　　　　　　　C.30　　　　　　　D.40

（4）王某 2023 年取得的彩票中奖收入应缴纳个人所得税（　　）万元。

A.20　　　　　　　B.17.6　　　　　　C.14　　　　　　　D.12

（5）王某 2023 年取得的股票分红收入应缴纳个人所得税（　　）元。

A.0　　　　　　　B.800　　　　　　　C.1 400　　　　　　D.1 600

（6）王某 2023 年股权转让所得应缴纳个人所得税（　　）元。

A.0　　　　　　　B.16 700　　　　　C.25 050　　　　　D.33 400

2.109 某上市公司项目经理赵先生，2023 年 1 月至 5 月由于身体原因在家休息，自 6 月重新就职并首次取得工资、薪金收入。其 2023 年取得个人收入如下：

（1）每月工资 18 000 元，按国家规定缴纳的社保和公积金 3 000 元，赵先生全年可以享受赡养老人专项附加扣除（赵先生为独生子女，父亲已去世）。

（2）6 月发表小说，从境外 A 国某出版社取得稿酬所得 20 000 元，并在 A 国缴纳税款 1 000 元。

（3）从 1 月 1 日起出租自有住房一套，扣除已缴纳的相关税费后每月租金所得为 6 000 元，7 月因房屋修缮支付维修费 4 000 元，取得正式发票。

（4）10 月 26 日通过拍卖市场拍卖 3 年前以 12 000 元购入的字画一幅，拍卖收入为 33 000 元，支付拍卖费 2 000 元。

（5）11 月取得国债利息收入 450 元，转让国债收入 30 000 元，因车辆丢失获得保险公司赔款 70 000 元，领取原提存的住房公积金 35 000 元，取得某上市公司企业债券利息收入 430 元。

（6）2023 年 12 月 31 日，赵先生取得全年一次性奖金 100 000 元，赵先生选择不并入综合所得，单独计算纳税。

根据上述资料，回答下列问题：

（1）赵先生 2023 年 6 月发放的工资、薪金，在当月应预扣预缴个人所得税（　　）元。

A.0　　　　　　　B.210　　　　　　　C.360　　　　　　　D.255

（2）计算赵先生取得全年一次性奖金应缴纳的个人所得税为（　　）元。

A.9 650　　　　　B.7 480　　　　　C.9 790　　　　　　D.20 000

（3）赵先生自 A 国取得稿酬所得的抵免限额为（　　）元。

A.49.47　　　　　B.83.01　　　　　C.12.73　　　　　　D.1 000

（4）赵先生 2023 年出租自有住房收入在 7 月应缴纳个人所得税（　　）元。

A.416　　　　　　B.480　　　　　　C.832　　　　　　　D.960

（5）赵先生 2023 年拍卖收入应缴纳个人所得税（　　）元。

A.2 400　　　　　B.3 800　　　　　C.4 200　　　　　　D.6 600

（6）下列关于赵先生 11 月份取得的收入，符合个人所得税法规定的有（　　）。

A. 国债利息收入免税

B. 转让国债收入免税

C. 获得的保险公司赔款免税

D. 领取住房公积金应按照"工资、薪金所得"征税

E. 取得上市公司债券利息收入免税

2.110 中国居民程某为天使投资人，2023 年收支情况如下：

（1）8 月 13 日，以每股 11.5 元的价格转让初创科技型甲股份有限公司股份 100 万股；该股份系程某于 2020 年 1 月 1 日以现金出资 500 万元取得，每股成本 2.5 元。

（2）9 月 5 日，取得甲股份有限公司转增股本 80 万元，其中来源于股权溢价发行形成的资本公积 50 万元、未分配利润 30 万元。

（3）从其持股 10% 的境内合伙企业分回经营所得 50 万元；该合伙企业当年实现经营所得 800 万元，合伙协议约定按投资份额进行分配。

（4）开办的境外个人独资企业当年按我国税法确定的经营所得为 48.91 万元，已在境外缴纳个人所得税 2.76 万元。

（5）通过某市教育局向农村义务教育捐赠 300 万元，选择在股份转让所得中扣除；通过某县民政部门捐赠现金 52 万元用于抗洪救灾，选择在经营所得中扣除。

（6）程某每月按照规定标准缴纳"三险一金"4 400 元，无其他扣除项目。

根据上述资料，回答下列问题。

(1) 程某取得的股份转让所得应缴纳个人所得税（　　）万元。

A.50　　　　　　　　B.120　　　　　　　　C.56　　　　　　　　D.126

(2) 程某取得的转增股本所得应缴纳个人所得税（　　）万元。

A.16　　　　　　　　B.8　　　　　　　　C.10　　　　　　　　D.6

(3) 下列关于个人发生的公益性捐赠税前扣除的说法，正确的有（　　）。

A. 居民个人可以自行选择在综合所得、经营所得、分类所得中扣除公益性捐赠的顺序

B. 居民个人发生的公益性捐赠支出，可以在捐赠当月取得的分类所得中扣除

C. 个人同时发生限额扣除和全额扣除的公益性捐赠支出，可以自行选择税前扣除顺序

D. 在经营所得中扣除的公益性捐赠支出，只能在办理汇算清缴时扣除

E. 居民个人发生的公益性捐赠支出，不可以在取得劳务报酬当期的预扣预缴中扣除

(4) 程某取得境内外经营所得的应纳税所得额是（　　）万元。

A.90.24　　　　　　　B.61.34　　　　　　　C.69.24　　　　　　　D.82.34

(5) 程某取得的境外经营所得的抵免限额是（　　）万元。

A.13.23　　　　　　　B.11.88　　　　　　　C.13.57　　　　　　　D.12.49

(6) 程某境内外经营所得在我国应缴纳个人所得税（　　）万元。

A.12.15　　　　　　　B.19.51　　　　　　　C.22.27　　　　　　　D.14.92

单项选择题

2.111 下列关于个人投资者各项投资可以享受的个人所得税优惠的说法中，错误的是（　　）。

A. 境外个人投资者投资中国境内原油等货物期货品种取得的所得，免税

B. 境外个人投资者投资中国境内债券市场取得的债券利息收入，免税

C. 内地个人投资者通过沪港通、深港通投资香港联交所上市股票取得的转让差价所得，免税

D. 内地个人投资者通过基金互认买卖香港基金份额取得的转让差价所得，免税

第三章　国际税收

一、单项选择题

3.1　依据 OECD 国际税收协定范本划分的标准，资本利得税属于（　　）。

A. 不动产税 　　　　　　　　　　　B. 财产转移税

C. 个别财产税 　　　　　　　　　　D. 财产净值税

3.2　国际税收产生的基础是（　　）。

A. 两个和两个以上国家都对跨境交易征税的结果

B. 不同国家之间税收合作的需要

C. 国家间对商品服务、所得和财产课税的制度差异

D. 跨境贸易和投资等活动的出现

3.3　在确定常设机构经营所得的利润时，只以归属于该常设机构的营业利润为课税范围，而不能扩大到对该常设机构所依附的对方国家企业来源于其国内的营业利润。该方法是（　　）。

A. 归属法 　　　　　B. 分配法 　　　　　C. 核定法 　　　　　D. 引力法

3.4　对于经营所得，国际公认的常设机构利润范围的确定方法是（　　）。

A. 归属法 　　　　　B. 分配法 　　　　　C. 核定法 　　　　　D. 控股法

3.5　跨国从事表演的艺术家，其所得来源地税收管辖权的判定标准是（　　）。

A. 停留时间标准 　　　　　　　　　B. 固定基地标准

C. 所得支付地标准 　　　　　　　　D. 演出活动所在地标准

3.6　跨国公司的董事取得的董事费收入，其所得来源地税收管辖权判定标准是（　　）。

A. 停留时间标准 　　　　　　　　　B. 固定基地标准

C. 所得支付地标准 　　　　　　　　D. 活动所在地标准

3.7　对于投资所得，国际通常适用的所得来源地的确定标准是（　　）。

A. 权利提供地标准

B. 权利使用地标准

C. 所得支付地标准

D. 双方分享征税权力

3.8　下列关于约束税收管辖权的国际惯例，说法错误的是（　　）。

A. 转让不动产取得的所得，由不动产的坐落地行使管辖权

B. 销售动产收益，通常由所得来源国征税

C.转让常设机构的营业财产取得的所得，由其所属常设机构所在国征税

D.转让从事国际运输的船舶、飞机所得，由船舶、飞机企业的居住国征税

3.9 下列关于双重居民身份下最终居民身份判定标准的使用顺序中，正确的是（   ）。

A.永久性住所、重要利益中心、习惯性居处、国籍

B.重要利益中心、习惯性居处、国籍、永久性住所

C.国籍、永久性住所、重要利益中心、习惯性居处

D.习惯性居处、国籍、永久性住所、重要利益中心

3.10 下列应被认定为构成常设机构的是（   ）。

A.专为储存、陈列或者交付本企业货物或者商品的目的而使用的场所

B.在一个纳税年度内，缔约国一方企业派雇员到另一方从事劳务活动停留超过 183 天

C.经纪人、中间商等一般佣金代理人

D.缔约国一方企业在缔约国对方的建筑工地连续从事不满 6 个月的安装工程

3.11 新加坡海运企业在中国和新加坡之间开展的国际运输业务，其涉税处理符合《中新税收协定》的是（   ）。

A.企业从中国企业取得的国际运输收入存于中国产生的利息，按利息收入在中国纳税

B.企业以湿租形式出租飞机，从中国境内取得的收入，在中国免予征税

C.企业以光租形式出租船舶给中国企业，从中国境内取得收入，在中国免予征税

D.企业以程租形式出租船舶，从中国境内取得的收入，应在中国纳税

3.12 某居民企业 2023 年度境内应纳税所得额为 800 万元；设立在甲国的分公司就其境外所得在甲国已纳企业所得税 40 万元，甲国企业适用的所得税税率为 20%。该居民企业 2023 年度企业所得税的应纳税所得额是（   ）万元。

A.760   B.800   C.1 000   D.840

3.13 中国某银行向 A 国某企业贷款 300 万元，合同约定利率 5%，2023 年该银行收到 A 国企业扣缴预提所得税后的利息 13.5 万元。已知该笔境外贷款融资成本为本金的 4%，在计算境外所得抵免限额时，该笔境外利息的应纳税所得额是（   ）万元。

A.1.5   B.2.52   C.3   D.13.5

3.14 下列关于国际税收协定，说法正确的是（   ）。

A.税收协定主要是通过降低所得居住国税率来限制其征税的权利

B.税收协定可通过"主要目的测试"解决协定滥用

C.税收协定的税种范围只包括所得税，不包括财产税

D.税收协定中人的范围是指个人

3.15 企业关联债资比超过标准比例需要说明符合独立交易原则的，应准备的同期资料是（   ）。

A.主体文档

B.本地文档

C.成本分摊协议特殊事项文档

D.资本弱化特殊事项文档

3.16 下列关于特别纳税调整程序实施的说法中，错误的是（　　）。

A. 企业向未执行功能、承担风险，无实质性经营活动的境外关联方支付费用，不符合独立交易原则的，税务机关可以全额实施特别纳税调整

B. 实际税负相同的境内关联方之间的交易，只要该交易没有直接或者间接导致国家总体税收收入的减少，原则上不作特别纳税调整

C. 涉及企业向境外关联方支付利息、租金、特许权使用费的，不符合独立交易原则的，应调整已扣缴的税款

D. 企业超过补缴款期限仍未缴纳税款的，应加收滞纳金，在加收滞纳金期间不再加收利息

3.17 根据企业所得税相关规定，预约定价安排中确定关联交易价格采取的方法是（　　）。

A. 中位法　　　　　　　　　　B. 四分位法

C. 百分位法　　　　　　　　　D. 八分位法

3.18 转让定价方法中的成本加成法，其公平成交价格的计算公式为（　　）。

A. 关联交易发生的实际价格 ×（1+ 可比非关联交易成本加成率）

B. 关联交易发生的实际价格 ÷（1− 可比非关联交易成本加成率）

C. 关联交易发生的合理成本 ×（1+ 可比非关联交易成本加成率）

D. 关联交易发生的合理成本 ÷（1− 可比非关联交易成本加成率）

3.19 将关联交易各参与方的合并利润减去分配给各方的常规利润的余额作为剩余利润，再根据各方对剩余利润的贡献程度进行分配，该转让定价方法是（　　）。

A. 交易净利润法　　　　　　　B. 一般利润分割法

C. 剩余利润分割法　　　　　　D. 收益法

3.20 下列说法中属于同期资料管理的是（　　）。

A. 年度关联交易总额为 8 亿元的企业应准备主体文档

B. 年度关联交易中金融资产转让金额超过 1 亿元的企业应准备主体文档

C. 主体文档主要披露企业关联交易信息

D. 年度关联交易中无形资产所有权转让金额超过 1 亿元的企业应准备本地文档

3.21 关于预约定价安排的管理和监控，下列说法正确的是（　　）。

A. 预约定价安排采取五分位法确定价格或者利润水平

B. 预约定价安排签署前，税务机关和企业均可暂停、终止预约定价安排程序

C. 预约定价安排执行期间，主管税务机关与企业发生分歧的，应呈报国家税务总局协调

D. 预约定价安排执行期间，企业发生影响预约定价安排的实质性变化，应当在发生变化之日起 60 日内书面报告主管税务机关

3.22 在资本弱化管理中，计算关联债资比例时，如果所有者权益小于实收资本与资本公积之和，则权益投资为（　　）。

A. 实收资本　　　　　　　　　B. 实收资本与资本公积之和

C. 资本公积　　　　　　　　　D. 所有者权益

3.23 依据非居民金融账户涉税信息尽职调查管理办法的规定，下列非金融机构属于消极非金融机构的是（　　）。

A. 非营利组织

B. 上市公司及其关联机构

C. 正处于重组过程中的企业

D. 上一公历年度内取得股息收入占其总收入 50% 以上的机构

3.24 OECD 于 2015 年 10 月发布税基侵蚀和利润转移项目全部 15 项产出成果。下列各项中，不属于该产出成果的是（　　）。

A.《防止税收协定优惠的不当授予》

B.《金融账户涉税信息自动交换标准》

C.《消除混合错配安排的影响》

D.《确保转让定价结果与价值创造相匹配》

3.25 为减除国际重复征税，国际上居住国政府普遍采用的方法是（　　）。

A. 免税法　　　　　B. 抵免法　　　　　C. 税收饶让　　　　　D. 低税法

3.26 某居民企业 2023 年境内应纳税所得额为 500 万元，其在甲国非独立纳税的分支机构发生亏损 600 万元，则该分支机构可以无限期向后结转弥补的亏损额为（　　）万元。

A.0　　　　　B.100　　　　　C.500　　　　　D.600

3.27 当跨国纳税人的国外经营活动盈亏并存时，对纳税人有利的税额抵免方法是（　　）。

A. 分国分项限额法　　　　　　　　　B. 分项限额法

C. 综合限额法　　　　　　　　　　　D. 分国限额法

二、多项选择题

3.28 在国际税收中，约束法人居民身份的判定标准有（　　）。

A. 注册地标准　　　　　　　　　　　B. 实际管理和控制中心所在地标准

C. 总机构所在地标准　　　　　　　　D. 控股权标准

E. 主要活动所在地标准

3.29 在国际税收中，常设机构利润计算的确定方法有（　　）。

A. 归属法　　　　　　　　　　　　　B. 核定法

C. 引力法　　　　　　　　　　　　　D. 分配法

E. 独立计算法

3.30 下列关于来源地税收管辖权的判定标准，可适用于独立个人劳务所得的有（　　）。

A. 所得支付者标准　　　　　　　　　B. 劳务发生地标准

C. 常设机构标准　　　　　　　　　　D. 固定基地标准

E. 停留期间标准

3.31 下列与国际运输业务相关的收入中应作为国际运输收入的有（　　）。

A. 以程租、期租形式出租船舶取得的租赁收入

B. 以干租形式出租飞机取得的租赁收入

C. 出租用于运输货物的集装箱取得的租赁收入

D. 非专门从事国际运输业务的企业，以自有船舶经营国际运输业务取得的收入

E. 仅为其承运旅客提供中转住宿而设置的旅馆取得的收入

3.32 根据《中新税收协定》，来源国基于税收协定对下列所得实行限制性税率的说法正确的有（　　）。

A. 受益所有人是合伙企业，并直接拥有支付股息公司至少 25% 资本的情况下，来源国对股息所得的税率不应超过 5%

B. 受益所有人是合伙企业，并直接拥有支付股息公司至少 25% 资本的情况下，来源国对股息所得的税率不应超过 10%

C. 受益所有人为金融公司的情况下，来源国对利息的征税税率不应超过 10%

D. 受益所有人为非银行或者非金融机构的情况下，来源国对利息的征税税率为 10%

E. 受益所有人是缔约国另一方居民的情况下，来源国对特许权使用费的征税税率为 10%

3.33 下列收入属于特许权使用费收入的有（　　）。

A. 因侵权支付的赔偿款

B. 设备租金

C. 使用有关工业、商业、科学经验的情报取得的所得

D. 单纯货物贸易项下作为售后服务的报酬

E. 在许可专有技术使用权过程中许可方派人指导收取的服务费

3.34 下列因素中，不利于受益所有人身份认定的有（　　）。

A. 申请人有义务在收到所得的 24 个月内将所得的 50% 以上支付给第三国（地区）居民

B. 申请人从事的经营活动不构成实质性经营活动

C. 缔约对方国家（地区）对有关所得免税

D. 在利息据以产生和支付的贷款合同之外，存在债权人与第三人之间在数额、利率和签订时间等方面相近的其他贷款或存款合同

E. 在特许权使用费据以产生和支付的版权、专利、技术等使用权转让合同之外，存在申请人与第三人之间在有关版权、专利、技术等的使用权或所有权方面的转让合同

3.35 依据企业所得税同期资料管理规定，下列年度关联交易金额中应当准备本地文档的有（　　）。

A. 金融资产转让金额超过 10 000 万元

B. 无形资产所有权转让金额超过 10 000 万元

C. 有形资产所有权转让金额超过 20 000 万元

D. 无形资产使用权转让金额为 2 000 万元

E. 劳务关联交易金额合计超过 4 000 万元

3.36 下列关于同期资料管理的说法，正确的有（　　）。

A. 主体文档应当在企业集团"最终控股企业会计年度终了"之日起 12 个月内准备完毕

B. 本地文档应当在关联交易发生年度次年 6 月 30 日之前准备完毕

C. 特殊事项文档应当在关联交易发生年度次年 6 月 30 日之前准备完毕

D. 企业仅与境内关联方发生关联交易的，可以不准备主体文档、本地文档和特殊事项文档

E. 同期资料应当自税务机关要求的准备完毕之日起保存 20 年

3.37 税务机关实施特别纳税调查，应当重点关注的企业有（   ）。

A. 关联交易类型较多的企业

B. 存在跳跃性盈利的企业

C. 高于同行业利润水平的企业

D. 未按照规定进行关联申报的企业

E. 从其关联方接受的债权性投资与权益性投资的比例超过规定标准的企业

3.38 企业发生关联交易，税务机关可选用合理的转让定价方法调整不同的关联交易。其中成本加成法通常可调整的关联交易有（   ）。

A. 有形资产购销的关联交易

B. 资金融通的关联交易

C. 无形资产转让的关联交易

D. 各参与方关联交易高度整合且难以单独评估各方交易结果的关联交易

E. 劳务提供的关联交易

3.39 企业与其关联方签署成本分摊协议，发生特殊情形会导致其自行分配的成本不得在税前扣除，这些情况包括（   ）。

A. 不符合独立交易原则

B. 没有遵循成本与收益配比原则

C. 不具有合理商业目的和经济实质

D. 自签署成本分摊协议之日起经营期限为 25 年

E. 未按照有关规定备案或准备有关成本分摊协议的同期资料

3.40 在特别纳税调整协商过程中，国家税务总局可以暂停相互协商程序的情形有（   ）。

A. 特别纳税调整案件尚未结案

B. 企业申请暂停相互协商程序

C. 企业或关联方不提供与案件有关的必要资料

D. 税收协定缔约方税务主管当局请求暂停相互协商程序

E. 申请必须以另一方被调查企业的调查结果为依据，而另一被调查企业尚未结束调查调整程序

3.41 发生规定情形的，国家税务总局可以拒绝企业申请或者税收协定缔约对方税务主管当局启动相互协商程序的请求。下列情形中，属于国家税务总局可以拒绝启动相互协商程序请求的有（   ）。

A. 企业或者其关联方不属于税收协定任一缔约方的税收居民

B. 申请或者请求不属于特别纳税调整事项

C. 申请或者请求明显缺乏事实或者法律依据

D. 企业或者其关联方提供虚假、不完整资料

E. 企业特别纳税调整案件虽然已经结案但是企业尚未缴纳应纳税款

3.42 下列关于税收情报交换的表述中，正确的有（   ）。

A. 我国从缔约国主管当局获取的税收情报可以在诉讼程序中出示

B. 税收情报涉及的事项可以溯及税收协定生效并执行之前

C. 我国从缔约国主管当局获取的税收情报可以作为税收执法行为的依据

D. 税收情报交换在税收协定规定的权利和义务范围内进行

E. 情报交换包括专项情报交换、自动情报交换、自发情报交换，不包括同期税务检查

3.43 缔约国甲的居民小斯因在缔约国乙从事受雇活动取得的报酬，如仅在缔约国甲征税，在缔约国乙免税，应同时符合的条件有（   ）。

A. 小斯在任何 12 个月中在乙国停留连续或累计不超过 183 天

B. 小斯在任何 12 个月中在乙国停留连续或累计超过 183 天

C. 该项报酬由并非乙国居民的雇主支付或代表该雇主支付

D. 该项报酬不是由雇主设在乙国的常设机构或固定基地所负担

E. 该项报酬由乙国居民的雇主支付或代表该雇主支付

3.44 下列关于单边预约定价安排适用简易程序的说法中，正确的有（   ）。

A. 企业在主管税务机关送达《税务事项通知书》之日所属纳税年度前 3 个年度，每年度发生的关联交易金额 4 000 万元人民币以下的，可申请适用简易程序

B. 简易程序包括申请评估、协商签署和监控执行三个阶段

C. 符合关联交易金额条件的企业，在提交申请之日所属纳税年度前 10 个年度内，曾受到税务机关特别纳税调查调整且结案的，可申请适用简易程序

D. 符合关联交易金额条件的企业，在提交申请之日所属纳税年度前 3 个年度内曾执行预约定价安排，且执行结果符合要求

E. 同时涉及两个或两个以上省级税务机关的单边预约定价安排，暂不适用于简易程序

3.45 间接转让中国应税财产的交易双方及被间接转让股权的中国居民企业可以向主管税务机关报告股权转让事项，并提交相关资料。以下各项资料中属于该相关资料的有（   ）。

A. 股权转让合同

B. 股权转让前后的企业股权架构图

C. 间接转让中国应税财产的交易双方的公司章程

D. 境外企业及直接持有中国应税财产的下属企业上两个年度财务会计报表

E. 境外企业及间接持有中国应税财产的下属企业上两个年度财务会计报表

3.46 根据我国非居民金融账户涉税信息尽职调查管理规定，下列账户无须尽职调查的有（   ）。

A. 因不动产租赁而开立的账户

B. 专为支付税款而开立的账户

C. 终身缴款超过 100 万美元的退休金账户

D. 上一公历年度余额不超过 1 000 美元的休眠账户

E. 由军人持军人身份证件开立的账户

三、计算题

3.47 我国某居民企业在甲国设立一家分公司，在乙国设立一家持股 80% 的子公司，2023 年该企业申报的利润总额为 4 000 万元。相关涉税资料如下：

（1）甲国分公司按我国税法确认的销售收入为 300 万元，销售成本为 500 万元。

（2）收到乙国子公司投资收益 1 900 万元，子公司已在乙国缴纳企业所得税 1 000 万元，子公司当年税后利润全部分配，乙国预提所得税税率为 5%。

已知：该居民企业适用 25% 的企业所得税税率，无纳税调整金额，境外已纳税额选择分国不分项抵免方式。

根据上述资料，回答以下问题：

(1) 2023 年该居民企业来源于子公司投资收益的可抵免税额是（　　）万元。

A.500　　　　　　　B.800　　　　　　　C.900　　　　　　　D.1 100

(2) 2023 年该居民企业来源于子公司的应纳税所得额是（　　）万元。

A.2 400　　　　　　B.2 700　　　　　　C.2 800　　　　　　D.3 000

(3) 2023 年该居民企业子公司境外所得税的抵免限额是（　　）万元。

A.600　　　　　　　B.675　　　　　　　C.750　　　　　　　D.700

(4) 2023 年该居民企业实际缴纳企业所得税（　　）万元。

A.300　　　　　　　B.575　　　　　　　C.1 050　　　　　　D.525

3.48 我国居民企业甲在境外进行了投资，相关投资架构及持股比例如下图：

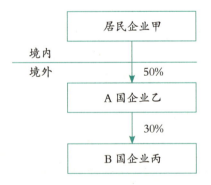

2023 年经营及分配状况如下：

（1）B 国企业适用的所得税税率为 30%，预提所得税税率为 12%，丙企业应纳税所得总额为 800 万元，丙企业将部分税后利润按持股比例进行了分配。

（2）A 国企业适用的所得税税率为 20%，预提所得税税率为 10%，乙企业应纳税所得总额（该应纳税所得总额已包含投资收益还原计算的间接税款）1 000 万元。其中来自丙企业的投资收益 100 万元，按照 12% 的税率缴纳 B 国预提所得税 12 万元，乙企业在 A 国享受税收抵免后实际缴纳税款 180 万元，乙企业税后利润的 80% 按持股比例进行了分配。

（3）居民企业甲适用的企业所得税税率25%，其来自境内的应纳税所得额为2 400万元。

根据上述资料，回答以下问题：

(1) 2023年A国企业乙所纳税额中属于由企业甲负担的税额是（   ）万元。

A.76.8   B.96   C.192   D.76

(2) 2023年居民企业甲取得的来源于企业乙投资收益的抵免限额是（   ）万元。

A.100   B.125   C.202   D.80.8

(3) 2023年居民企业甲取得的来源于企业乙投资收益的实际抵免额是（   ）万元。

A.100   B.125   C.109.12   D.80.8

(4) 2023年居民企业甲抵免境外所得税后的实际缴纳税额是（   ）万元。

A.600   B.500   C.475   D.519.2

3.49 新加坡居民企业甲公司，持有中国境内居民企业乙公司15%的股权，投资成本500万元；持有中国境内居民企业丙公司30%股权，投资成本100万元。2023年甲公司发生如下业务：

（1）4月，甲公司取得乙公司分回的股息50万元，丙公司分回的股息100万元。

（2）6月，丙公司向甲公司支付使用科学设备的不含税租金80万元。

（3）3月初，甲公司派员工来华为乙公司提供技术服务，合同约定含税服务费106万元，应于服务结束当月付讫。甲公司负责对派遣人员的工作业绩进行考评，服务于10月30日结束，该业务可税前扣除的成本80万元。

（4）11月，甲公司转让持有的丙公司全部股权所得转让金额为400万元，丙公司的股权价值为1 000万元，其中不动产价值为300万元。

已知：依据《中新税收协定》，甲公司取得乙公司和丙公司股息在中国适用的税率为10%、5%，特许权使用费适用税率为6%，甲公司具有"受益所有人"身份，不考虑其他税费。

根据上述资料，回答下列问题。

(1) 甲公司4月取得乙、丙公司分配的股息，在中国应缴纳企业所得税（   ）万元。

A.7.89   B.10   C.10.82   D.15

(2) 丙公司6月份向甲公司支付租金时，应代扣代缴企业所得税（   ）万元。

A.4.8   B.2.88   C.3.36   D.8

(3) 甲公司10月取得技术服务费时，在中国应缴纳企业所得税（   ）万元。

A.2   B.10   C.6.5   D.5

(4) 甲公司11月转让丙公司股权，在中国应缴纳企业所得税（   ）万元。

A.10   B.30   C.40   D.25

做新变 new

new

一、单项选择题

3.50 新加坡企业派遣两名员工来华为某项目提供劳务，甲员工的停留时间为3月1日~3月5日，乙员工的停留时间为3月3日~3月7日，在判断该外国企业是否构成境内常设机构时，两名员工应计入的境内工作时间是（　　）。

A.5天 　　　　　　　　　　　　　　　B.6天

C.7天 　　　　　　　　　　　　　　　D.10天

3.51 新加坡某居民企业在中国境内从事下列业务的，按规定构成我国常设机构的是（　　）。

A.在中国境内从事为期连续9个月的建筑工程

B.在中国境内投资设立母公司

C.专为交付本企业商品而在中国境内设立准备性场所

D.专为本企业采购货物而在中国境内设立辅助性场所

3.52 如果跨国企业集团海外实体按辖区计算的有效税率低于15%，则跨国企业集团母公司所在辖区有权就这部分低税所得向母公司补征税款至最低税负水平。该规定属于"双支柱"方案的（　　）。

A.分散控股规则

B.收入纳入规则

C.低税支付规则

D.有效税额规则

二、多项选择题

3.53 支柱二的有效税额指全球反税基侵蚀规则认可的（　　）。

A.企业取得净利润时征收的税额

B.企业将所得以股息形式分配给股东时征收的税额

C.对留存收益征收的税额

D.对公司股权征收的税额

E.企业取得收入时征收的增值税

第四章　印花税

一、单项选择题

4.1　下列合同中，无须缴纳印花税的是（　　）。

A. 货运合同　　　　　　　　　　　B. 多式联运合同

C. 信用保险合同　　　　　　　　　D. 土地承包经营权转移合同

4.2　下列合同，应按照"技术合同"缴纳印花税的是（　　）。

A. 工程设计合同　　　　　　　　　B. 专利权转让合同

C. 专利申请转让合同　　　　　　　D. 设备测试合同

4.3　我国企业在境外书立的下列凭证中，应缴纳印花税的是（　　）。

A. 与 A 国企业签订的在 A 国使用车辆的租赁合同

B. 与 B 国企业签订的在 B 国存放样品的仓储合同

C. 与 C 国企业签订的从 C 国运回货物的运输合同

D. 与 D 国企业签订收购 D 国土地的产权转移书据

4.4　下列关于印花税税收优惠的表述中，错误的是（　　）。

A. 对保护基金公司与证券公司行政清算机构签订的借款合同，免征印花税

B. 对保护基金公司接收被处置证券公司财产签订的产权转移书据，免征印花税

C. 对饮水工程运营管理单位为建设饮水工程取得土地使用权而签订的产权转移书据，免征印花税

D. 对与高校学生签订的高校学生公寓租赁合同，减半征收印花税

4.5　下列单位或个人，属于印花税纳税人的是（　　）。

A. 商品买卖合同的担保人　　　　　B. 签订动产买卖合同的个人

C. 签订房屋租赁合同的单位　　　　D. 向同业拆借资金的银行

4.6　下列合同中，应计算缴纳印花税的是（　　）。

A. 个人出租住房签订的租赁合同

B. 保险公司与农业经营者签订的农业保险合同

C. 养老服务机构采购卫生材料书立的买卖合同

D. 国际金融组织向中国提供优惠贷款书立的借款合同

4.7　关于印花税的计税依据，下列说法正确的是（　　）。

A. 财产保险合同以所保财产的金额为计税依据

B. 融资租赁合同以合同所载租金总额为计税依据

C.易货合同以合同所载的换出货物价值为计税依据

D.建筑工程总承包合同以总承包合同金额扣除分包合同金额后的余额为计税依据

4.8 2023 年 7 月甲企业与乙企业签订一份运输合同，合同列明货物价值 600 万元，不含税运费为 5 万元，保险费为 0.2 万元，装卸费为 0.3 万元。当月甲企业该份合同应缴纳的印花税是（　　）元。

A.15

B.17

C.16.5

D.1 815

4.9 2023 年 8 月，小斯公司与小丁公司签订一份设备采购合同，价款为 2 000 万元。两个月后因采购合同作废，又改签为融资租赁合同，租金总额为 2 100 万元。小斯公司上述行为应缴纳印花税（　　）元。

A.27 000

B.1 050

C.8 100

D.7 050

4.10 甲公司进口一批货物，由境外的乙公司负责承运，双方签订的运输合同注明所运输货物价值 1 000 万元、运输费用 25 万元和保险费 5 000 元。下列关于印花税的税务处理，正确的是（　　）。

A.甲公司应缴纳印花税 125 元

B.乙公司应缴纳印花税 125 元

C.甲公司应缴纳印花税 75 元

D.甲公司应缴纳印花税 76.5 元

4.11 某企业以其持有的一套房产对子公司增资，该房产原值 500 万元，增资合同与产权转移书据注明该房产作价 1 000 万元（不含增值税），子公司于增资合同签署当天调增了资金账簿记录。子公司就该增资事项应缴纳印花税（　　）万元。

A.0.25

B.0.5

C.1

D.0.75

4.12 2023 年 8 月，甲企业与某商业银行签订一份流动资金周转性借款合同，合同约定一年内借款最高限额为 5 000 万元，8 月份尚未发生借款业务。同月，甲企业向乙企业借款 100 万元，尚未签订借款合同，只填开借据。就该事项，甲企业 8 月份应缴纳印花税（　　）元。

A.0

B.50

C.2 500

D.2 550

4.13 2023 年 8 月，甲企业购入一台研发设备，合同约定不含税金额 500 万元、增值税税额 65 万元；与某科研机构签订一份技术开发合同，合同总金额为 400 万元，其中研究开发经费 300 万元，报酬 100 万元；与某税务师事务所签订税务咨询合同，约定含税金额 106 万元，则甲企业 8 月份应缴纳印花税（　　）元。

A.2 118

B.1 995

C.2 700

D.1 800

4.14 甲企业为增值税小规模纳税人且属于小型企业，2023 年 2 月签订一份以货易货合同，约定以不含增值税金额为 10 万元的原材料换取乙企业等值设备一台；与物业公司签订一份租赁合同，合同约定租赁期 2 年，每年租金为 200 万元；向金融机构借款签订的借款合同的金额为 300 万元。则甲企业 2 月份应缴纳印花税（　　）元。

A.1 030   B.2 015

C.2 030   D.4 060

4.15 根据印花税相关规定，下列说法正确的是（　　）。

A. 应税合同未列明金额的，计税依据应按照合同签订时的市场价格确定

B. 应税合同未单独列明增值税的，以价税分离后不含增值税金额作为计税依据

C. 证券交易无转让价格的，以办理过户登记手续前一个交易日开盘价计算确定计税依据

D. 产权转移书据未列明金额的，计税依据应按照实际结算的金额确定

二、多项选择题

4.16 下列合同，应按"产权转移书据"税目征收印花税的有（　　）。

A. 专利申请转让合同   B. 土地使用权出让合同

C. 土地使用权转让合同   D. 专利实施许可合同

E. 商品房销售合同

4.17 下列合同或凭证，应缴纳印花税的有（　　）。

A. 企业与企业之间签订的借款合同   B. 发电厂和电网之间书立的购售电合同

C. 管道运输合同   D. 再保险合同

E. 抵押贷款合同

4.18 下列单位或个人，属于印花税纳税人的有（　　）。

A. 采用委托贷款方式书立借款合同的委托人

B. 采用委托贷款方式书立借款合同的受托人

C. 书立产权转移书据的个人

D. 拍卖成交确认书的拍卖人

E. 保管合同的保管人

4.19 银行业开展信贷资产证券化业务中，下列暂免征收印花税的有（　　）。

A. 受托机构发售信贷资产支持证券

B. 发起机构与受托机构签订的信托合同

C. 投资者买卖信贷资产支持证券

D. 受托机构与资金保管机构签订的证券化交易服务合同

E. 发起机构为开展信贷资产证券化业务而专门设立的资金账簿

4.20 下列关于印花税的说法中，正确的有（　　）。

A. 同一应税合同涉及两方以上纳税人，各方均应按照合同总金额计算纳税

B. 同一应税凭证载有两个以上税目事项并分别列明金额的，从高适用税率

C. 应税凭证所列金额与实际结算金额不一致，应按实际结算金额作为计税依据

D. 纳税人多贴的印花税票，不予退税及抵缴税款

E. 因计算错误导致应税凭证的计税依据不准确的，应重新确定计税依据

4.21 根据印花税相关规定，下列说法正确的有（　　）。

A. 对保险保障基金公司新设立的资金账簿，免征印花税

B. 对养老基金投资管理机构运用养老基金买卖证券应缴纳的印花税实行先征后返

C. 军事货物运输合同，免征印花税

D. 融资性售后回租业务中，承租人购回租赁资产所签订的合同，不征收印花税

E. 经济适用房经营管理单位出售经济适用房，减半征收印花税

4.22 根据印花税相关规定，下列说法正确的有（　　）。

A. 除资金账簿外的其他营业账簿无须缴纳印花税

B. 纳税人以电子形式签订的合同应征收印花税

C. 印刷合同按承揽合同征收印花税

D. 证券交易印花税只对受让方征收，不对出让方征收

E. 发行单位与订阅单位之间订立的图书订购单免征印花税

4.23 下列合同或凭证，免征印花税的有（　　）。

A. 无息借款合同

B. 将房屋无偿赠与他人签订的产权转移书据

C. 农民专业合作社销售农产品签订的买卖合同

D. 个人与电子商务经营者订立的电子订单

E. 非营利性医疗卫生机构采购药品订立的买卖合同

4.24 下列合同或凭证，免征印花税的有（　　）。

A. 小型企业与金融机构签订的融资租赁合同

B. 军事货物运输合同

C. 增值税小规模纳税人签订的租赁合同

D. 国际金融组织向中国提供贷款书立的借款合同

E. 应税凭证的副本

4.25 下列印花税法对纳税期限的相关规定的说法中正确的有（　　）。

A. 应税合同实行按季计征的，应自季度终了之日起 15 日内申报纳税

B. 应税合同实行按年计征的，应自年度终了之日起 15 日内申报纳税

C. 应税合同实行按月计征的，应自月度终了之日起 15 日内申报纳税

D. 应税合同实行按次计征的，应自纳税义务发生之日起 15 日内申报纳税

E. 证券交易印花税，扣缴义务人应自每周终了之日起 7 日内申报解缴税款

4.26 根据印花税相关规定，下列说法正确的有（　　）。

A. 房屋建筑物所有权转移书据纳税义务发生时间为办理产权转移手续的当日

B. 应税合同纳税义务发生时间为书立应税合同的当日

C. 证券交易印花税纳税义务发生时间为证券交易完成的当日

D. 农牧业保险合同，免征印花税

E. 自 2023 年 8 月 28 日起证券交易印花税实施减半征收

做新变 new

new

一、单项选择题

4.27 中国居民小王 2023 年 12 月份发生如下事项：支付 50 万元购买保障性住房；将持有的上市公司的股票转让，取得转让价款 8 万元，股票购买成本 10 万元；购买新车一辆，支付 10 万元；向银行贷款 20 万元。就上述事项小李应缴纳的印花税是（　　）元。

A.5   B.10

C.45   D.90

二、多项选择题

4.28 下列关于印花税税收优惠的说法中，正确的有（　　）。

A. 银行业金融机构处置抵债资产过程中涉及的产权转移书据，免征印花税

B. 金融资产管理公司接收抵债资产过程中涉及的合同，免征印花税

C. 小额贷款公司接收抵债资产过程中涉及的合同，免征印花税

D. 金融机构与小型企业签订的借款合同，免征印花税

E. 金融机构与借款人签订的抵押贷款合同，免征印花税

错 题 整 理 页

第五章　房产税

一、单项选择题

5.1 下列房屋及建筑物中，属于房产税征税范围的是（　　）。

A. 加油站的遮阳棚

B. 位于市区的经营性用房

C. 单独建造的菜窖

D. 农村的居住用房

5.2 下列各项中，应作为融资租入房产的房产税计税依据的是（　　）。

A. 房产售价

B. 房产余值

C. 房产原值

D. 房产租金

5.3 下列出租住房的行为，减按 4% 的税率征收房产税的是（　　）。

A. 企业出租在农村的住房

B. 个人出租在城市的住房

C. 事业单位出租在县城的住房

D. 社会团体出租在工矿区的住房

5.4 依据房产税税收优惠的有关规定，下列说法错误的是（　　）。

A. 被撤销金融机构清算期间自有的房产免征房产税

B. 企业闲置未用的房产免征房产税

C. 个体工商户减半征收房产税

D. 农贸市场专门用于经营农产品的房产免征房产税

5.5 下列关于房产税房产原值的说法中，正确的是（　　）。

A. 计征房产税的房产原值不包括电梯、升降梯

B. 计征房产税的房产原值包括电力、电讯、电缆导线

C. 改建原有房屋的支出不影响计征房产税的房产原值

D. 计征房产税的房产原值不包括会计上单独核算的中央空调

5.6 下列情形中，应该从价计征房产税的是（　　）。

A. 单位出租地下人防设施

B. 接受劳务为报酬抵付房租

C. 以居民住宅区内业主共有的经营性房产进行自营

D. 个人出租房屋用于生产经营

5.7　某房地产公司于 2023 年 9 月 30 日将开发的商品房用于出租，租期三年，月租金 20 万元，该商品房建造成本为 5 000 万元，当地规定房产税原值的减除比例为 20%。2023 年该公司应缴纳房产税（　　）万元。

A.7.2　　　　　　　　　　　　　　B.9.6

C.43.2　　　　　　　　　　　　　 D.41.6

5.8　某企业 2023 年 3 月支付 1 000 万元取得 5 万平方米的土地使用权，开发土地发生的费用为 500 万元，所建厂房的建造面积为 2 万平方米，建筑成本和费用为 2 000 万元，2023 年底竣工验收并投入使用。对该厂房征收房产税时所确定的房产原值是（　　）万元。

A.3 200　　　　　　　　　　　　　B.3 500

C.3 300　　　　　　　　　　　　　D.2 600

5.9　某企业 2023 年 3 月投资 1 500 万元取得 5 万平方米的土地使用权，用于建造面积为 3 万平方米的厂房，建筑成本和费用为 2 000 万元，2023 年底竣工验收并投入使用。对该厂房征收房产税时所确定的房产原值是（　　）万元。

A.1 500　　　　　　　　　　　　　B.3 500

C.2 000　　　　　　　　　　　　　D.2 900

5.10　某公司办公大楼原值 30 000 万元，2023 年 2 月 28 日将其中部分闲置房间出租，租期 2 年。出租部分房产原值 5 000 万元，租金每年 1 000 万元。当地规定房产税原值的减除比例为 20%，2023 年该公司应缴纳房产税（　　）万元。

A.288　　　　　　　　　　　　　　B.368

C.348　　　　　　　　　　　　　　D.388

5.11　某商业企业 2023 年 3 月从甲企业购进 1 栋带有地下储物间的商业用房，并办妥产权证书。其入账价值为 8 600 万元，其中地下室部分为 1 000 万元。假设当地规定的房产原值的减除比例为 20%，商业用途的地下室应税原值为房产原值的 80%。该企业 2023 年应缴纳房产税（　　）万元。

A.60.48　　　　　　　　　　　　　B.67.2

C.68.8　　　　　　　　　　　　　 D.61.92

5.12　某工业企业 2023 年 5 月 30 日自建厂房竣工并投入使用，厂房原值为 7 000 万元。同时，2023 年 5 月 30 日将原值为 1 000 万元的独立地下储藏室由自用改为出租，不含税月租金为 20 万元。当地规定房产原值的减除比例为 30%，工业用途地下建筑物应税原值为房产原值的 60%。该企业 2023 年应缴纳房产税（　　）万元。

A.58.1　　　　　　　　　　　　　 B.51.1

C.53.2　　　　　　　　　　　　　 D.54.6

5.13　某公司 2023 年购入一处存量房用于经营，合同约定购房款为 500 万元，该公司另支付契税 15 万元。该房产合同于 9 月份签订，房产于 10 月份交付，11 月份办理完成权

属登记。当地规定房产税原值的减除比例为 20%，该公司 2023 年应缴纳的房产税为
（　　）万元。

A.0.4   B.0.41

C.0.82   D.0.8

5.14　居民王某 2023 年 1 月 31 日将自有住房出租，当月交付使用，每月收取不含税租金
5 000 元。居民王某 2023 年应缴纳房产税（　　）元。

A.1 100   B.2 400

C.7 200   D.6 600

5.15　2023 年 4 月，某市甲公司以原值 500 万元、已计提折旧 200 万元的办公用房对乙公司
投资，甲公司与乙公司共担风险，乙公司于当月将其投入使用，当年取得投资利润分
红 1.5 万元（不含增值税）。甲公司所在地政府规定计算房产余值的扣除比例为 20%，
2023 年该房产应缴纳房产税（　　）万元。

A.4.8   B.1.78

C.2.88   D.1.14

5.16　某小型微利企业拥有两栋原值为 100 万元的仓库，2022 年 12 月 31 日，将其中一栋仓
库用于投资联营，约定不含税月固定收入为 1.8 万元；同日将另一栋仓库出租给某物流
公司，不含税月租金为 2 万元，用等值的运输服务抵付租金。当地同类仓库不含税月
租金为 2.2 万元，则该企业 2023 年应缴纳的房产税是（　　）万元。

A.2.88   B.5.76

C.5.47   D.2.74

二、多项选择题

5.17　下列关于房产税征税范围和纳税人的说法中，正确的有（　　）。

A. 露天停车场无须缴纳房产税

B. 产权所有人不在房屋所在地的，由房屋实际所有人纳税

C. 产权未确定及租典纠纷未解决的，由房产代管人或使用人纳税

D. 独立于房屋之外的玻璃暖房需要缴纳房产税

E. 房地产开发企业持有的尚未使用或出租的待售商品房需要缴纳房产税

5.18　下列关于房产税纳税人及缴纳税款的说法中，正确的有（　　）。

A. 租赁合同约定有免收租金期限的出租房产，免收租金期间不需缴纳房产税

B. 融资租赁的房产未约定开始日的，由承租人自合同签订当月起缴纳房产税

C. 纳税单位无租使用房产管理部门的房产，由使用人代为缴纳房产税

D. 产权出典的，由承典人缴纳房产税

E. 房屋出租的，由出租人缴纳房产税

5.19　下列关于房产税计税依据的表述中，符合税法规定的有（　　）。

A. 与地上房屋相连的自用地下建筑，以房屋原价的 70% ~ 80% 作为应税房产原值

B. 对于更换房屋附属设备的，在将其价值计入房产原值时，可扣减原来相应设备的价值

C.房屋出典的，由承典人按重置成本计算缴纳房产税

D.经营租赁房屋的，以房产租金收入计算缴纳房产税

E.免收租金期间，应由产权所有人按免租期后租金从租缴纳房产税

5.20 下列关于房产税免税的说法中，正确的有（　　　）。

A.中国铁路总公司所属铁路运输企业自用房产免征房产税

B.企业办的技术培训学校自用的房产免征房产税

C.非营利性老年服务机构自用房产暂免征房产税

D.外商投资企业的自用房产免征房产税

E.按国家规定标准收取住宿费的高校学生公寓免征房产税

5.21 根据房产税相关规定，下列房产可免征房产税的有（　　　）。

A.按政府规定价格出租的公有住房

B.市文工团的办公用房

C.公园内的照相馆用房

D.施工期间为基建工地服务的临时性办公用房

E.饮水工程运营管理单位自用的生产用房

5.22 根据房产税的相关规定，下列房产中可免征房产税的有（　　　）。

A.宗教人员使用的生活用房屋

B.个人所有的非营业用的房产

C.房屋大修导致连续停用三个月，大修理期间的房产

D.为社区提供家政服务的机构无偿使用的用于家政服务的房产

E.停止使用的危险房屋

5.23 下列有关房产税纳税义务发生时间的说法中，正确的有（　　　）。

A.购置存量房，自房地产权属登记机关签发房屋权属证书之次月起计征房产税

B.委托施工企业建设的房屋，从办理验收手续之日的次月起计征房产税

C.购置新建商品房，自房地产权属登记机关签发房屋权属证书之次月起计征房产税

D.房地产开发企业自用本企业建造的商品房，自房屋使用或交付之次月起计征房产税

E.自建的房屋，自建成之日的当月起计征房产税

做新变 new

new

多项选择题

5.24 下列关于房产税税收优惠的说法中，正确的有（   ）。

A. 对银行业金融机构持有的不动产，免征房产税

B. 省级科技企业孵化器自用的房产，免征房产税

C. 大学科技园通过出租方式提供给在孵对象使用的房产，免征房产税

D. 饮水工程运营管理单位办公用的房产，免征房产税

E. 个人自有住房对外出租经营的，免征房产税

错 题 整 理 页

第六章　车船税

一、单项选择题

6.1　下列车船，不属于车船税征税范围的是（　　）。

A. 浮桥用船

B. 军用船

C. 船舶上装备的救生艇筏

D. 清障船

6.2　下列关于车船税的说法中，正确的是（　　）。

A. 车船税按年申报，分月计算，分月缴纳

B. 扣缴义务人代扣代缴车船税的，车辆登记地主管税务机关不再征收

C. 境内单位和个人将船舶出租到境外的，不征收车船税

D. 仅在单位内部场所作业而无须进行车辆登记的机动车辆不需要缴纳车船税

6.3　下列关于车船税的说法，正确的是（　　）。

A. 拖船按船舶税额的 70% 计算车船税

B. 挂车按照货车税额的 50% 计算车船税

C. 非机动驳船按照机动船舶税额的 60% 计算车船税

D. 纯电动乘用车按照乘用车税额的 50% 计算车船税

6.4　某公司 2023 年有如下车辆：货车 5 辆，每辆整备质量 10 吨；7 月份购入挂车 2 辆，每辆整备质量 5 吨，购入客货两用车 3 辆，每辆整备质量 8 吨。公司所在地政府规定货车年税额 96 元 / 吨，客车每辆年税额 1 200 元。2023 年该公司应缴纳的车船税为（　　）元。

A.6 432　　　　　　　　　　　　B.6 192

C.6 840　　　　　　　　　　　　D.5 960

6.5　某船运公司，2023 年初拥有机动船舶 10 艘，净吨位均为 150 吨，其中 1 艘主推进动力装置为纯天然气发动机；拥有非机动驳船 2 艘，净吨位均为 287 吨；2023 年 3 月新购入 1 艘拖船，发动机功率为 500 千瓦。已知机动船舶净吨位不超过 200 吨的，每吨税额为 3 元；净吨位超过 200 吨但不超过 2 000 吨的，每吨税额为 4 元。2023 年该公司应缴纳的车船税为（　　）元。

A.5 756.33　　　　　　　　　　　B.5 700.5

C.6 314.67　　　　　　　　　　　D.6 206.33

6.6 某公司 2023 年 2 月 1 日购入一载货商用车，当月办理机动车辆权属证书，并办理车船税完税手续。此车整备质量为 10 吨，每吨年单位税额 96 元。该车于 6 月 1 日被盗，经公安机关确认后，该公司遂向税务局申请退税，但在办理退税手续期间，此车又于 9 月 1 日被追回并取得公安机关证明。该公司就该车 2023 年实际应缴纳的车船税为（　　）元。

A.320 　　　　　　　　　　　　B.480

C.640 　　　　　　　　　　　　D.720

6.7 某公司 2023 年 6 月 1 日购入 2 辆燃料电池乘用车、1 辆排气量为 2.0 升的油电混合动力乘用车，购进货车 1 辆，整备质量为 9.999 吨。此外，当月该公司关联方赠予其同型号的二手货车一辆，该车辆在赠予前已经缴纳车船税。公司所在地人民政府规定的排气量 2.0 升乘用车年税额为 540 元／辆，货车年税额为 80 元／吨。该公司 2023 年应缴纳的车船税为（　　）元。

A.624.12 　　　　　　　　　　B.781.62

C.781.67 　　　　　　　　　　D.1 248.24

6.8 下列车船中，免征车船税的是（　　）。

A. 辅助动力帆艇 　　　　　　　B. 武警专用车船

C. 半挂牵引车 　　　　　　　　D. 客货两用汽车

6.9 下列关于车船税纳税义务发生时间的表述中，正确的是（　　）。

A. 实际交付车船的当月

B. 购买车船的发票上记载日期的当月

C. 实际交付车船的次月

D. 购买车船的发票上记载日期的次月

6.10 依法需要办理登记的应税车辆，纳税人自行申报缴纳车船税的地点是（　　）。

A. 车辆登记地 　　　　　　　　B. 车辆购置地

C. 单位的机构所在地 　　　　　D. 个人的经常居住地

二、多项选择题

6.11 下列车船，免征车船税的有（　　）。

A. 燃料电池商用车

B. 工程船

C. 军队专用车船

D. 排量在 1.6 升以下的燃料乘用车

E. 主推进动力装置为纯天然气发动机的船舶

6.12 下列车辆，属于车船税征税范围的有（　　）。

A. 专用作业车 　　　　　　　　B. 轮式专用机械车

C. 低速载货汽车 　　　　　　　D. 三轮汽车

E. 拖拉机

6.13 下列车辆，应缴纳车船税的有（　　　）。

A. 挂车

B. 插电式混合动力汽车

C. 国际组织驻华代表机构使用的车辆

D. 摩托车

E. 节能汽车

6.14 下列应税车辆中，以"整备质量每吨"作为车船税计税单位的有（　　　）。

A. 挂车

B. 货车

C. 客车

D. 乘用车

E. 专用作业车

6.15 根据车船税税收优惠相关规定，下列说法正确的有（　　　）。

A. 国家机关的车辆免征车船税

B. 经批准临时入境的台湾地区车船不征收车船税

C. 增程式混合动力汽车免征车船税

D. 省、自治区、直辖市人民政府可根据当地情况，对公共交通车船定期减征或免征车船税

E. 养殖渔船免征车船税

错 题 整 理 页

第七章 契 税

一、单项选择题

7.1 单位和个人发生的下列行为中，应缴纳契税的是（   ）。

A. 转让土地使用权

B. 转让不动产所有权

C. 承受不动产所有权

D. 赠与不动产所有权

7.2 下列关于契税的说法中，错误的是（   ）。

A. 土地使用权出让的，契税计税依据包括土地出让金、城市基础设施配套费以及各种补偿费用等

B. 土地使用权及地上建筑物转让的，应以承受方应付的总价款为计税依据

C. 承受的房屋附属设施应当与房屋一起计价，适用与房屋相同的契税税率

D. 以房抵债，计税依据为土地、房屋权属转移合同确定的成交价格

7.3 下列关于契税计税依据的说法，正确的是（   ）。

A. 房屋交换价格差额明显不合理且无正当理由的，由税务机关参照成本价格核定

B. 买卖已装修的房屋，契税计税依据不包括装修费用

C. 承受国有土地使用权，契税计税依据可以扣减政府减免的土地出让金

D. 契税的计税依据不含增值税

7.4 单位或个人的下列经济行为中，免征契税的是（   ）。

A. 个人承受经济适用住房房屋权属

B. 因共有人减少导致承受方的房屋权属发生变化

C. 事业单位承受房屋权属用于科研事业

D. 融资租赁公司在售后回租业务中承受承租人房屋权属

7.5 某公司 2023 年 1 月以 1 200 万元（不含增值税）购入一幢旧写字楼作为办公用房，该写字楼原值 2 800 万元，已计提折旧 800 万元；2023 年 3 月用一辆价值 80 万元的车与王某价值 200 万元的住房交换，并将该住房作为员工宿舍，向王某支付差价 120 万元。当地适用的契税税率为 3%，该公司应缴纳契税（   ）万元。

A. 39.6

B. 42

C. 63.6

D. 66

7.6 某房地产开发企业以招标方式取得一宗土地使用权，支付土地出让金 12 000 万元、土地补偿费 500 万元、征收补偿费 300 万元，收到财政返还土地出让金 2 000 万元，契税税率为 4%，该房地产开发企业应缴纳的契税为（　　）万元。

A.400   B.432

C.500   D.512

7.7 下列行为中，应缴纳契税的是（　　）。

A. 夫妻离婚分割财产，发生房屋权属变更

B. 法定继承人继承房屋权属

C. 饮水工程运营管理单位为建设饮水工程而承受的土地使用权

D. 以无偿划拨方式承受土地使用权后，改为以出让方式取得该土地使用权

7.8 下列说法中，符合契税纳税义务发生时间规定的是（　　）。

A. 纳税人接收土地、房屋的当日

B. 纳税人支付土地、房屋款项的当日

C. 纳税人签订土地、房屋权属转移合同的当日

D. 纳税人办理土地、房屋权属证书的当日

7.9 关于契税征收管理，下列说法正确的是（　　）。

A. 契税在纳税人所在地的税务机关申报纳税

B. 在依法办理土地、房屋权属登记后，合同被撤销的，可以向税务机关申请退还已缴纳的税款

C. 纳税人应当在依法办理土地、房屋权属登记手续前申报缴纳契税

D. 纳税人不需要办理土地、房屋权属登记的，应自纳税义务发生之日起 60 日内申报纳税

二、多项选择题

7.10 下列行为中，应征收契税的有（　　）。

A. 以抵债方式取得房屋产权

B. 为拆房取料而购买房屋

C. 受让国有土地使用权

D. 以获奖方式取得房屋产权

E. 将自有房产投入本人独资经营的企业

7.11 单位和个人发生的下列行为中，应征收契税的有（　　）。

A. 土地经营权的转移

B. 双方交换的房屋所有权价值相等

C. 单位以房屋、土地以外的资产增资，被投资公司已办理变更工商登记

D. 非法定继承人承受死者生前的房屋

E. 金融租赁公司开展售后回租业务，承受承租人房屋、土地权属

7.12 甲企业 2023 年 5 月以自有房产作价 20 000 万元对乙企业进行投资并取得了相应的股权，办理了产权过户手续，税务机关按照市场价格核定的价格为 29 000 万元。

2023 年 9 月丙企业以股权支付方式购买该房产并办理了过户手续，支付的股份价值为 30 000 万元。同年 12 月份，该房产价值为 31 000 万元，丙企业将其与丁企业价值 30 000 万元的厂房进行互换，丁企业支付差价款 1 000 万元。下列各企业计缴契税的处理中，正确的有（　　　）。

A. 甲企业按 29 000 万元作为计税依据计缴契税

B. 丙企业按 30 000 万元作为计税依据计缴契税

C. 乙企业向丙企业出售房产不缴纳契税

D. 乙企业按 29 000 万元作为计税依据计缴契税

E. 丁企业按 31 000 万元作为计税依据计缴契税

7.13 下列企业或个人承受土地房屋权属的情形中，免征契税的有（　　　）。

A. 婚姻关系存续期间夫妻间变更房屋权属

B. 子公司承受持有其 90% 股份的母公司划转的土地

C. 金融租赁公司售后回租合同期满后，承租人回购原房屋权属

D. 个人承受首次购买的 90 平方米以下的改造安置住房

E. 个人以翻建新房为目的承受房屋权属

7.14 根据契税的有关规定，下列说法正确的有（　　　）。

A. 个体工商户将其名下的房屋、土地权属转移到经营者个人名下的，应征收契税

B. 合伙企业的合伙人将其名下的房屋、土地权属转移至合伙企业名下的，免征契税

C. 因房屋被县级以上人民政府征用，重新承受房屋权属的，免征契税

D. 非营利性的医疗机构承受土地用于员工内部食堂建设的，免征契税

E. 承受荒山用于农业生产，免征契税

7.15 根据契税的有关规定，下列表述正确的有（　　　）。

A. 因共有不动产份额发生变化，导致土地、房屋权属转移的，承受方应缴纳契税

B. 契税申报以不动产单元为基本纳税单位

C. 以出让方式承受原改制重组企业划拨用地的，免征契税

D. 城镇职工第一次购买公有住房的，免征契税

E. 为社区提供养老服务的机构，承受房屋用于社区养老的，免征契税

7.16 纳税人缴纳契税且办理权属登记后发生的下列情形中，可以依照有关法律法规申请退税的有（　　　）。

A. 合同一方违约导致合同被解除，且房屋权属变更至原权利人的

B. 因人民法院裁决导致房屋权属转移行为被解除，且房屋权属变更至原权利人的

C. 在出让土地使用权交付时，因容积率调整导致需退还土地出让价款的

D. 在新建商品房交付时，因实际交付面积小于合同约定面积导致需返还房价款的

E. 双方自愿协商权属转移合同不生效的

7.17 下列行为中，免征契税的有（　　　）。

A. 事业单位承受房屋权属用于办公

B. 社会福利机构承受房屋权属用于救助

　　C. 个人购买 90 平方米以下家庭唯一普通住房

　　D. 个人购买改造安置住房

　　E. 个人购买经济适用房

7.18　企业发生的下列与改制重组相关的行为，免征契税的有（　　　）。

　　A. 同一投资主体内部所属企业之间进行资产划转

　　B. 债权人承受破产企业的土地、房屋权属

　　C. 非债权人承受破产企业的土地、房屋权属且与原企业超过 30% 的职工签订服务年限不少于三年的劳动用工合同

　　D. 母公司以土地、房屋权属向其全资子公司增资

　　E. 两个公司合并为一个公司，且原投资主体存续

做新变 new

new

单项选择题

7.19 下列关于契税税收优惠的说法中，正确的是（　　）。

A.个人购买保障性住房，免征契税

B.个人购买 90 平方米以下的家庭唯一普通住房，可以在按照 1% 征收契税的基础上享受六税两费减半征收的优惠

C.易地扶贫搬迁贫困人口按规定取得的安置住房，免征契税

D.因不可抗力灭失住房，重新承受住房权属的，免征契税

错 题 整 理 页

第八章　城镇土地使用税

一、单项选择题

8.1 下列土地，不属于城镇土地使用税征税范围的是（　　）。

A. 农村内集体所有的土地

B. 建制镇内集体所有的土地

C. 工矿区内国家所有的土地

D. 县城内国家所有的土地

8.2 某企业在市区拥有一宗地块，尚未由有关部门组织测量面积，但持有政府部门核发的土地使用证书。下列关于该企业履行城镇土地使用税纳税义务的表述中，正确的是（　　）。

A. 暂缓履行纳税义务

B. 自行测量土地面积并履行纳税义务

C. 待将来有关部门测定完土地面积后再履行纳税义务

D. 以证书确认的土地面积作为计税依据履行纳税义务

8.3 下列情形中被所占用的土地，免征城镇土地使用税的是（　　）。

A. 景区实景演出舞台占用的土地

B. 核电站的核岛占用的土地

C. 海关无偿使用机场的土地

D. 农副产品加工厂占用的土地

8.4 某"三北"地区供热企业为一般纳税人，占用土地20 000平方米，其中自办学校占用2 000平方米，其余为供热厂房和办公用地。该企业2023年向居民供热取得采暖费收入占全部采暖费收入的比例是70%，当地城镇土地使用税税额为4元／平方米，则该企业2023年应缴纳的城镇土地使用税为（　　）元。

A.56 000

B.21 600

C.72 000

D.80 000

8.5 下列用地，可免征城镇土地使用税的是（　　）。

A. 军队家属的院落用地

B. 国家机关的办公用地

C. 房地产开发公司开发的写字楼在出售前的占地

D. 核电站基建期的办公用地

8.6 下列关于城镇土地使用税减免税优惠的说法，正确的是（　　）。

A. 农业生产单位的办公用地免征城镇土地使用税

B. 矿山企业的办公用地免征城镇土地使用税

C. 交通部门的港口码头用地免征城镇土地使用税

D. 企业厂区以内的绿化用地免征城镇土地使用税

8.7 某企业 2023 年度拥有位于市郊的一宗地块，面积为 10 000 平方米，其中 5 500 平方米种植果树用于采摘，2 500 平方米为水果罐头生产基地，2 000 平方米为办公生活用地。该市规定的城镇土地使用年税额为 2 元 / 平方米，则该企业 2023 年度就此地块应缴纳的城镇土地使用税为（　　　）万元。

A.2　　　　　　　　　　　　　　B.1.1

C.0.9　　　　　　　　　　　　　D.0.4

8.8 某事业单位位于市区，实行自收自支自负盈亏，占地 80 000 平方米。其中业务办公用地占地 10 000 平方米，兴办的非营利性老年公寓占地 20 000 平方米，对外开放的公园占地 40 000 平方米，其余土地对外出租。该地段城镇土地使用税年税额为 2 元 / 平方米。2023 年该单位应缴纳的城镇土地使用税为（　　　）元。

A.80 000　　　　　　　　　　　　B.40 000

C.100 000　　　　　　　　　　　D.20 000

8.9 下列各项中，应由省、自治区、直辖市税务机关确定是否减免城镇土地使用税的是（　　　）。

A. 矿山采矿场用地

B. 城市公交站场运营用地

C. 企业办的学校、托儿所和幼儿园自用的土地

D. 个人所有的居住房屋用地

8.10 某农贸市场为增值税小规模纳税人，占地 1 800 平方米。其中专门用于经营农产品的土地占地 1 400 平方米，经营家居用品的土地占地 300 平方米，行政办公区占地 100 平方米。该地段城镇土地使用税年税额为 10 元 / 平方米，2023 年该农贸市场应缴纳的城镇土地使用税为（　　　）元。

A.500　　　　　　　　　　　　　B.1 000

C.2 000　　　　　　　　　　　　D.4 000

8.11 纳税人购置新建商品房，其城镇土地使用税纳税义务发生时间为（　　　）。

A. 房屋交付使用之次月

B. 办理房产证之次月

C. 签订房屋买卖合同之次月

D. 房屋竣工验收之次月

二、多项选择题

8.12 根据城镇土地使用税纳税人的相关规定，下列说法正确的有（　　　）。

A. 个人拥有土地使用权的，以个人为纳税人

B. 单位拥有土地使用权的，以单位为纳税人

C. 土地使用权出租的，以承租人为纳税人

D. 土地使用权属未确定的，以实际使用人为纳税人

E. 土地使用权属共有的，以共有各方为纳税人

8.13 下列用地中，免征城镇土地使用税的有（　　　）。

A. 向农村居民供水的自来水公司自用的办公用地

B. 水电站的发电厂房用地

C. 火电厂厂区围墙外的输油管道用地

D. 福利性老年人康复中心用地

E. 机场候机楼用地

8.14 下列关于城镇土地使用税减免税的说法，正确的有（　　　）。

A. 企业厂区外、与社会公用地段未加隔离的铁路专用线免征城镇土地使用税

B. 物流企业承租的大宗商品仓储设施用地，免征城镇土地使用税

C. 企业厂区外公共绿化用地免征城镇土地使用税

D. 棚户区改造安置住房建设用地免征城镇土地使用税

E. 纳税单位无偿使用免税单位的土地免征城镇土地使用税

8.15 下列关于城镇土地使用税纳税义务发生时间的说法，正确的有（　　　）。

A. 通过拍卖方式取得建设用地，应从合同约定的交付土地时间的次月起缴纳城镇土地使用税

B. 以出让方式取得土地使用权，应由受让方从合同约定的交付土地时间的次月起缴纳城镇土地使用税

C. 购置存量房，自房产权属登记机关签发房屋权属证书的次月起计征城镇土地使用税

D. 纳税人新征用的非耕地，自批准征用之日起满1年时开始缴纳城镇土地使用税

E. 纳税人出租房产的，自交付出租房产的次月起计征城镇土地使用税

8.16 下列关于城镇土地使用税减免税优惠的说法，正确的有（　　　）。

A. 农产品批发市场餐饮区用地免征城镇土地使用税

B. 省级科技企业孵化器出租给在孵对象使用的土地，免征城镇土地使用税

C. 民航机场飞行区场内外通信导航设施用地，免征城镇土地使用税

D. 民航机场道路中，场外道路用地免征城镇土地使用税

E. 盐滩、盐矿的生产厂房用地免征城镇土地使用税

8.17 下列关于城镇土地使用税减免税优惠的说法，正确的有（　　　）。

A. 宗教寺庙自用的土地，免征城镇土地使用税

B. 经批准开山填海整治的土地和改造的废弃土地，使用期间可免征城镇土地使用税

C. 为社区提供家政服务的机构自有的用于家政服务的土地，免征城镇土地使用税

D. 小型微利企业可减半征收城镇土地使用税

E. 对公租房建成后的占地可减半征收城镇土地使用税

8.18 下列关于城镇土地使用税的说法，正确的有（　　　）。

A. 经省人民政府批准，经济落后地区，其适用税额可以适当降低，但降低额不得超过规定最低税额的 50%

B. 经济发达地区的适用税额可以适当提高，但须报省级人民政府批准

C. 实行差别幅度税额，各省、自治区、直辖市人民政府确定所辖地区的适用税额幅度

D. 集体和个人办的各类学校、医院、托儿所和幼儿园用地免税

E. 房地产开发企业建造的除经济适用房外的商品房用地，即使尚未出售，也应缴纳城镇土地使用税

多项选择题

8.19 下列关于城镇土地使用税税收优惠的说法中，正确的有（　　　）。

A. 对商品储备管理公司及其直属库自用的承担商品储备业务的土地，免征城镇土地使用税

B. 港口的码头用地，免征城镇土地使用税

C. 地铁系统运营用地，免征城镇土地使用税

D. 对从事空载重量大于45吨的民用客机研制项目的纳税人自用的科研用地，免征城镇土地使用税

E. 对棚户区改造安置住房建设用地，减半征收城镇土地使用税

第九章 耕地占用税

一、单项选择题

9.1 下列各项中，不属于耕地占用税特点的是（　　）。

A. 具有资源税的性质　　　　　　B. 采取地区差别比例税率

C. 实行一次性课征　　　　　　　D. 具有特定行为税的性质

9.2 经批准占用耕地，农用地转用审批文件中标明建设用地人的，耕地占用税的纳税人是（　　）。

A. 建设用地人　　　　　　　　　B. 用地申请人

C. 实际用地人　　　　　　　　　D. 政府委托的单位

9.3 下列用地行为中，无须缴纳耕地占用税的是（　　）。

A. 因地质勘查临时占用耕地

B. 污染损毁耕地

C. 军队为执行任务必需设置的临时设施占用耕地

D. 农村居民在规定用地标准以内占用耕地新建自用住宅

9.4 下列耕地占用行为中，免征耕地占用税的是（　　）。

A. 医疗机构内职工住房占用耕地

B. 铁路线路防火隔离带占用耕地

C. 滩涂治理工程占用耕地

D. 海防管控设施专用耕地

9.5 下列关于耕地占用税减免税优惠的说法，正确的是（　　）。

A. 建设直接为农业生产服务的生产设施占用林地的，不征收耕地占用税

B. 专用铁路占用耕地的，减按 2 元／平方米的税额征收耕地占用税

C. 农村居民搬迁新建住宅占用耕地的，免征耕地占用税

D. 专用公路占用耕地的，免征耕地占用税

9.6 甲企业是增值税小规模纳税人，2023 年 1 月经批准，占用耕地 3 500 平方米。其中，2 000 平方米用于种植蔬菜，1 000 平方米用于新建办公用房，500 平方米用于建造公司内部食堂。该地区耕地占用税税额为每平方米 25 元。甲企业应缴纳的耕地占用税为（　　）元。

A.18 750　　　　　　　　　　　　B.37 500

C.43 750　　　　　　　　　　　　D.87 500

9.7 农村居民王某 2023 年 6 月经批准，在户口所在地占用耕地 2 500 平方米，其中 2 000 平方米用于种植中药材，500 平方米用于新建住宅（符合当地规定标准）。该地区耕地占用税税额为每平方米 30 元。王某应缴纳耕地占用税（　　）元。

A.3 750

B.7 500

C.15 000

D.37 500

9.8 下列占用的耕地，享受减征耕地占用税优惠的是（　　）。

A. 国道的两侧边沟

B. 残疾军人在规定用地标准内新建自用住宅占用的耕地

C. 国家相关部门批准设立的大学占用的耕地

D. 厂区内的专用铁路

9.9 下列关于耕地占用税的说法，错误的是（　　）。

A. 占用园地从事非农业建设，视同占用耕地征收耕地占用税

B. 减免耕地占用税后纳税人改变原占地用途、不再属于减免税情形的，应当补缴耕地占用税

C. 经批准占用耕地的，纳税义务发生时间为收到批准文件的当日

D. 医院内职工住房占用耕地的，应当按照当地适用税额缴纳耕地占用税

9.10 下列关于耕地占用税征收管理的说法，错误的是（　　）。

A. 纳税人在批准临时占用耕地期满之日起 1 年之内恢复所占用耕地原状的，全额退还已缴耕地占用税

B. 未经批准占用耕地的，其纳税义务发生时间为收到主管税务机关通知申报的当天

C. 纳税人占用耕地的，应当在耕地所在地申报纳税

D. 经批准占用耕地的，纳税义务发生时间为纳税人收到自然资源主管部门办理手续的书面通知的当天

二、多项选择题

9.11 纳税人占用以下土地从事非农业建设，需要缴纳耕地占用税的有（　　）。

A. 橡胶园用地

B. 沟渠的护堤林用地

C. 城镇村庄范围内的绿化林木用地

D. 农田排灌沟渠

E. 种植芦苇并定期进行人工养护管理的苇田

9.12 某县直属中心医院，2023 年 5 月 6 日收到土地管理部门办理农用地手续的通知，2023 年 5 月 31 日收到批准文件，占用耕地 9 万平方米，其中医院内职工住房占用基本农田 1.5 万平方米、占用养殖水面 1 万平方米，其余为医疗活动占用耕地。所占耕地适用的税额为 20 元 / 平方米。下列关于耕地占用税的说法，正确的有（　　）。

A. 该医院耕地占用税的计税依据是 2.5 万平方米

B. 耕地占用税在纳税人获准占用耕地环节一次性课征

C. 养殖水面属于其他农用地，占用养殖水面建设职工住房不属于耕地占用税征税范围

D. 该医院应缴纳耕地占用税 50 万元

E. 该医院占用耕地的纳税义务发生时间为 2023 年 5 月 6 日当天

9.13 下列用地行为，应征收耕地占用税的有（　　　）。

A. 新建住宅和办公楼占用林地

B. 飞机场修建跑道占用耕地

C. 修建专用公路占用耕地

D. 企业新建厂房占用耕地

E. 建设农田水利设施占用耕地

9.14 下列关于耕地占用税的说法，正确的有（　　　）。

A. 人均耕地低于 0.5 亩的地区，省级人民政府可以适当提高适用税额，但提高的部分不得超过当地规定税额标准的 150%

B. 占用养殖水面从事非农业建设的，适用税额可以适当降低，但降低的部分不得超过 50%

C. 各地的适用税额是指省级人民代表大会常务委员会决定的应税土地所在地市级行政区的现行适用税额

D. 应税土地面积，包括经批准占用面积和未经批准占用面积

E. 免征耕地占用税后纳税人改变原占地用途的，应补缴税款，补缴税款按改变用途时当地适用税额计算

9.15 下列关于耕地占用税征收管理的说法，符合耕地占用税相关规定的有（　　　）。

A. 纳税人应自纳税义务发生之日起 30 日内申报缴税

B. 耕地占用税由自然资源主管部门负责征收

C. 建设用地人占用耕地建设幼儿园，由用地申请人申请退还耕地占用税

D. 企业压占损毁耕地，自认定损毁之日起 2 年内复垦恢复种植条件的，可申请退税

E. 未经批准占用的耕地，纳税义务发生时间为自然资源主管部门认定的纳税人实际占用耕地的当日

第十章　船舶吨税

一、单项选择题

10.1 下列从境外进入我国港口的船舶中，免征船舶吨税的是（　　）。

A. 养殖渔船　　　　　　　　　　B. 非机动驳船

C. 拖船　　　　　　　　　　　　D. 机动船舶

10.2 船舶吨税的纳税人未按期缴清税款的，自滞纳税款之日起至缴清税款之日止，按日加收滞纳金的比率是滞纳税款的（　　）。

A.0.2‰　　　　　　　　　　　　B.0.5‰

C.5‰　　　　　　　　　　　　　D.2‰

10.3 甲国一艘游艇 2023 年 4 月 20 日驶入我国某港口，游艇负责人无法提供净吨位证明文件，领取了停留期限为 30 日的吨税执照。已知游艇配置两台发动机，每台功率为 1 680 千瓦。甲国与我国签订了相互给予船舶税费最惠国待遇条款，船舶净吨位不超过 2 000 吨，执照期限为 30 日的优惠税率为 1.5 元 / 吨。该游艇负责人应缴纳船舶吨税（　　）元。

A.252　　　　　　　　　　　　B.1 688.4

C.3 376.8　　　　　　　　　　D.126

10.4 2023 年 8 月 1 日，某外国籍拖船驶入我国某港口，该拖船发动机功率 10 000 千瓦，申领期限为 30 日的吨税执照，30 日吨税执照对应的超过 2 000 净吨但不超过 10 000 净吨的普通税率为 4 元 / 净吨。该拖船应缴纳船舶吨税（　　）元。

A.20 000　　　　　　　　　　B.40 000

C.13 400　　　　　　　　　　D.26 800

二、多项选择题

10.5 下列船舶中，免征船舶吨税的有（　　）。

A. 非机动船舶

B. 非机动驳船

C. 警用船舶

D. 运抵我国港口进行拆解的报废船舶

E. 自境外购买取得船舶所有权的初次进口到港的空载船舶

10.6 下列船舶，免征船舶吨税的有（　　）。

A. 船舶吨税执照期满后 24 小时内不上下客货的船舶

B. 自境外以继承方式取得船舶所有权的初次进口到港的空载船舶

C. 应纳税额在人民币 50 元以下的船舶

D. 防疫隔离且不上下客货的船舶

E. 中止运营进行修理维护的油轮

10.7 应税船舶在吨税执照期限内发生的下列情形中，海关可按照实际发生天数批注延长吨税执照期限的有（　　）。

A. 避难并不上下客货的

B. 武装警察部队征用的

C. 补充供给不上下旅客的

D. 防疫隔离不上下客货的

E. 修理改造并不上下客货的

10.8 下列关于船舶吨税征收管理的表述中，正确的有（　　）。

A. 船舶吨税由海关负责征收

B. 船舶吨税纳税义务发生时间为应税船舶进入港口的当日

C. 应税船舶在吨税执照期限内，因修理、改造导致净吨位变化的，需要重新办理吨税执照

D. 应税船舶在吨税执照期满后尚未离开港口的，应当申领新的吨税执照，自上一次执照期满的当日起续缴吨税

E. 应税船舶负责人应当自海关填发吨税缴款凭证之日起 15 日内缴清税款

10.9 下列关于船舶吨税的说法中，正确的有（　　）。

A. 自境外以购买方式取得船舶所有权的初次进口到港的载人船舶，免征船舶吨税

B. 相同净吨位的船舶，吨税执照期限越长，适用的单位税额越低

C. 应税船舶在吨税执照期限内，发生防疫隔离情形的，海关可按照实际发生的天数批注延长吨税执照期限

D. 海关发现少征税款的，自应税船舶应当缴纳税款之日起一年内，补征税款，同时加收滞纳金

E. 海关发现多征税款的，应当在 24 小时内通知应税船舶办理退还手续，并加算银行同期活期存款利息

10.10 应税船舶到达港口前经海关核准先行申报并办结入境手续的，应提供相适应的担保。下列财产、权利可以用于担保的有（　　）。

A. 银行保函

B. 非银行金融机构开具的保函

C. 债券

D. 汇票

E. 不可自由兑换货币

综合题演练

11.1 某物流公司是小型微利企业，股东王某占股 85%。该公司年初办公用房占地 2 000 平方米，拥有货车 8 辆（每辆整备质量 12 吨）、挂车 8 辆（每辆整备质量 14 吨），2023 年发生以下业务：

（1）为开展大宗商品仓储业务，6 月从某合作社租入有产权纠纷的土地 40 000 平方米（该土地未缴纳城镇土地使用税），从临近企业租入工业用地 30 000 平方米。

（2）7 月转让挂车 4 辆，8 月进口客货两用车 10 辆（每辆车整备质量 10 吨），海关专用缴款书上注明的日期为 9 月 4 日。

（3）9 月股东王某以价值 600 万元的自有房产和银行存款 1 400 万元为对价，换购某企业占地面积 30 000 平方米的厂房，当月王某将换购的厂房无偿划入物流公司。公司将其中占地面积 20 000 平方米的厂房用于办公，10 000 平方米的厂房用于大宗商品的仓储。

已知：车船税年基准税额中，货车整备质量每吨为 90 元，大客车每辆税额为 1 200 元。城镇土地使用年税额为 4 元 / 平方米，契税税率为 4%。上述价格均不含增值税。

要求：

根据上述资料，回答下列问题。

（1）上述业务中，物流公司和股东王某合计应缴纳契税（　　）万元。

A.28　　　　　　　　B.56　　　　　　　　C.96　　　　　　　　D.136

（2）物流公司接受股东王某划入的厂房应缴纳城镇土地使用税（　　）万元。

A.0.75　　　　　　　B.1.5　　　　　　　C.1.25　　　　　　　D.2.5

（3）物流公司当年应缴纳城镇土地使用税（　　）万元。

A.3.65　　　　　　　B.1.65　　　　　　　C.5.15　　　　　　　D.10.3

（4）物流公司当年应缴纳车船税（　　）元。

A.16 680　　　　　　B.15 600　　　　　　C.17 680　　　　　　D.21 720

11.2 甲公司为增值税小规模纳税人，2023 年发生如下业务：

（1）7 月份签订设备买卖合同，采购价格为 500 万元。签订设备运输合同，收取运输费用 18 万元、装卸费用 2 万元。签订保险合同，收取保险费 2 万元。为完成设备采购与银行签订 400 万元的借款合同。为实现设备稳定运行，签订技术服务合同，记载的技术服务价款为 2 万元。

（2）8月份购买新建商品房用于职工住宿，签订房产销售合同，合同记载价款为1 000万元。签订家电等买卖合同，记载价款为30万元。商品房当月交付使用，9月份取得不动产权属证明。

（3）9月初将原值300万元的旧仓库出租，租赁合同约定9月份为免租期，以后每月收取不含税租金2万元，租期两年。当月通过证券交易账户买入证券花费40万元，卖出证券获得50万元。

已知：以上均为不含税价格，当地规定计算房产余值的扣除比例为30%，不考虑其他税费。

要求：

根据上述资料，回答下列问题。

(1) 甲公司7月应缴纳印花税（　　　）元。

A.1 786　　　　　　B.890　　　　　　C.893　　　　　　D.1 780

(2) 甲公司8月应缴纳印花税（　　　）元。

A.3 900　　　　　　B.1 950　　　　　　C.5 090　　　　　　D.2 545

(3) 甲公司9月应缴纳印花税（　　　）元。

A.960　　　　　　B.710　　　　　　C.480　　　　　　D.730

(4) 2023年甲公司旧仓库与新购商品房应缴纳房产税（　　　）元。

A.54 100　　　　　　B.23 550　　　　　　C.47 100　　　　　　D.27 050

11.3 张某为个人独资企业的投资者，该个人独资企业是一合伙企业的合伙人。2023年张某涉税信息如下：

（1）个人独资企业的主营业务收入120万元，主营业务成本70万元（其中张某工资10万元），税金及附加3万元，销售费用18万元，管理费用10万元（其中业务招待费6万元），财务费用8万元，营业外支出5万元，投资收益80万元（其中来自持股期限为8个月的"新三板"公司的股息收益为20万元，来自合伙企业的经营所得为60万元）。

（2）9月20日，张某与李某签订租赁合同，将个人名下原值500万元的仓库从10月1日起出租给李某。租期为两年，2023年10月至11月为免租期，从10月份开始按季度收取租金，每月不含税租金为2万元。

已知：仓库所在地计算房产税余值的扣除比例为20%，不考虑仓库租赁行为的增值税、城市维护建设税、教育费附加和地方教育附加，出租仓库缴纳的印花税一次性在计算个税时扣除，张某没有其他综合所得。

要求：

根据上述资料，回答下列问题。

(1) 2023年张某合计应缴纳仓库的房产税和印花税为（　　　）元。

A.23 420　　　　　　B.43 640　　　　　　C.46 400　　　　　　D.46 840

(2) 2023年张某出租仓库应缴纳个人所得税（　　　）元。

A.2 745.6　　　　　　B.2 816　　　　　　C.2 972.8　　　　　　D.3 008

(3) 下列关于个人独资企业 80 万元投资收益的个人所得税税务处理，正确的是（   ）。

A.20 万元按"利息、股息、红利所得"计税，60 万元按"经营所得"计税

B.20 万元按"利息、股息、红利所得"计税，60 万元按"财产转让所得"计税

C.80 万元按"利息、股息、红利所得"计税

D.80 万元按"经营所得"计税

(4) 计算张某 2023 年应税经营所得时，可扣除的主营业务成本和管理费用合计为（   ）万元。

A.60.6   B.64.6   C.67.6   D.74.6

(5) 张某 2023 年度经营所得应缴纳个人所得税（   ）万元。

A.3.23   B.19.84   C.21.94   D.27.89

(6) 关于个人独资企业所得税征收管理的规定，正确的有（   ）。

A. 投资者兴办两个或两个以上企业的，应分别计算各企业的应纳税所得额，并据此确定适用税率计算缴纳个人所得税

B. 持有权益性投资的个人独资企业一律采用查账征收方式计征个人所得税

C. 投资者兴办两个或两个以上企业的，企业年度经营亏损可相互弥补

D. 个人独资企业以投资者为纳税人

E. 实行核定征收的投资者，不得享受个人所得税的优惠政策

附录

居民个人工资、薪金所得预扣预缴税率表

级数	全年应纳税所得额	税率（%）	速算扣除数（元）
1	不超过 36 000 元的	3	0
2	超过 36 000 元至 144 000 元的部分	10	2 520
3	超过 144 000 元至 300 000 元的部分	20	16 920
4	超过 300 000 元至 420 000 元的部分	25	31 920
5	超过 420 000 元至 660 000 元的部分	30	52 920
6	超过 660 000 元至 960 000 元的部分	35	85 920
7	超过 960 000 元的部分	45	181 920

经营所得税率表（年度）

级数	全年应纳税所得额	税率（%）	速算扣除数（元）
1	不超过 30 000 元的	5	0
2	超过 30 000 元至 90 000 元的部分	10	1 500
3	超过 90 000 元至 300 000 元的部分	20	10 500
4	超过 300 000 元至 500 000 元的部分	30	40 500
5	超过 500 000 元的部分	35	65 500

非居民个人工资、薪金所得，劳务报酬所得，稿酬所得和特许权使用费所得税率表（月度）

级数	应纳税所得额	税率（%）	速算扣除数（元）
1	不超过 3 000 元的	3	0
2	超过 3 000 元至 12 000 元的部分	10	210
3	超过 12 000 元至 25 000 元的部分	20	1 410
4	超过 25 000 元至 35 000 元的部分	25	2 660
5	超过 35 000 元至 55 000 元的部分	30	4 410
6	超过 55 000 元至 80 000 元的部分	35	7 160
7	超过 80 000 元的部分	45	15 160

印花税税率表

凭证、合同类型	税率
租赁合同、保管合同、仓储合同、财产保险合同、证券交易	1‰
土地使用权出让书据；土地使用权、房屋建筑物、构筑物所有权转让书据；股权转让书据	0.5‰
买卖合同、承揽合同、建设工程合同、运输合同、技术合同、商标专用权、著作权、专利权、专有技术使用权转让书据	0.3‰
营业账簿（资金账簿）	0.25‰
借款合同、融资租赁合同	0.05‰

不要让来之不易的收获被时间偷偷带走，写下你的心得和感悟吧！

逢考必过！

一句话总结……

只做好题
税法（II）

税务师职业资格考试辅导用书 · 基础进阶　全2册·下册

斯尔教育　组编

北京理工大学出版社
BEIJING INSTITUTE OF TECHNOLOGY PRESS

·北京·

图书在版编目（CIP）数据

只做好题. 税法. Ⅱ：全2册 / 斯尔教育组编. --

北京：北京理工大学出版社, 2024.6

税务师职业资格考试辅导用书. 基础进阶

ISBN 978-7-5763-4124-9

Ⅰ.①只… Ⅱ.①斯… Ⅲ.①税法—中国—资格考试

—习题集 Ⅳ.①F810.42-44

中国国家版本馆CIP数据核字(2024)第110444号

责任编辑：武丽娟　　　　文案编辑：武丽娟
责任校对：刘亚男　　　　责任印制：施胜娟

出版发行 / 北京理工大学出版社有限责任公司

社　　址 / 北京市丰台区四合庄路6号

邮　　编 / 100070

电　　话 / （010）68944451（大众售后服务热线）

　　　　　（010）68912824（大众售后服务热线）

网　　址 / http://www.bitpress.com.cn

版 印 次 / 2024年6月第1版第1次印刷

印　　刷 / 三河市中晟雅豪印务有限公司

开　　本 / 787 mm×1092 mm　1/16

印　　张 / 16.5

字　　数 / 419千字

定　　价 / 35.40元（全2册）

·目　录·

第一章 企业所得税
答案与解析

做经典

一、单项选择题

1.1 ▶ B	1.2 ▶ B	1.3 ▶ B	1.4 ▶ D	1.5 ▶ A
1.6 ▶ A	1.7 ▶ C	1.8 ▶ B	1.9 ▶ A	1.10 ▶ D
1.11 ▶ C	1.12 ▶ D	1.13 ▶ A	1.14 ▶ D	1.15 ▶ B
1.16 ▶ B	1.17 ▶ C	1.18 ▶ D	1.19 ▶ D	1.20 ▶ C
1.21 ▶ A	1.22 ▶ D	1.23 ▶ B	1.24 ▶ C	1.25 ▶ B
1.26 ▶ C	1.27 ▶ D	1.28 ▶ C	1.29 ▶ B	1.30 ▶ D
1.31 ▶ C	1.32 ▶ A	1.33 ▶ C	1.34 ▶ A	1.35 ▶ D
1.36 ▶ A	1.37 ▶ A	1.38 ▶ A	1.39 ▶ D	1.40 ▶ C
1.41 ▶ A	1.42 ▶ B	1.43 ▶ C	1.44 ▶ A	1.45 ▶ C
1.46 ▶ A	1.47 ▶ B	1.48 ▶ C	1.49 ▶ C	1.50 ▶ A
1.51 ▶ D	1.52 ▶ B	1.53 ▶ D	1.54 ▶ C	1.55 ▶ D
1.56 ▶ C	1.57 ▶ A	1.58 ▶ D	1.59 ▶ B	1.60 ▶ B

1.61 ▶ D	1.62 ▶ A	1.63 ▶ B	1.64 ▶ A	1.65 ▶ A
1.66 ▶ A	1.67 ▶ B	1.68 ▶ D	1.69 ▶ C	1.70 ▶ C
1.71 ▶ B	1.72 ▶ A	1.73 ▶ B	1.74 ▶ C	

二、多项选择题

1.75 ▶ ABDE	1.76 ▶ BDE	1.77 ▶ CDE	1.78 ▶ BC	1.79 ▶ ABDE
1.80 ▶ ABE	1.81 ▶ CE	1.82 ▶ ACE	1.83 ▶ BCE	1.84 ▶ CDE
1.85 ▶ AD	1.86 ▶ ACDE	1.87 ▶ ABC	1.88 ▶ ABCD	1.89 ▶ BCDE
1.90 ▶ BDE	1.91 ▶ AC	1.92 ▶ DE	1.93 ▶ ABCD	1.94 ▶ BCE
1.95 ▶ CE	1.96 ▶ AC	1.97 ▶ BCE	1.98 ▶ BCD	1.99 ▶ ABE
1.100 ▶ ABE	1.101 ▶ ADE	1.102 ▶ ABC	1.103 ▶ CDE	1.104 ▶ ABC
1.105 ▶ BE	1.106 ▶ ABCE	1.107 ▶ ABCE	1.108 ▶ ABDE	1.109 ▶ CE
1.110 ▶ ACDE	1.111 ▶ ABCE	1.112 ▶ ABCD	1.113 ▶ AB	1.114 ▶ ABCE
1.115 ▶ AC	1.116 ▶ ABE	1.117 ▶ AC	1.118 ▶ AB	1.119 ▶ ABCE
1.120 ▶ ABDE	1.121 ▶ ACD	1.122 ▶ BCDE	1.123 ▶ DE	

三、计算题

| 1.124 (1) ▶ B | 1.124 (2) ▶ D | 1.124 (3) ▶ C | 1.124 (4) ▶ A |
| 1.125 (1) ▶ B | 1.125 (2) ▶ D | 1.125 (3) ▶ D | 1.125 (4) ▶ D |

四、综合分析题

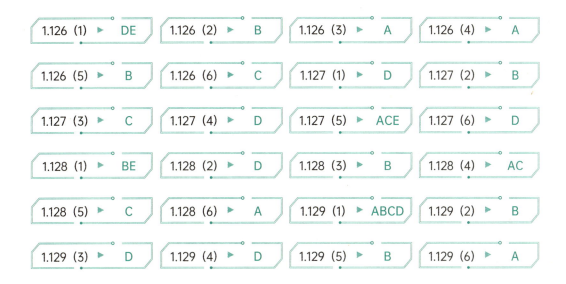

1.126 (1) ▶ DE	1.126 (2) ▶ B	1.126 (3) ▶ A	1.126 (4) ▶ A
1.126 (5) ▶ B	1.126 (6) ▶ C	1.127 (1) ▶ D	1.127 (2) ▶ B
1.127 (3) ▶ C	1.127 (4) ▶ D	1.127 (5) ▶ ACE	1.127 (6) ▶ D
1.128 (1) ▶ BE	1.128 (2) ▶ D	1.128 (3) ▶ B	1.128 (4) ▶ AC
1.128 (5) ▶ C	1.128 (6) ▶ A	1.129 (1) ▶ ABCD	1.129 (2) ▶ B
1.129 (3) ▶ D	1.129 (4) ▶ D	1.129 (5) ▶ B	1.129 (6) ▶ A

一、单项选择题

1.1 斯尔解析　**B**　本题考查居民企业和非居民企业身份的判定。

选项 B 当选，非居民企业是指依照外国（地区）法律成立且实际管理机构不在中国境内，但在中国境内设立机构、场所，或者在中国境内未设立机构、场所，但有来源于中国境内所得的企业。

选项 AD 不当选，依法在中国境内成立或者依照外国（地区）法律成立但实际管理机构在中国境内的企业属于我国的居民企业。

选项 C 不当选，该类企业不属于我国企业所得税的纳税义务人。

1.2 斯尔解析　**B**　本题考查所得来源地的确定。

选项 A 不当选，销售货物所得，按照交易活动发生地确定。

选项 C 不当选，特许权使用费所得按照支付、负担所得的企业或者机构、场所所在地确定或者按照负担、支付所得的个人的住所地确定。

选项 D 不当选，动产转让所得，按照转让动产的企业或者机构、场所所在地确定。

1.3 斯尔解析　**B**　本题考查非居民企业适用的企业所得税税率。

选项 B 当选，在中国境内未设立机构、场所的或者虽设立机构、场所但取得的所得与其所设机构、场所没有实际联系的非居民企业取得来源于境内的所得适用 10% 的税率。

选项 A 不当选，与境内机构、场所没有实际联系的境外所得，无须缴纳我国的企业所得税。

选项 CD 不当选，在中国境内设立机构、场所且所得与机构、场所有关联的非居民企业，适用 25% 的企业所得税税率。

1.4 斯尔解析　**D**　本题考查企业所得税收入确认时间。

选项 D 当选，企业将资金提供他人使用但不构成权益性投资，或者因他人占用本企业资金取得的收入，包括存款利息、贷款利息、债券利息、欠款利息等收入，按照合同约定的债务人应付利息的日期确认收入的实现。

选项 A 不当选，股息、红利等权益性投资收益，按照被投资企业股东会或股东大会作出利润分配决定的日期确定收入的实现。

选项 B 不当选，采用预收款方式销售商品的，收入确认时间为发出商品时。

选项 C 不当选，接受捐赠收入的，以实际收到捐赠资产的日期确定收入的实现。

1.5 🔍斯尔解析　**A**　本题考查特殊销售方式下收入的确认时间。

选项 B 不当选，特许权使用费收入，按照合同约定的特许权使用人应付特许权使用费的日期确认收入的实现。

选项 C 不当选，销售商品采用支付手续费方式委托代销的，以收到代销清单的时间确认收入的实现。

选项 D 不当选，销售商品需要安装和检验的，在购买方接受商品以及安装和检验完毕时确认收入。如果安装程序比较简单，可在发出商品时确认收入。

提示：委托其他纳税人代销货物，增值税纳税义务发生时间为收到代销清单或收到全部或部分货款的当天；未收到代销清单及货款的，为发出代销货物满 180 日的当天。

1.6 🔍斯尔解析　**A**　本题考查特殊劳务收入确认的时间。

选项 B 不当选，长期为客户提供重复的劳务收取的劳务费，在相关劳务活动发生时确认收入。

选项 C 不当选，为特定客户开发软件的收费，应根据开发的完工进度确认收入。

选项 D 不当选，广告的制作费根据制作广告的完工进度确认收入。

提示：宣传媒介收费，在相关的广告或商业行为出现于公众面前时确认收入。

1.7 🔍斯尔解析　**C**　本题考查转让股权收入的确认时间。

选项 C 当选，企业转让股权收入，应于转让协议生效且完成股权变更手续时，确认收入的实现。

1.8 🔍斯尔解析　**B**　本题考查股权转让收入的企业所得税规定。

选项 B 当选，企业转让股权收入，应于转让协议生效且完成股权变更手续时，确认收入的实现。其中企业在计算股权转让所得时，不得扣除被投资企业未分配利润等股东留存收益中按该项股权所可能分配的金额。故股权转让所得 = 转让收入 − 股权成本 =650−300= 350（万元）。

选项 A 不当选，未扣除股权成本。

选项 C 不当选，误扣除 2023 年乙企业税后利润按比例分配的金额。

选项 D 不当选，误扣被投资企业累计未分配利润和累计盈余公积按比例分配的金额。

1.9 🔍斯尔解析　**A**　本题考查"买一赠一"方式下各项商品销售收入的确认。

选项 A 当选，企业以"买一赠一"等方式组合销售本企业商品的，不属于捐赠，应将总的销售金额按各项商品的"公允价值"所占比例来分摊确认各项商品的销售收入。因此，应确认冰箱收入 =60 000÷（60 000+600×20）×60 000=50 000（元）。

选项 B 不当选，误将总的销售金额按各项商品的"采购成本"所占比例来分摊各项商品的销售收入。

选项 C 不当选，误将赠送的加湿器作"捐赠"处理，视同销售。

选项 D 不当选，误将总的销售金额视为销售冰箱的收入，未在冰箱和加湿器之间进行分摊。

提示：以"买一赠一"等方式组合销售本企业商品，企业所得税法与增值税法中的规定略有差异，增值税法规定须视同销售，而企业所得税法则将总销售金额进行分摊。

1.10 **斯尔解析**　D　本题考查租金收入增值税和企业所得税的纳税义务发生时间。

选项 D 当选、选项 C 不当选，在企业所得税中，租金收入按照合同约定的承租人应付租金的日期确认收入的实现。如果交易合同或协议中规定租赁期限跨年度且租金提前一次性支付的，出租人可在租赁期内，分期均匀计入相关年度收入（2023 年 9 月至 12 月，共 4 个月租金）。即 2023 年可确认企业所得税收入 =480÷12×4=160（万元）。

选项 AB 不当选，在增值税中，纳税人提供建筑服务、租赁服务采取预收款方式的，其纳税义务发生时间为收到预收款的当天，所以 2023 年增值税应确认的计税收入为 1 440 万元。

1.11 **斯尔解析**　C　本题考查政府划入资产的所得税处理。

选项 C 当选，县级以上政府及其部门以股权投资方式投入企业，作为国家资本金（包括资本公积）处理，该项资产如为非货币性资产，应按政府确定的接收价值确定计税基础。

1.12 **斯尔解析**　D　本题考查股东划入资产的所得税处理。

选项 D 当选，企业接收股东划入资产，凡合同、协议约定作为资本金（包括资本公积）且在会计上已作实际处理的，不计入企业的收入总额。此题中协议未约定将其作为资本金处理，应作为收入处理的，按公允价值计入收入总额。

甲公司收到的是增值税普通发票，会计分录：

借：固定资产　　　　　　　　　　　　　　　9 040 000

　　贷：营业外收入　　　　　　　　　　　　　　　　　　9 040 000

结合上述分录可知，甲公司确认收入的金额应包含增值税，为 904 万元。

选项 A 不当选，未将增值税纳入应税收入中。

选项 B 不当选，误将该设备的原账面价值作为应税收入。

选项 C 不当选，误认为该情况属于不计入收入总额的情形。

提示：若甲公司收到母公司开具的增值税专用发票，会计分录为：

借：固定资产　　　　　　　　　　　　　　　8 000 000

　　应交税费——应交增值税（进项税额）　　　1 040 000

　　贷：营业外收入　　　　　　　　　　　　　　　　　　9 040 000

因此，无论母公司开具的是增值税专用发票还是增值税普通发票，甲公司确认收入的金额均含增值税。

1.13 **斯尔解析**　A　本题考查接受股东划入资产计税基础的确定。

选项 A 当选，企业接收股东划入资产，应按资产的公允价值确定其计税基础。

甲公司收到母公司开具的增值税专用发票，会计分录：

借：固定资产　　　　　　　　　　　　　　　8 000 000

　　应交税费——应交增值税（进项税额）　　　1 040 000

　　贷：营业外收入　　　　　　　　　　　　　　　　　　9 040 000

结合上述分录可知，甲公司接受母公司划入资产的计税基础为 800 万元。

提示：若甲公司收到母公司开具的增值税普通发票，会计分录为：

借：固定资产   9 040 000

    贷：营业外收入   9 040 000

此时，甲公司接受母公司划入资产的计税基础为904万元。

结合1.12可知，甲公司确认收入的金额与母公司开具发票的类型无关，但资产的计税基础与母公司开具发票的类型有关。

1.14 🔍斯尔解析   **D**   本题考查企业转让上市公司限售股的企业所得税处理。

选项A不当选，依法院判决、裁定等原因，企业通过证券登记结算公司，将其代持的个人限售股直接变更到实际所有人名下的，不视同转让限售股，无须纳税。

选项B不当选，限售股转让收入扣除限售股原值和合理税费后的余额为限售股转让所得。

选项C不当选，企业未能提供完整、真实的限售股原值凭证，不能准确计算该限售股原值的，主管税务机关一律按该限售股转让收入的"15%"，核定为限售股原值和合理税费。

1.15 🔍斯尔解析   **B**   本题考查免税收入的具体细节规定。

股息、红利免征企业所得税政策需要满足的条件有：

（1）投资主体为"居民企业"或"非居①"。

（2）被投资企业为"我国境内居民企业"。

（3）所得类型为股息、红利所得，其中投资境内上市公司股票需要符合持有时间满12个月的要求。

选项B当选，属于非居①的企业投资境内非上市公司取得的股息红利所得，可以享受免税的税收优惠。

选项A不当选，个人独资企业不属于企业所得税的纳税人，不能享受该优惠政策，应按规定缴纳个人所得税。

选项C不当选，未在我国境内设立机构、场所的非居民企业，适用10%的税率。若该新加坡企业属于税收协定规定的"受益所有人"，适用税收协定相关条款规定的税率。

选项D不当选，未满足股票持有时间满12个月的规定。

提示："非居①"指依照外国（地区）法律成立且实际管理机构不在中国境内，但在中国境内设立机构、场所的企业。

1.16 🔍斯尔解析   **B**   本题考查非营利组织的免税收入的范围。

非营利组织的下列收入为免税收入：

（1）接受其他单位或者个人捐赠的收入。（选项A不当选）

（2）除财政拨款以外的其他政府补助收入，但不包括因政府购买服务而取得的收入。（选项B当选）

（3）按照省级以上民政、财政部门规定收取的会费。（选项C不当选）

（4）不征税收入和免税收入孳生的银行存款利息收入。（选项D不当选）

1.17 🔍斯尔解析   **C**   本题考查不征税收入的范围及条件。

不征税收入主要包括：

（1）财政拨款。（选项C当选）

（2）依法收取并纳入财政管理的行政事业性收费、政府性基金。

（3）国务院规定的其他不征税收入——专项用途财政性资金。

（4）社保基金取得的直接股权投资收益、股权投资基金收益。

选项 A 不当选，由国务院财政、税务主管部门规定专项用途并经国务院批准的财政性资金属于不征税收入，"未规定专项用途"不满足该条件。

选项 B 不当选，企业收到的增值税出口退税款不属于财政性资金，不属于不征税收入。

选项 D 不当选，对企业依法收取并上缴财政的政府性基金和行政事业性收费，才准予作为不征税收入，而未上缴财政的部分，不得从收入总额中减除。

1.18 🔍斯尔解析　**D**　本题考查企业所得税不征税收入。

选项 D 当选，企业所得税不征税收入主要包括财政拨款，符合规定的行政事业性收费、政府性基金，国务院规定的其他不征税收入（专项用途财政性资金），社保基金取得的直接股权投资收益、股权投资基金收益。

提示：境外机构投资境内债券取得的债券利息收入暂免征收企业所得税。

1.19 🔍斯尔解析　**D**　本题考查企业所得税的税收优惠。

选项 D 当选，对境外机构投资境内债券市场取得的债券利息收入暂免征收企业所得税，该暂免征收企业所得税的范围不包括境外机构在境内设立的机构、场所取得的与该机构、场所有实际联系的债券利息。

选项 A 不当选，对公募证券投资基金转让创新企业 CDR 取得的差价所得和持有创新企业 CDR 取得的股息红利所得，暂不征收企业所得税。

选项 B 不当选，对投资者从证券投资基金分配中取得的收入，暂不征收企业所得税。

选项 C 不当选，各级人民政府对纳入预算管理的事业单位等组织拨付的财政资金作为不征税收入处理，不缴纳企业所得税。

1.20 🔍斯尔解析　**C**　本题考查税金的扣除方式。

选项 C 当选，房产税、城镇土地使用税、车船税、印花税、出口关税、船舶吨税可以在发生当期一次性扣除。

选项 AB 不当选，车辆购置税、耕地占用税、契税、进口关税、烟叶税，应计入资产成本，随存货销售结转扣除，或在资产折旧、摊销税前扣除。

选项 D 不当选，企业所得税不可税前扣除。

1.21 🔍斯尔解析　**A**　本题考查准予扣除的工资、薪金总额和职工福利费的扣除限额。

选项 A 当选，具体计算过程如下：

（1）雇佣季节工、临时工、实习生、返聘离退休人员而发生的费用，属于工资、薪金支出的，计入工资、薪金总额，据实扣除。

（2）职工福利费税前扣除限额 =（1 000+15+6.6）×14%=143.02（万元）＜实际发生额 200 万元，应调增应纳税所得额 =200−143.02=56.98（万元）。

选项 B 不当选，工资、薪金总额中未包含实习生工资。

选项 C 不当选，工资、薪金总额中未包含临时工工资。

选项 D 不当选，工资、薪金总额中未包含临时工和实习生工资。

1.22 🔵斯尔解析 **D** 本题考查上市公司实施股权激励计划的税会差异及职工教育经费税前扣除金额的计算。

选项 D 当选，具体计算过程如下：

（1）股权激励的纳税调整。

在员工行权时，公司应根据该股票实际行权时的公允价格与行权价的差额及数量，作为当年的工资、薪金支出依法进行税前扣除。2023 年行权的股权激励应确认的工资、薪金支出金额 =100 000×（50−20）÷10 000=300（万元），会计上确认的费用为 180 万元，故应纳税所得额调减 =300−180=120（万元）。

（2）职工教育经费的纳税调整。

①会计上确认的金额为 70 万元。

②计算税法可扣除的金额：

税法口径下的工资、薪金支出 = 现金支付部分 + 股权激励确认部分 =1 000+300=1 300（万元），职工教育经费的扣除限额 =1 300×8%=104（万元）。

待扣除金额 = 本年发生金额 + 上年结转金额 =70+40=110（万元）

待扣除金额 110 万元＞扣除限额 104 万元，故应按 104 万元进行扣除。

③税法可扣除金额 104 万元＞会计确认金额 70 万元，故应纳税所得额调减 34 万元。

综上，上述事项应调减应纳税所得额 =120+34=154（万元）。

选项 A 不当选，在计算职工教育经费可扣除限额时，误将会计上确认的股权激励费用作为工资、薪金支出。该选项亦未考虑股权激励的纳税调整金额。

选项 B 不当选，与选项 A 的谬误基本一致，但考虑了股权激励的纳税调整金额。

选项 C 不当选，在计算职工教育经费纳税调整金额时，误将上年结转金额全额纳税调减。

1.23 🔵斯尔解析 **B** 本题考查与职工培训相关费用的特殊规定。

选项 ACD 不当选，核力发电企业为培养核电厂操纵员发生的培养费用，可作为企业的发电成本在税前扣除。航空企业实际发生的飞行员养成费、飞行训练费、乘务训练费、空中保卫员训练费等空勤训练费用，可以作为航空企业运输成本在税前扣除。上述各项都应作为企业成本在税前全额扣除，而不应作为职工教育经费税前扣除。

1.24 🔵斯尔解析 **C** 本题考查关联方利息费用扣除的规定。

选项 C 当选，因为电子公司的税率是 15%，母公司的税率是 25%，因此得知电子公司的实际税负不高于境内关联方，不需要考虑本金的限制。该笔借款税前可以扣除的金额为不超过金融机构同期同类贷款利率计算的数额。2023 年电子公司企业所得税前可扣除的该笔借款的利息费用 =5 000×7%=350（万元）。

选项 A 不当选，误用约定年利率计算出的 2 年利息作为 2023 年税前扣除金额。

选项 B 不当选，误用约定年利率计算出的 1 年利息作为 2023 年税前扣除金额。

选项 D 不当选，误认为关联方之间的利息支出不得税前扣除。需要注意的是，非银行企业内营业机构之间支付的利息不得税前扣除，而关联企业之间的利息支出可以按照规定扣除。

提示：从题干信息可以看出本题考查方向，一是给出了两个公司的税率，二是未给出母公司股权投资金额，因此可以判断出考查的是债资比限制的除外情形。

1.25 ⑤斯尔解析　B　本题考查关联企业借款利息的费用扣除。

选项 B 当选，具体计算过程如下：

（1）计算税法口径下可以扣除的利息金额。

关联方之间的借款，要同时考虑两个标准：①本金的限制；②利率的限制。本题中乙公司为制造业企业，债资比为 2∶1。甲公司持有乙公司 60% 股权，即权益性投资金额 =4 000×60%=2 400（万元），其利息支出中可以税前扣除的债权性投资（即借款本金）限额 =2 400×2=4 800（万元）。利率为不超过金融机构同期同类的贷款利率。故可税前扣除的利息费用 =4 800×7%×7÷12=196（万元）。

（2）计算纳税调整金额。

会计上实际发生的利息支出 =5 000×10%×7÷12=291.67（万元），应纳税调整的金额 =291.67−196=95.67（万元）。

选项 A 不当选，未考虑 2023 年实际借款期限。

选项 C 不当选，误计算为可税前扣除的利息费用。

选项 D 不当选，未考虑本金的限制或者甲公司对乙公司持股 60% 的条件。

1.26 ⑤斯尔解析　C　本题考查广告费和业务宣传费税前扣除的规定。

选项 A 不当选，烟草企业的烟草广告费和业务宣传费支出，不得在税前扣除；酒类制造企业的广告费限额扣除，扣除比例是 15%。

选项 B 不当选，对医药制造企业发生的广告费和业务宣传费支出，不超过当年销售（营业）收入 30% 的部分，准予扣除，注意是"医药制造"而不是"医药销售"。

选项 D 不当选，对签订广告费和业务宣传费分摊协议的关联企业，其中一方发生的不超过当年销售（营业）收入税前扣除限额比例内的广告费和业务宣传费支出可以在本企业扣除，也可以将其中的部分或全部按照分摊协议归集至另一方扣除。

提示：选项 C 的广告费和业务宣传费注意与业务招待费进行区分。企业在筹建期间发生的与筹办活动有关的业务招待费支出，可按实际发生额的 60% 计入企业筹办费，并按有关规定在税前扣除。

1.27 ⑤斯尔解析　D　本题考查广告费和业务宣传费扣除的规定。

选项 D 当选，企业发生的符合条件的广告费和业务宣传费支出，除另有规定外，不超过当年销售（营业）收入 15% 的部分，准予扣除；超过部分，准予在以后纳税年度结转扣除。本题广告费扣除限额 =4 000×15%=600（万元），本年和以前年度广告费待扣除金额 =500+105+55=660（万元），故广告费可以扣除的金额为 600 万元。

选项 A 不当选，未考虑以前年度结转的尚未扣除的广告费。

选项 B 不当选，误认为广告费和业务宣传费只能向以后年度结转 3 年扣除且未考虑 15% 的扣除限额。

选项 C 不当选，未考虑广告费和业务宣传费的扣除限额。

提示：

（1）化妆品制造与销售、医药制造和饮料制造（不含酒类制造）企业发生的广告费和业务宣传费支出，不超过当年销售（营业）收入 30% 的部分，准予扣除；超过部分，准予在以后纳税年度结转扣除。

（2）烟草企业的烟草广告费和业务宣传费支出，一律不得在计算应纳税所得额时扣除。

1.28 ⑤斯尔解析　**C**　本题综合考查保险企业费用扣除的相关规定。

选项 C 当选，财产保险公司的保险保障基金余额达到公司总资产 6% 的，人身保险公司的保险保障基金余额达到公司总资产 1% 的，其缴纳的保险保障基金不得在税前扣除。

选项 A 不当选，保险企业手续费及佣金支出扣除限额的计算基数为"当年全部保费收入扣除退保金等的余额"。

选项 B 不当选，企业以现金方式支付给个人的手续费及佣金，可以按规定在税前扣除；企业以现金方式支付给企业的手续费及佣金，不得税前扣除。

选项 D 不当选，保险公司实际发生的各种保险赔款、给付，应首先冲抵按规定提取的准备金，不足冲抵部分，准予在当年税前扣除。

1.29 ⑤斯尔解析　**B**　本题考查公益性捐赠支出的扣除规定。

选项 B 当选，具体计算过程如下：

（1）企业当年可以扣除的公益性捐赠支出限额 =1 000×12%=120（万元）。

（2）企业发生的公益性捐赠支出未在当年税前扣除的部分，准予向以后年度结转扣除，但结转年限自捐赠发生年度的次年起计算最长不得超过 3 年，因此 2022 年结转到 2023 年未抵扣完的公益性捐赠 30 万元，可以在 2023 年作税前扣除。

（3）企业在对公益性捐赠支出计算扣除额时，应先扣除以前年度结转的捐赠支出，再扣除当年发生的捐赠支出，因此，先扣除 2022 年结转的 30 万元。

综上，该公司 2023 年计算应纳税所得额时可扣除本年发生的公益性捐赠金额 =120−30=90（万元）。

1.30 ⑤斯尔解析　**D**　本题考查保险费的税前扣除规定。

选项 D 当选，支付的家庭财产保险不得在税前扣除。

提示：保险费的扣除总结如下。

项目	扣除限制和要求
"五险一金"	按规定缴纳的基本养老保险、基本医疗保险、生育保险、工伤保险和失业保险以及住房公积金，准予扣除
补充养老、补充医疗	分别在不超过职工工资总额 5% 标准内的部分，准予扣除；超过部分不得扣除
人身安全保险费、人身意外保险费	按规定为特殊工种职工支付的人身安全保险费、企业职工因公出差乘坐交通工具发生的人身意外保险费支出，准予扣除
为投资者和职工支付的商业保险费	不得扣除
财产保险费、雇主责任险、公众责任险等责任保险的保险费	按照规定缴纳的，准予扣除

1.31 Ⓢ斯尔解析　　**C**　本题考查弥补亏损的规定以及高新技术企业的税率优惠。

选项 C 当选，具体计算过程如下：

（1）自 2018 年 1 月 1 日起，当年具备高新技术企业资格的企业，其具备资格前 5 个年度发生的尚未弥补完的亏损，弥补期限由 5 年延长到 10 年。甲企业 2020 年取得高新技术企业资格，其 2015 年至 2019 年共 5 年的亏损均可在以后 10 年内弥补，所以 2017 年尚未弥补完的亏损在 2023 年仍可弥补。

（2）高新技术企业适用 15% 的所得税税率。

综上，2023 年的应纳税额 =［700-（430-200-50）-100-100-150］×15%=25.5（万元）。

选项 A 不当选，未考虑高新技术企业在其具备资格前 5 个年度的亏损可在以后 10 年内弥补，且未考虑高新技术企业税率优惠。

选项 B 不当选，未考虑高新技术企业在其具备资格前 5 个年度的亏损可在以后 10 年内弥补。

选项 D 不当选，未考虑高新技术企业的税率优惠。

1.32 Ⓢ斯尔解析　　**A**　本题考查企业所得税固定资产的税务处理。

选项 A 当选，未经核准的准备金支出不得税前扣除。未经核定的准备金支出指不符合国务院财政、税务主管部门规定的各项资产减值准备、风险准备等准备金支出。固定资产减值准备属于不能税前扣除的准备金。

选项 B 不当选，盘盈的固定资产，以同类固定资产的重置完全价值为计税基础。

选项 C 不当选，固定资产的预计净残值一经确定，不得变更。

选项 D 不当选，房屋、建筑物以外未投入使用的固定资产，不得计算折旧扣除。

1.33 Ⓢ斯尔解析　　**C**　本题考查企业所得税税前扣除凭证的规定。

选项 C 当选，完税凭证属于企业所得税税前扣除凭证中的外部凭证。

提示：税前扣除凭证按照来源分为内部凭证和外部凭证。

内部凭证，指企业自制用于成本、费用、损失和其他支出核算的会计原始凭证。

外部凭证，指企业从其他单位、个人取得的用于证明其支出发生的凭证，包括但不限于发票、财政票据、完税凭证、收款凭证、分割单等。

1.34 Ⓢ斯尔解析　　**A**　本题考查可以计提折旧的固定资产的范围。

选项 A 当选，闲置未用的仓库和办公楼，需要正常计提折旧。

不得计算折旧扣除的固定资产有：

（1）房屋、建筑物以外未投入使用的固定资产。

（2）以经营租赁方式租入的固定资产。（选项 B 不当选）

（3）以融资租赁方式租出的固定资产。

（4）已足额提取折旧仍继续使用的固定资产。（选项 D 不当选）

（5）与经营活动无关的固定资产。

（6）单独估价作为固定资产入账的土地。（选项 C 不当选）

（7）其他不得计算折旧扣除的固定资产。

1.35 Ⓢ斯尔解析　　**D**　本题考查固定资产折旧存在税会差异时纳税调整金额的计算。

选项 D 当选，具体计算过程如下：

（1）购置固定资产取得的是增值税普通发票，进项税额不得抵扣，因此固定资产的入账价值应含增值税。

（2）会计上计提的折旧金额 =（400+52）×（1–5%）÷5×6÷12=42.94（万元）。

年末计提折旧后的会计账面净值 =452–42.94=409.06（万元）。

按税法口径，原值452万元允许一次性扣除进行调减，但同时也需要将会计口径下已经计提的折旧42.94万元调增，所以应纳税调减的净值为计提折旧后的账面净值409.06万元。

选项A不当选，固定资产的入账价值未包含增值税且误认为固定资产自投入使用当月计提折旧。

选项B不当选，固定资产的入账价值未包含增值税普通发票上注明的税额。

选项C不当选，误认为固定资产自投入使用当月计提折旧。

1.36 🅢斯尔解析　**A**　本题考查租赁费的扣除和长期待摊费用的扣除规定。

选项A当选，具体计算过程如下：

（1）经营租赁方式租入的固定资产，租赁费按照租赁期限均匀扣除，与实际支付费用金额无关，甲公司2023年可以扣除5月至12月共计8个月的费用。

（2）租入固定资产的改建支出，自支出发生月份的次月起，按照合同约定的剩余租赁期限分期摊销，甲公司装修费应分摊的期限为34个月（2023年7月1日至2026年4月30日）。

综上，甲公司可以税前扣除的金额 =80×8+102÷34×6=658（万元）。

选项B不当选，误将装修费从发生支出的当月开始摊销。

选项C不当选，未将装修费进行摊销，一次性计入当期费用。

选项D不当选，误按照实际支付的租金及装修费一次性计入当期费用。

1.37 🅢斯尔解析　**A**　本题考查企业转让股权所得的计算及股息、红利所得的税收优惠。

选项A当选，具体计算过程如下：

（1）居民企业直接投资于非上市居民企业取得的股息、红利等权益性投资收益，享受免征企业所得税的政策，故2023年收到的分红款200万元免税。

（2）企业转让股权收入扣除取得该项股权所发生的成本后，为股权转让所得。

其中，以支付现金以外的方式取得的股权，股权投资成本为付出资产的公允价值和支付的相关税费。故股权转让所得 =1 500–（800+120）=580（万元）。

综上，该项业务2023年应缴纳的企业所得税 =（0+580）×25%=145（万元）。

选项B不当选，在计算股权转让所得时，误考虑了被投资企业未分配利润等股东留存收益中按该项股权所可能分配的金额。

选项C不当选，误认为取得的股息所得不能享受免税优惠。

选项D不当选，误用资产的账面价值和支付的相关税费确认股权投资成本。

提示：

（1）如果直接投资的是上市公司公开发行并上市流通的股票，持有时间需要满足12个月才能享受免税优惠。

（2）企业在计算股权转让所得时，不得扣除被投资企业未分配利润等股东留存收益中按该项股权所可能分配的金额。

1.38 🅢斯尔解析 **A** 本题考查企业撤回投资应纳税额的计算。

选项 A 当选，具体计算过程如下：

（1）投资企业从被投资企业撤回或减少投资，其取得的资产中，相当于初始出资的部分，应确认为投资收回；相当于被投资企业累计未分配利润和累计盈余公积按减少实收资本比例计算的部分，应确认为股息所得；其余部分确认为投资资产转让所得。

（2）小斯企业应确认的股息所得 =400×40%=160（万元），属于符合条件的居民企业之间的股息、红利等权益性投资收益，享受免税政策。

综上，股权转让所得应纳税额 =（1 000-800-160）×25%=10（万元）。

选项 B 不当选，误将转让收入扣除取得成本后作为应纳税所得额。

选项 C 不当选，误将确认的股息红利所得减按 50% 征税。

选项 D 不当选，误将转让收入全额作为应纳税所得额。

提示：注意与股权转让所得的规定辨析。企业转让股权收入扣除取得该项股权所发生的成本后，为股权转让所得，不得扣除被投资企业未分配利润等股东留存收益中按该项股权所可能分配的金额。

1.39 🅢斯尔解析 **D** 本题考查存货成本的确定。

选项 D 当选，企业以支付现金以外的方式取得的存货，其成本为存货的公允价值和支付的相关税费，即 210 万元。

选项 A 不当选，误将存货的账面价值作为存货计税基础。

选项 B 不当选，误将债权的账面价值作为存货计税基础。

选项 C 不当选，误将债权本金作为存货计税基础。

1.40 🅢斯尔解析 **C** 本题考查资产损失确认证据。

选项 C 当选，企业的破产清算报告或清偿文件属于资产损失外部证据。

选项 ABD 不当选，资产盘点表、经济行为业务合同、会计核算资料和原始凭证属于资产损失内部证据。

1.41 🅢斯尔解析 **A** 本题考查资产损失税前扣除政策。

选项 A 当选、选项 BCD 不当选，应收账款损失的税前扣除要注意如下条件：

（1）企业逾期 3 年以上的应收账款在会计上已作为损失处理的，可以作为坏账损失，但应说明情况，并出具专项报告。

（2）企业逾期 1 年以上，单笔数额不超过 5 万元或者不超过企业年度收入总额万分之一的应收款项，会计上已经作为损失处理的，可以作为坏账损失，但应说明情况，并出具专项报告。

1.42 🅢斯尔解析 **B** 本题考查资产损失税前扣除政策。

选项 B 当选，被投资方依法宣告破产、关闭、解散、被撤销，或者被依法注销、吊销营业执照的，股权投资损失可以税前扣除。

选项 A 不当选，被投资方财务状况严重恶化，累计发生巨额亏损，发生了下列情形之一的，企业股权投资损失可以税前扣除：

（1）被投资方已连续停止经营 3 年以上，且无重新恢复经营改组计划的。

（2）被投资方已完成清算或清算期超过 3 年以上的。

选项 CD 不当选，均不得作为损失在税前扣除。

1.43 🅢斯尔解析　**C**　本题考查金融企业贷款损失准备金的计算。

选项 C 当选，金融企业准予当年税前扣除的贷款损失准备金 = 本年年末准予提取贷款损失准备金的贷款资产余额 ×1%- 截至上年年末已在税前扣除的贷款损失准备金的余额 =10 000×1%-60=40（万元）。

选项 A 不当选，未考虑截至上年已在税前扣除的贷款损失准备金的余额。

选项 B 不当选，公式适用错误，误认为要加上已在税前扣除的贷款损失准备金。

选项 D 不当选，误认为扣除比例是 3%。

1.44 🅢斯尔解析　**A**　本题考查企业重组一般性税务处理方法。

选项 A 当选，一般性税务处理方法下，分立企业应按公允价值确认接受资产的计税基础。特殊性税务处理方法下，分立企业接受被分立企业资产和负债的计税基础，以被分立企业的原有计税基础确定。

1.45 🅢斯尔解析　**C**　本题考查基础设施领域不动产投资信托基金的基本规定。

选项 A 不当选，设立前，原始权益人向项目公司划转基础设施资产相应取得项目公司股权的，适用特殊性税务处理。

选项 B 不当选，设立阶段，原始权益人向基础设施 REITs 转让项目公司股权实现的资产转让评估增值，当期可暂不缴纳企业所得税，递延至基础设施 REITs 完成募资并支付股权转让价款后纳税。

选项 D 不当选，转让 REITs 份额时，原始权益人通过二级市场认购（增持）该基础设施 REITs 份额，按照先进先出原则认定优先处置战略配售份额。

基础设施领域 REITs 的相关税收优惠政策如下：

时间段	具体项目	企业所得税处理
设立前	原始权益人向项目公司划转基础设施资产相应取得项目公司股权	适用特殊性税务处理。 （1）原始权益人和项目公司不确认所得，不征收企业所得税。 （2）双方取得基础设施资产或项目公司股权的计税基础，均以基础设施资产的原计税基础确定
设立阶段	原始权益人向基础设施 REITs 转让项目公司股权实现的资产转让评估增值	当期可暂不缴纳企业所得税，递延至基础设施 REITs 完成募资并支付股权转让价款后纳税。 其中，对原始权益人按要求自持的基础设施 REITs 份额对应的评估增值，允许递延至实际转让时纳税
转让 REITs 份额	原始权益人通过二级市场认购（增持）该基础设施 REITs 份额，按照先进先出原则认定优先处置战略配售份额	
运营、分配等其他环节	按现行税法规定执行	

1.46 Ⓢ斯尔解析　**A**　本题考查债务重组采用特殊性税务处理时非股权支付部分的税务处理。

选项 A 当选，具体计算过程如下：

（1）对于企业重组特殊性税务处理：交易中股权支付的部分，暂不确认有关资产的转让所得或损失；交易中非股权支付部分仍应在交易当期确认相应的资产转让所得或损失，并调整相应资产的计税基础。

（2）非股权支付比例 = 非股权支付金额 ÷ 被转让资产的公允价值 =3 600÷（32 400+3 600）×100%=10%。非股权支付对应的资产转让所得或损失 =（被转让资产的公允价值 − 被转让资产的计税基础）× 非股权支付比例 =（32 400+3 600−3 000×10）×10%=600（万元）。

综上，甲企业股权转让所得的应纳税所得额为 600 万元。

选项 B 不当选，误将股权支付的部分确认转让所得。

选项 C 不当选，误以为特殊性税务处理下，交易中无论股权支付的部分还是非股权支付的部分，均不确认所得或损失。

选项 D 不当选，误将转让的所有股权确认股权转让所得。

1.47 Ⓢ斯尔解析　**B**　本题考查企业重组的特殊性税务处理方法下亏损弥补限额的计算。

选项 B 当选，符合特殊性税务处理的企业合并，可由合并企业弥补的被合并企业亏损的限额 = 被合并企业净资产公允价值 × 截至合并业务发生当年年末国家发行的最长期限的国债利率。故乙企业 2023 年可以弥补的甲企业亏损的限额 =4 000×4%=160（万元）。

选项 A 不当选，误认为亏损不得相互结转弥补。

选项 C 不当选，误认为可全额结转弥补。

选项 D 不当选，误以净资产原计税基础和当年年末国家发行的最长期限国债利率计算。

1.48 Ⓢ斯尔解析　**C**　本题考查企业所得税的免税项目。

选项 C 当选，牲畜、家禽的饲养，免征企业所得税。

选项 A 不当选，黄鱼养殖，减半征收企业额所得税。

选项 BD 不当选，花卉、茶以及其他饮料作物和香料作物的种植（包括观赏性作物的种植），减半征收企业所得税。

1.49 Ⓢ斯尔解析　**C**　本题考查企业所得税减半征收的税收优惠。

选项 C 当选，企业从事下列所得，减半征收企业所得税：

（1）花卉、茶以及其他饮料作物和香料作物的种植。

（2）海水养殖、内陆养殖。

选项 ABD 不当选，蔬菜、谷物、薯类、油料、豆类、棉花、麻类、糖料、水果、坚果的种植，免征企业所得税。

1.50 Ⓢ斯尔解析　**A**　本题考查小型微利企业需满足的条件及应纳税额的计算。

选项 A 当选，具体计算过程如下：

（1）从事国家非限制和禁止行业，且同时符合年度应纳税所得额不超过 300 万元、从业人数不超过 300 人、资产总额不超过 5 000 万元三项条件的企业，属于小型微利企业。

该商业企业应纳税所得额 =5 640−5 400=240（万元），年均职工人数 215 人，年均资产总额 4 500 万元，属于小型微利企业。

（2）2023 年 1 月 1 日至 2027 年 12 月 31 日，对小型微利企业减按 25% 计算应纳税所得额，按 20% 的税率缴纳企业所得税（实际税负率 5%）。

综上，该企业 2023 年应缴纳企业所得税 =240×25%×20%=12（万元）。

选项 B 不当选，误将应纳税所得额超过 100 万元、不超过 300 万元的部分减按 50% 计入应纳税所得额。

选项 C 不当选，误将应纳税所得额全部减按 50% 计入应纳税所得额，且未考虑小型微利企业的税率优惠。

选项 D 不当选，误将应纳税所得额不超过 100 万元的部分按照 12.5% 计入应纳税所得额。

1.51 🔍斯尔解析　**D**　本题考查研发费用加计扣除的税收优惠。

选项 D 当选，具体计算过程如下：

（1）计算允许加计扣除的其他相关费用的限额。

允许加计扣除的其他相关费用的限额 = 可加计扣除的研发费用中除其他相关费用以外的项目之和 ÷（1-10%）×10%=（5 400-600）÷（1-10%）×10%=533.33（万元）

（2）自 2023 年 1 月 1 日起，企业（集成电路企业和工业母机企业除外）开展研发活动中实际发生的研发费用，未形成无形资产计入当期损益的，按照实际发生额的 100% 在税前加计扣除。

研发费用加计扣除的金额 =（5 400-600+533.33）×100%=5 333.33（万元）。

综上，当年研发费用可以扣除的金额 =5 400+5 333.33=10 733.33（万元）。

选项 A 不当选，允许加计扣除的其他相关费用的限额计算有误。

选项 B 不当选，未考虑其他相关费用扣除限额的规定，直接用发生金额 5 400 万元，按照 100% 的比例计算加计扣除的金额。

选项 C 不当选，在计算研发费用加计扣除的金额时误分段计算的方式。

提示：本题问的是研发费用可以扣除的金额，而非研发费用加计扣除的金额，注意审题。

1.52 🔍斯尔解析　**B**　本题考查委托境内外机构研发费用的加计扣除。

选项 B 当选，一般企业研发费用按照实际发生额 100% 在税前扣除，具体计算过程如下：

（1）委托境内外部机构按照费用实际发生额的 80% 计入委托方研发费用并计算加计扣除。

（2）委托境外个人研发费用不享受加计扣除。委托境外机构研发费用按照费用实际发生额的 80% 计入委托方的委托境外研发费用，不超过境内符合条件的研发费用 2/3 的部分，可按规定加计扣除。故限额 1=100×80%=80（万元）；限额 2=200×80%×2/3=106.67（万元），故境外研发加计扣除金额为 80 万元。

综上，可加计扣除金额 =200×80%×100%+80×100%=240（万元）。

选项 A 不当选，误认为委托境内外部机构研发费用可全额加计扣除，且未考虑委托境外机构研发费用。

选项 C 不当选，误以为委托境内外部机构研发费用可全额加计扣除。

选项 D 不当选，未考虑委托境外个人研发费用不可享受加计扣除。

1.53 🔍斯尔解析　**D**　本题考查企业所得税核定征收的税务处理。

选项 D 当选，收入可以正确核算或者推定，但是成本费用无法确定，应纳税所得额 = 应税收

入额 × 应税所得率。

故企业应纳税所得额 =（780+20）× 10% × 25%=20（万元）。

选项 A 不当选，未考虑资产溢余收入。

选项 B 不当选，误将股息收入计入应税收入额，且未考虑资产溢余收入。

选项 C 不当选，误将股息收入计入应税收入额。

提示：居民企业直接投资于其他居民企业取得的股息、红利等权益性投资收益免征企业所得税。

1.54 🔍 斯尔解析　**C**　本题考查境内税额抵免优惠的相关规定。

选项 C 当选，具体计算过程如下：

（1）企业购置并实际使用规定的环境保护、节能节水、安全生产等专用设备的，该专用设备的投资额的 10% 可以从企业当年的应纳税额中抵免。

（2）购置该设备时取得的是增值税普通发票，投资额为含税金额，即 339 万元。

综上，该企业当年应纳的企业所得税 =468×25%－339×10%=83.1（万元）。

选项 A 不当选，误将该设备不含增值税金额一次性税前扣除。

选项 B 不当选，误将该设备价值一次性税前扣除且未考虑专用设备税额抵免的税收优惠。

选项 D 不当选，误认为该设备的投资额是 300 万元。

1.55 🔍 斯尔解析　**D**　本题考查创投企业的企业所得税优惠政策。

选项 D 当选，公司制创业投资企业采取股权投资方式直接投资于种子期、初创期科技型企业满 2 年（24 个月，下同）的，可以按照投资额的 70% 在股权持有满 2 年的当年抵扣该公司制创业投资企业的应纳税所得额；当年不足抵扣的，可以在以后纳税年度结转抵扣。

截至 2023 年 12 月 31 日，甲企业持有该项股权满 2 年，可享受税收优惠，故 2023 年应纳税额 =（6 500－5 000×70%）×25%=750（万元）。

选项 A 不当选，未考虑创业投资企业的税收优惠。

选项 B 不当选，误按照投资额的 100% 抵扣了 2023 年的应纳税所得额。

选项 C 不当选，误按照投资额的 90% 抵扣了 2023 年的应纳税所得额。

1.56 🔍 斯尔解析　**C**　本题考查企业所得税符合条件的技术转让应纳税额的计算。

选项 C 当选，具体计算过程如下：

（1）根据"转让 5 年以上（含）全球独占许可使用权"，判断属于技术转让。

（2）一个纳税年度内，居民企业转让技术所有权所得不超过 500 万元的部分，免征企业所得税；超过 500 万元的部分，减半征收。

（3）技术转让所得 = 技术转让收入 － 技术转让成本 － 相关税费，技术转让收入中不包括销售或转让设备、仪器、零部件、原材料等非技术性收入，因此收入中扣减 200 万元。故技术转让所得 =1 600－200－500=900（万元）。

综上，转让该项专利技术应缴纳的企业所得税 =（900－500）×50%×25%=50（万元）。

选项 A 不当选，误以为技术转让所得超过 500 万元后全部减半征收，且未扣减转让零部件取得的收入。

选项 B 不当选，误以为技术转让所得超过 500 万元后全部减半征收。

选项 D 不当选，未扣减转让零部件取得的收入。

1.57 斯尔解析　A　本题考查高新技术企业所得税征收管理的相关规定。

选项 B 不当选，企业的高新技术企业资格期满当年，在通过重新认定前，其企业所得税暂按 15% 的税率预缴；在年底前仍未取得高新技术企业资格的，应按规定补缴税款。

选项 C 不当选，企业获得高新技术企业资格后，自高新技术企业证书注明的发证时间所在年度起申报享受税收优惠，而不是"次年"开始享受。

选项 D 不当选，对被取消高新技术企业资格的企业，由认定机构通知税务机关追缴其自发生上述行为之日所属年度起已享受的高新技术企业税收优惠，而不是追缴其"已享受的全部税收优惠"。

1.58 斯尔解析　D　本题考查西部大开发优惠政策的适用范围。

选项 D 当选，西部地区包括内蒙古自治区、广西壮族自治区、重庆市、四川省、贵州省、云南省、西藏自治区、陕西省、甘肃省、青海省、宁夏回族自治区、新疆维吾尔自治区和新疆生产建设兵团。湖南省湘西土家族苗族自治州、湖北省恩施土家族苗族自治州、吉林省延边朝鲜族自治州和江西省赣州市，可以比照西部地区的企业所得税政策执行。

1.59 斯尔解析　B　本题考查海南自由贸易港的税收优惠。

选项 B 当选，对在海南自由贸易港设立的旅游业、现代服务业、高新技术产业企业新增境外直接投资取得的所得，免征企业所得税；其中新增境外直接投资是指从境外新设分支机构取得的营业利润，或从持股比例超过 20%（含）的境外子公司分回的，与新增境外直接投资相对应的股息所得。

选项 A 不当选，对注册在海南自由贸易港并实质性运营的鼓励类产业企业，减按 15% 的税率征收企业所得税。

选项 C 不当选，对总机构设在海南自由贸易港的符合条件的企业，仅就其设在海南自由贸易港的总机构和分支机构的所得，适用 15% 税率；对总机构设在海南自由贸易港以外的企业，仅就其设在海南自由贸易港内的符合条件的分支机构的所得，适用 15% 税率。

选项 D 不当选，对在海南自由贸易港设立的企业，新购置（含自建、自行开发）固定资产（除房屋、建筑物以外的）或无形资产，单位价值不超过 500 万元（含）的，允许一次性计入当期成本费用在计算应纳税所得额时扣除，不再分年度计算折旧和摊销；单位价值超过 500 万元的，可以缩短折旧、摊销年限或采取加速折旧、摊销的方法，选项 D 未说明金额条件。

1.60 斯尔解析　B　本题考查非居民企业应纳税额的计算。

选项 B 当选，在中国境内未设立机构、场所，但有来源于境内所得的非居民企业，减按 10% 的税率征收企业所得税；同时，其取得的非专利技术使用权转让收入属于特许权使用费收入，应以收入全额为应纳税所得额。因此该外国公司应缴纳的企业所得税 =21.2÷（1+6%）×10%=2（万元）。

选项 A 不当选，误以转让非专利技术收入减除成本后的差额为应纳税所得额。

选项 C 不当选，误以转让非专利技术收入减除成本后的差额为应纳税所得额且适用了 25% 的企业所得税税率。

选项 D 不当选，误适用了 25% 的企业所得税税率。

提示：本题属于少数跨税种且考查了税法（Ⅰ）科目增值税知识的题目，含增值税收入需要先进行价税分离，换算为不含增值税收入，不含税收入 = 含税收入 ÷（1 + 增值税税率）。

1.61 ⑤斯尔解析　**D**　本题考查居民企业核定征收应纳税额的相关规定。

选项 D 当选，专门从事股权（股票）投资业务的企业，不得核定征收企业所得税。

选项 A 不当选，采用两种以上方法测算的应纳税额不一致时，可按测算的应纳税额从高核定。

选项 B 不当选，经营多业的纳税人，无论经营项目是否单独核算，均由税务机关根据主营项目确定适用的应税所得率。

选项 C 不当选，纳税人的生产经营范围、主营业务发生重大变化，或者应纳税所得额或应纳税额增减变化达到 20% 的，应向税务机关申报调整已确定的应税所得率或应纳税额；而法定代表人发生变化，不会涉及应税所得率的调整。

1.62 ⑤斯尔解析　**A**　本题考查外国企业常驻代表机构经费支出的规定。

选项 A 当选、选项 B 不当选，购置固定资产所发生的支出，以及代表机构设立时或者搬迁等原因所发生的装修费支出，应在发生时一次性作为经费支出额换算收入计税。

选项 C 不当选，发生的交际应酬费，按实际发生数额计入经费支出额。

选项 D 不当选，以货币形式用于我国境内的公益、救济性质的捐赠不应作为代表机构的经费支出额。

1.63 ⑤斯尔解析　**B**　本题考查房地产开发企业成本计算方法。

选项 B 当选，出包工程未最终办理结算而未取得全额发票的，在证明资料充分的前提下，其发票不足金额可以预提，但最高不得超过合同总金额的 10%。

1.64 ⑤斯尔解析　**A**　本题考查房地产开发企业计税成本的核算方法。

选项 A 当选，单独作为过渡性成本对象核算的公共配套设施开发成本，应按建筑面积法进行分配。

选项 B 不当选，土地成本，一般按占地面积法进行分配。如果确需结合其他方法进行分配，应商税务机关同意。

选项 CD 不当选，借款费用属于不同成本对象共同负担的，按直接成本法或按预算造价法进行分配。

提示：土地开发同时联结房地产开发的，属于一次性取得土地分期开发房地产的情况，其土地开发成本经商税务机关同意后可先按土地整体预算成本进行分配，待土地整体开发完毕再行调整。

1.65 ⑤斯尔解析　**A**　本题考查房地产开发企业成本费用扣除的具体规定。

选项 A 当选，企业开发产品转为自用的，其实际使用时间累计未超过 12 个月又销售的，不得在税前扣除折旧费用。

1.66 ⑤斯尔解析　**A**　本题考查房地产开发企业销售收入的确认。

选项 A 当选，以委托收款方式销售开发产品的，在收到受托方已销开发产品清单之日确认收入。

1.67 ⑤斯尔解析　**B**　本题考查房地产开发企业预提费用的特殊规定。

选项 B 当选，应向政府上缴但尚未上缴的报批报建费用、物业完善费用可以按规定预提。

提示：物业完善费用是指按规定应由企业承担的物业管理基金、公建维修基金或其他专项基金。

1.68　斯尔解析　**D**　本题考查房地产开发企业企业所得税应税收入的确定。

选项 D 当选，房地产开发企业采取基价（保底价）并实行超基价双方分成方式委托销售开发产品的，属于由开发企业与购买方签订销售合同或协议，或开发企业、受托方、购买方三方共同签订销售合同或协议的，如果销售合同或协议中约定的价格高于基价，则应按销售合同或协议中约定的价格计算的价款于收到受托方已销开发产品清单之日确认收入的实现。

1.69　斯尔解析　**C**　本题考查企业所得税的纳税期限。

选项 C 当选，企业在年度中间终止经营活动的，应当自实际经营终止之日起 60 日内，向税务机关办理当期企业所得税汇算清缴。

1.70　斯尔解析　**C**　本题考查政策性搬迁资产的税务处理。

选项 A 不当选，外购的固定资产，以购买价款和支付的相关税费以及直接归属于使该资产达到预定用途发生的其他支出为计税基础。

选项 B 不当选，企业搬迁中被征用的土地，采取土地置换的，按被征用土地的净值以及该换入土地投入使用前所发生的各项费用支出作为该换入土地的计税成本。

选项 D 不当选，企业搬迁的资产，简单安装或不需要安装即可继续使用的，在该项资产重新投入使用后，就其净值按规定的该资产尚未折旧或摊销的年限，继续计提折旧或摊销。

1.71　斯尔解析　**B**　本题考查政策性搬迁损失的相关规定。

企业搬迁收入扣除搬迁支出后为负数的，应为搬迁损失。搬迁损失可在下列方法中选择其一进行税务处理：

（1）在搬迁完成年度，一次性作为损失进行扣除。

（2）自搬迁完成年度起分 3 个年度，均匀在税前扣除。（选项 B 当选）

1.72　斯尔解析　**A**　本题考查总分机构分摊税款的计算规定。

选项 A 当选，一个纳税年度内，总机构首次计算分摊税款时采用的分支机构营业收入、职工薪酬和资产总额数据，与此后经过中国注册会计师审计确认的数据不一致的，不作调整。

1.73　斯尔解析　**B**　本题考查合伙企业所得税的征收管理。

选项 B 当选，合伙企业的合伙人是法人和其他组织的，合伙人在计算其缴纳企业所得税时，不得用合伙企业的亏损抵减其盈利。

1.74　斯尔解析　**C**　本题考查企业所得税的纳税地点。

选项 C 当选，除税收法律、行政法规另有规定外，居民企业以企业登记注册地为纳税地点；但登记注册地在境外的，以实际管理机构所在地为纳税地点。

二、多项选择题

1.75　斯尔解析　**ABDE**　本题综合考查纳税人的纳税义务与所得来源地的确定。

选项 AD 当选，居民企业就其来源于中国境内、境外的所得均负有纳税义务。

选项 B 当选，股息、红利等权益性投资所得，所得来源地为分配所得的企业所在地，即中国。在中国境内未设立机构、场所的非居民企业，就来源于中国境内的所得缴纳我国的企业所得税。

选项 E 当选，在中国境内设立机构、场所的非居民企业，所设机构、场所取得的来源于中国境内的所得及发生在中国境外但与其所设机构、场所有实际联系的所得，负有纳税义务。该美国企业将"该机构机器设备出租"取得的所得属于与所设机构、场所有实际联系的所得，尽管所得来源地为境外（租金所得，所得来源地为负担、支付所得的企业或者机构、场所所在地，故该所得的来源地为日本），也需要缴纳我国的企业所得税。

选项 C 不当选，动产转让所得，所得来源地为转让动产的企业或者机构、场所所在地，故该所得的来源地为日本。在中国境内未设立机构、场所的非居民企业，仅就来源于中国境内的所得缴纳我国的企业所得税，来源于境外的所得无须缴纳我国的企业所得税。

1.76 🔍斯尔解析　**BDE**　本题考查企业所得税的优惠税率。

选项 A 不当选，对符合规定条件的生产装配伤残人员专用品的居民企业，免征企业所得税。

选项 C 不当选，符合条件的小型微利企业，适用的企业所得税优惠税率为 20%。

1.77 🔍斯尔解析　**CDE**　本题考查企业所得税税率的适用。

该银行注册地与实际管理机构均不在我国境内，但是适用 25% 税率，因此需要选择满足非居①的情形，即该企业需要在我国境内设立机构、场所，且取得的所得与机构、场所有联系。

选项 C 当选，"有机构 + 有联系"的境外所得适用 25% 税率。

选项 D 当选，"有机构 + 有联系"的境内所得适用 25% 税率。

选项 E 当选，"有机构 + 有联系"的境内所得适用 25% 税率。

选项 A 不当选，"有机构 + 无联系"的境内所得适用 10% 税率。

选项 B 不当选，"无机构 + 无联系"，不需要缴纳我国企业所得税。

1.78 🔍斯尔解析　**BC**　本题考查收入确认时间。

选项 A 不当选，利息、租金、特许权使用费收入，都是以合同约定的付款人应付日期确认收入的实现。对于租金收入，如果租赁期限跨年度，且租金提前一次性支付的，出租人可在租赁期内，分期均匀计入相关年度收入。

选项 D 不当选，股息、红利等权益性投资收益，按照被投资企业股东会或股东大会作出利润分配决定的日期确认收入的实现。

选项 E 不当选，采取产品分成方式取得收入的，按照企业分得产品的日期确认收入的实现，而不是按照合同约定应分得产品的日期确认。

提示：

（1）提供设备和其他有形资产的特许权费，在交付资产或转移资产所有权时确认收入。

（2）提供初始及后续服务的特许权费，在提供服务时确认收入。

1.79 🔍斯尔解析　**ABDE**　本题考查特殊劳务收入的确认时间。

选项 A 当选，需要注意和广告制作费的区分，广告的制作费，应根据制作广告的完工进度确认收入。

选项 B 当选，艺术表演、招待宴会和其他特殊活动的收费，在相关活动发生时确认收入。收费涉及几项活动的，预收的款项应合理分配给每项活动，分别确认收入。

选项 D 当选，对于会员费，只允许取得会籍，所有其他服务或商品都要另行收费的，在取得该会员费时确认收入。

选项 E 当选，安装费应根据安装完工进度确认收入，但是如果安装工作是商品销售附带条件的，该安装费应在确认商品销售实现时确认收入。

选项 C 不当选，申请入会或加入会员后，会员在会员期内不再付费就可得到各种服务或商品，或者以低于非会员的价格销售商品或提供服务的，该会员费应在整个受益期内分期确认收入，而非在会员到期时确认收入。

1.80　斯尔解析　**ABE**　本题考查企业所得税视同销售的情形。

选项 AB 当选，这两种情况下的资产所有权发生了转移，应视同销售。

选项 E 当选，将资产转移至境外需要视同销售，而境内总、分支机构之间的资产移送无须视同销售。

选项 CD 不当选，这两种情况下的资产所有权属在形式和实质上均不发生改变，属于内部处置资产的情形，无须视同销售。

1.81　斯尔解析　**CE**　本题考查收入确认的金额及时间。

选项 C 当选，商品销售涉及商业折扣的，应当按照扣除商业折扣后的金额确定销售商品收入金额。

选项 E 当选，企业已经确认销售收入的售出商品发生销售折让和销售退回，应当在发生当期冲减当期销售商品收入，无须追溯调整实际销售期间的收入。

选项 A 不当选，采用售后回购方式销售商品的，销售的商品按售价确认收入，回购的商品作为购进商品处理。有证据表明不符合销售收入确认条件的，如以销售商品方式进行融资，收到的款项应确认为负债，回购价格大于原售价的，差额应在回购期间确认为利息费用。

选项 B 不当选，采用以旧换新方式销售商品的，应当按照销售商品收入确认条件确认收入，回收的商品作为购进商品处理。

选项 D 不当选，现金折扣是债权人为鼓励债务人在规定的期限内付款而向债务人提供的债务扣除，属于债权人的一项融资行为，应当按扣除现金折扣前的金额确定销售商品收入金额，现金折扣在实际发生时作为财务费用扣除。

1.82　斯尔解析　**ACE**　本题考查收入确认时间。

选项 ACE 当选，企业取得财产（包括各类资产、股权、债权等）转让收入、债务重组收入、接受捐赠收入、无法偿付的应付款收入等，不论是以货币形式还是非货币形式体现，除另有规定外，均应一次性计入确认收入的年度计算缴纳企业所得税。

选项 B 不当选，在企业所得税中，租金收入，按照合同约定的承租人应付租金的日期确认收入的实现。如果交易合同或协议中规定租赁期限跨年度且租金提前一次性支付的，在租赁期内分期均匀计入相关年度收入。

选项 D 不当选，对于企业受托加工制造大型机械设备、船舶等，持续时间超过 12 个月的，按照纳税年度内完工进度或者完成的工作量确认收入的实现。

1.83　斯尔解析　**BCE**　本题考查非货币资产投资的企业所得税处理。

选项 B 当选、选项 A 不当选，居民企业以非货币性资产直接对外投资，应以公允价值扣除计税基础后的余额确认非货币性资产转让所得，并且可在不超过 5 年期限内，分期均匀计入相应年度的应纳税所得额，故 2023 年应确认非货币性资产转让所得 =（800−500）÷5=60（万元）。

选项 C 当选，企业在对外投资 5 年内转让股权的，应停止递延纳税，并就递延期内尚未确认的非货币性资产转让所得，在转让股权当年的企业所得税年度汇算清缴时，一次性计算缴纳企业所得税，故 2024 年应确认的非货币性资产转让所得 =（800−500）−60=240（万元）；同时，甲企业取得乙企业股权的计税基础 = 非货币性资产的原计税成本 + 每年确认的资产转让所得 =500+60+240=800（万元），转让股权应确认股权转让所得 = 股权转让收入 − 计税基础 =900−800=100（万元），综上 2024 年甲企业应确认非货币性资产转让所得和股权转让所得共 340（240+100）万元。

选项 E 当选，2023 年乙企业取得甲企业非货币性资产的计税基础应按非货币性资产的公允价值 800 万元确定。

选项 D 不当选，2023 年甲企业取得乙企业股权的计税基础 = 非货币性资产的原计税成本 +2023 年确认的资产转让所得 =500+60=560（万元）。

1.84 🅢斯尔解析　**CDE**　本题考查企业接收政府和股东划入资产的所得税处理。

选项 C 当选，企业收到未指定专门用途的政府划入资产，应计入收入总额，计算纳税。

选项 DE 当选，企业接受股东划入资产，合同未约定作为资本金处理，或者会计上未实际作为资本金处理的，均应计入收入总额，计算纳税。

选项 A 不当选，县级以上人民政府（包括政府有关部门）将国有资产明确以股权投资方式投入企业，应作为国家资本金处理，不属于收入。

选项 B 不当选，县级以上人民政府将国有资产无偿划入企业，凡指定专门用途并按规定进行管理的，可以作为不征税收入。

1.85 🅢斯尔解析　**AD**　本题考查企业的应税收入及不征税收入的范围。

选项 AD 当选，企业取得的各类财政性资金，除属于国家投资和资金使用后要求归还本金的以外，均应计入当年收入总额。

选项 BC 不当选，无法偿付的应付款项和企业资产的溢余收入，属于其他收入，需要计入企业收入总额。

选项 E 不当选，增值税即征即退税款属于财政性资金，应计入企业收入总额。

1.86 🅢斯尔解析　**ACDE**　本题考查永续债的企业所得税政策。

按照债券利息适用企业所得税政策的永续债，指符合下列条件中 5 条（含）以上的永续债：

（1）被投资企业对该项投资具有还本义务。

（2）有明确约定的利率和付息频率。（选项 A 当选）

（3）有一定的投资期限。（选项 D 当选）

（4）投资方对被投资企业净资产不拥有所有权。

（5）投资方不参与被投资企业日常生产经营活动。（选项 B 不当选）

（6）被投资企业可以赎回，或满足特定条件后可以赎回。（选项 E 当选）

（7）被投资企业将该项投资计入负债。

（8）该项投资不承担被投资企业股东同等的经营风险。

（9）该项投资的清偿顺序位于被投资企业股东持有的股份之前。（选项 C 当选）

1.87　⑤斯尔解析　**ABC**　本题考查广告费和业务宣传费扣除限额的具体规定。

选项 ABC 当选，化妆品制造与销售、医药制造和饮料制造（不含酒类制造）企业，扣除限额为当年销售（营业）收入的 30%。

选项 DE 不当选，医药销售企业、酒类制造企业，扣除限额为当年销售（营业）收入的 15%。

提示：烟草企业发生的广告费和业务宣传费不得扣除。

1.88　⑤斯尔解析　**ABCD**　本题考查计算业务招待费扣除限额的基数及扣除比例。

选项 E 不当选，计算业务招待费税前扣除限额的基数（销售或营业收入）包括主营业务收入、其他业务收入、视同销售收入，不包括营业外收入。

提示：

可以税前扣除的业务招待费，必须同时满足两个限额：

（1）当年销售（营业）收入的 5‰。

（2）实际发生额的 60%。

税前可扣除金额既然同时满足这两个限额，必然也不高于其中任何一个限额。

1.89　⑤斯尔解析　**BCDE**　本题考查保险费可以税前扣除的范围。

选项 B 当选，企业按照规定为员工缴纳的"五险一金"，即基本养老保险费、基本医疗保险费、生育保险费、失业保险费、工伤保险费和住房公积金，准予扣除。

选项 C 当选，企业依照国家有关规定为特殊工种职工支付的人身安全保险费，准予扣除。

选项 D 当选，企业职工因公出差乘坐交通工具发生的人身意外保险费支出，准予扣除。

选项 E 当选，企业参加财产保险，按照规定缴纳的保险费，准予扣除。

选项 A 不当选，企业为投资者或者职工支付的商业保险费，不得扣除。

提示：企业为在员工支付的补充养老保险费、补充医疗保险费，分别在不超过职工工资总额 5% 标准内的部分，准予扣除。超过部分，不得扣除。

1.90　⑤斯尔解析　**BDE**　本题考查企业发生的手续费扣除的规定。

选项 B 当选，保险企业发生的与生产经营有关的手续费及佣金支出不超过当年全部保费收入扣除退保金等后余额的 18%（含本数）的部分准予扣除，超过部分，允许结转以后年度扣除。

选项 D 当选，电信企业手续费及佣金支出在不超过企业当年收入总额 5% 的部分准予扣除。

选项 E 当选，除电信企业、保险企业外的其他企业发生的手续费及佣金，按与具有合法经营资格的中介服务机构和个人所签订的服务协议或合同确认的收入金额的 5% 计算限额。

选项 A 不当选，从事代理服务、主营业务收入为手续费、佣金的企业（如证券、期货、保险代理等企业），其为取得该类收入而实际发生的营业成本（包括手续费及佣金支出），准予在企业所得税前据实扣除。

选项 C 不当选，企业为发行权益性证券支付给有关证券承销机构的手续费及佣金不得在税前扣除。

提示：电信企业手续费及佣金支出，仅限于电信企业在发展客户、拓展业务等过程中因委托销售电话入网卡、电话充值卡等所发生的手续费及佣金支出。

1.91 斯尔解析　**AC**　本题综合考查可以税前扣除的范围。

选项 A 当选，集成电路设计企业和符合条件软件企业的职工培训费用，单独进行核算并按实际发生额在计算应纳税所得额时扣除。

选项 C 当选，企业正常生产经营过程中支付的违约金、诉讼费可以据实税前扣除；因违反国家有关法律、法规规定，被有关部门处以的罚款、罚金和被没收的财物损失，不得税前扣除。

选项 B 不当选，除委托个人代理外，企业以现金等非转账方式支付的手续费及佣金不得在税前扣除。

选项 D 不当选，非广告性赞助支出，不得在企业所得税税前扣除。

选项 E 不当选，企业通过公益性社会组织、县级以上人民政府及其部门等国家机关，用于符合法律规定的公益慈善事业捐赠支出，不超过年度利润总额 12% 的部分，准予扣除；超过部分，准予以后 3 年结转扣除。

1.92 斯尔解析　**DE**　本题综合考查可以税前扣除的范围。

选项 AC 不当选，企业之间支付的管理费、企业内营业机构之间支付的租金和特许权使用费，以及非银行企业内营业机构之间支付的利息，不得扣除。

选项 B 不当选，企业"直接"对贫困生捐赠的支出，不得税前扣除。

1.93 斯尔解析　**ABCD**　本题考查允许扣除的各项费用超限额部分的规定。

选项 ABCD 当选，对于职工教育经费、广告费和业务宣传费支出、公益性捐赠支出，超过税法规定扣除限额标准，准予向以后年度结转扣除；公益性捐赠支出结转 3 年扣除，而职工教育经费、广告费和业务宣传费没有结转年限的限制。

选项 E 不当选，职工福利费准予扣除的限额是工资薪金总额的 14%，超过部分不得扣除。

1.94 斯尔解析　**BCE**　本题考查企业所得税不得扣除的项目。

选项 A 不当选，合同违约金、银行罚息、赔偿金等允许在税前扣除。

选项 D 不当选，规定标准内的捐赠支出，允许在税前扣除；超过规定标准的捐赠支出，不允许在税前扣除。

1.95 斯尔解析　**CE**　本题考查固定资产相关的企业所得税规定。

选项 A 不当选，企业应当自固定资产"投入使用"月份的次月起计算折旧，而非"购入"次月。

选项 B 不当选，企业采取缩短折旧年限方法计提折旧的，折旧年限不得低于税法规定的最低折旧年限的 60%。

选项 D 不当选，固定资产会计折旧年限如果长于税法规定的最低年限，其折旧应按会计折旧年限扣除，无税会差异，无须纳税调整。

1.96 斯尔解析　**AC**　本题考查生物资产的税务处理与分类。

选项 A 当选，薪炭林属于林木类生产性生物资产，税法规定最低折旧年限为 10 年。

选项 C 当选、选项 D 不当选，消耗性生物资产，指为出售而持有的或在将来收获为农产品的生物资产，包括生长中的农田作物、蔬菜、用材林以及存栏待售的牲畜等。

选项 B 不当选，产畜属于畜类生产性生物资产，税法规定最低折旧年限为 3 年。

选项 E 不当选，防风固沙林属于公益性生物资产，无须计提折旧。

1.97 斯尔解析 **BCE** 本题考查无形资产的计税基础及摊销税前扣除的规定。

选项 A 不当选，外购的无形资产，以购买价款和支付的相关税费以及直接归属于使该资产达到预定用途发生的其他支出作为计税基础。

选项 D 不当选，通过捐赠、投资、非货币性资产交换、债务重组等方式取得的无形资产，以该资产的公允价值和支付的相关税费为计税基础。

提示：企业外购的软件，凡符合条件的，其折旧或摊销年限可以适当缩短，最短为 2 年（含）。

1.98 斯尔解析 **BCD** 本题考查长期待摊费用的范围。

企业发生的下列支出作为长期待摊费用，按照规定摊销的，准予扣除。

（1）已足额提取折旧的固定资产的改建支出。（选项 D 当选）

（2）租入固定资产的改建支出。（选项 B 当选）

（3）固定资产的大修理支出。（选项 C 当选）

（4）其他应当作为长期待摊费用的支出。

选项 A 不当选，以融资租赁方式租入固定资产发生的租赁费支出，按照规定构成融资租入固定资产价值的部分应当提取折旧费用，分期扣除。

选项 E 不当选，未足额提取折旧的固定资产进行的改扩建如果属于提升功能、增加面积的，该固定资产的改扩建支出，并入该固定资产计税基础，并从改扩建完工投入使用后的次月起，重新按税法规定的该固定资产折旧年限计提折旧。

1.99 斯尔解析 **ABE** 本题考查特殊情形下的企业所得税税务处理。

选项 A 当选，企业购买的文物、艺术品用于收藏、展示、保值增值的，作为投资资产进行税务处理；文物、艺术品资产在持有期间，计提的折旧、摊销费用，不得税前扣除。

选项 B 当选，企业所得税核定征收改为查账征收后，企业能够提供资产购置发票的，以发票载明金额为该资产的计税基础；不能提供资产购置发票的，可以凭购置资产的合同（协议）、资金支付证明、会计核算资料等记载金额，作为计税基础。

选项 E 当选，购买方企业可转换债券转换为股票时，将应收未收利息一并转为股票的，该应收未收利息即使会计上未确认收入，税收上也应当作为当期利息收入申报纳税；转换后以该债券购买价、应收未收利息和支付的相关税费为该股票投资成本。

选项 C 不当选，境外投资者在境内从事混合性投资业务，满足特定条件的，对于被投资企业支付的利息，可以作为利息支出按规定税前扣除。

选项 D 不当选，企业按照市场价格销售货物、提供劳务服务等，凡由政府财政部门根据企业销售货物、提供劳务服务的数量、金额的一定比例给予全部或部分资金支付的，应当按照权责发生制原则确认收入；除上述情形外，企业取得的各种政府财政支付，如财政补贴、补助、补偿、退税等，应当按照实际取得收入的时间确认收入。

1.100 斯尔解析 **ABE** 本题考查资产损失确认证据的区分。

选项 CD 不当选，均属于内部证据。

1.101 斯尔解析 **ADE** 本题考查金融企业准予税前提取贷款损失准备金的贷款范围。

选项 ADE 当选，准予税前提取贷款损失准备金的贷款资产范围：抵押贷款、质押贷款和担保贷款；银行卡透支、贴现、信用垫款（含银行承兑汇票垫款、信用证垫款、担保垫款等）、进出口押汇、同业拆出、应收融资租赁款等各项具有贷款特征的风险资产；由金融企业转贷并承担对外还款责任的国外贷款。

选项 BC 不当选，金融企业的委托贷款、代理贷款、国债投资、应收股利、上交央行准备金以及金融企业剥离的债权和股权、应收财政贴息、央行款项等不承担风险和损失的资产，不得税前提取贷款损失准备金。

1.102 〔斯尔解析〕 **ABC** 本题考查企业重组的概念。

选项 ABC 当选，企业重组中的法律形式改变，是指企业注册名称、住所以及企业组织形式等的简单改变，但符合其他重组类型的除外。

1.103 〔斯尔解析〕 **CDE** 本题考查特殊性税务处理的规定。

对 100% 直接控制的居民企业之间按照账面净值划转股权或资产，可以选择按以下规定进行特殊性税务处理：

（1）划出方企业和划入方企业均不确认所得。（选项 CE 当选）

（2）划入方企业取得被划转股权或资产的计税基础，以被划转股权或资产的原账面净值确定。（选项 B 不当选）

（3）划入方企业取得的被划转资产，应按其原账面净值计算折旧扣除。（选项 D 当选、选项 A 不当选）

提示：按账面"净值"而非"原值"。

1.104 〔斯尔解析〕 **ABC** 本题考查企业所得税免税收入。

选项 A 当选，非营利性科研机构、高等学校接收基础研究资金投入，免征企业所得税。

选项 B 当选，企业取得的地方政府债券利息收入，免征企业所得税。

选项 C 当选，非营利组织不征税收入和免税收入孳生的银行存款利息收入，免征企业所得税。

选项 D 不当选，应按照规定计算缴纳企业所得税。

选项 E 不当选，2027 年 12 月 31 日前，对保险公司为种植业、养殖业提供保险业务取得的保费收入，在计算应纳税所得额时，按 90% 计入收入总额。

1.105 〔斯尔解析〕 **BE** 本题考查企业所得税免税、减半征收等税收优惠。

选项 B 当选，非营利组织免税收入孳生的银行存款利息收入免征企业所得税。

选项 E 当选、选项 A 不当选，国债利息收入免税，但转让国债取得的所得不免税。

选项 C 不当选，铁路债券利息减半征收企业所得税。

选项 D 不当选，企业种植观赏性植物取得的所得减半征收企业所得税。

1.106 〔斯尔解析〕 **ABCE** 本题考查企业所得税的税收优惠。

选项 D 不当选，铁路债券利息收入减半征收企业所得税。

1.107 〔斯尔解析〕 **ABCE** 本题考查加计扣除的范围。

选项 AE 当选，均属于与研发活动直接相关的费用。与研发活动直接相关的其他费用，包含技术图书资料费、资料翻译费、专家咨询费、高新科技研发保险费，研发成果的检索、分析、评议、论证、鉴定、评审、评估、验收费用，知识产权的申请费、注册费、代理费，差旅费、会议费等。

选项 B 当选，属于直接投入费用。

选项 C 当选，用于研发活动的仪器、设备的折旧费用以及用于研发活动的软件、专利权、非专利技术（包括许可权、专有技术、设计和计算方法等）的摊销费用，属于可以加计扣除的研发费用。

选项 D 不当选，该类费用不属于与研发活动直接相关的费用。

1.108 🅢斯尔解析　**ABDE**　本题考查企业所得税加计扣除的范围。

选项 C 不当选，新产品设计费、新工艺规程制定费、新药研制的临床试验费、勘探开发技术的现场试验费属于研发费用税前加计扣除归集范围。

下列活动不适用税前加计扣除：

（1）企业产品（服务）的常规性升级。（选项 BD 当选）

（2）对某项科研成果的直接应用，如直接采用公开的新工艺、材料、装置、产品、服务或知识等。（选项 A 当选）

（3）企业在商品化后为顾客提供的技术支持活动。

（4）对现存产品、服务、技术、材料或工艺流程进行的重复或简单改变。

（5）市场调查研究、效率调查或管理研究。（选项 E 当选）

（6）作为工业（服务）流程环节或常规的质量控制、测试分析、维修维护。

（7）社会科学、艺术或人文学方面的研究。

1.109 🅢斯尔解析　**CE**　本题考查固定资产加速折旧的相关规定。

选项 A 不当选，企业在 2018 年 1 月 1 日至 2027 年 12 月 31 日期间新购进的设备、器具，单位价值不超过 500 万元的，允许一次性计入当期成本费用在计算应纳税所得额时扣除。

选项 B 不当选，该类固定资产在投入使用月份的"次月"所属年度一次性税前扣除，而不是"当月"。

选项 D 不当选，固定资产加速折旧政策的适用范围，不包括购入的房屋、建筑物。

1.110 🅢斯尔解析　**ACDE**　本题考查企业所得税免税的税收优惠。

选项 A 当选，企业取得的饲养牲畜、家禽产生的分泌物、排泄物所得，按"牲畜、家禽的饲养"项目享受免征企业所得税优惠。

选项 C 当选，灌溉、农产品初加工、兽医、农技推广、农机作业和维修等农、林、牧、渔服务业项目所得免征企业所得税。

选项 D 当选、选项 B 不当选，企业根据委托合同，受托对规定范围内的农产品进行初加工服务收取的加工费，按照农产品初加工的免税项目处理；企业对外购茶叶进行筛选、分装、包装后进行销售的所得，不享受农产品初加工的优惠政策。

选项 E 当选，企业委托其他企业或个人从事符合规定的农、林、牧、渔业项目取得的收入，享受相应的税收优惠政策。

1.111 🅢斯尔解析　**ABCE**　本题考查技术转让所得税收优惠的适用范围。

选项 ABCE 当选，技术转让的范围，包括居民企业转让专利技术的所有权、计算机软件著作权的所有权、集成电路布图设计权的所有权、植物新品种、生物医药新品种的所有权、5 年以上（含 5 年）全球独占许可使用权。

选项 D 不当选，居民企业从直接或间接持有股权之和达到 100% 的关联方取得的技术转让所得，不享受技术转让减免企业所得税优惠政策。

1.112　⑤斯尔解析　**ABCD**　本题考查企业所得税"三免三减半"的税收优惠。

可以享受企业所得税"三免三减半"优惠政策的有：

（1）国家重点扶持的公共基础设施项目。（选项 C 当选）

（2）电网企业电网新建项目。

（3）符合条件的环境保护、节能节水项目。（选项 BD 当选）

（4）节能服务公司实施的合同能源管理项目。（选项 A 当选）

选项 E 不当选，资源综合利用项目所得减按 90% 计入收入总额。

1.113　⑤斯尔解析　**AB**　本题考查"三免三减半"优惠政策适用的具体规定。

选项 A 当选、选项 D 不当选，上述优惠项目，在减免税期限内转让的，受让方自受让之日起，可以在剩余期限内享受规定的减免税优惠。

选项 B 当选、选项 E 不当选，纳税人从事符合条件的环境保护、节能节水项目的所得，自"项目取得第一笔生产经营收入"所属纳税年度起，第 1 年至第 3 年免征企业所得税，第 4 年至第 6 年减半征收企业所得税。

选项 C 不当选，企业享受优惠事项采取"自行判别、申报享受、相关资料留存备查"的办理方式。

1.114　⑤斯尔解析　**ABCE**　本题考查"三免三减半"税收优惠的具体规定。

选项 ABCE 当选，从事国家重点扶持的公共基础设施项目投资经营的所得可享受"三免三减半"的税收优惠，税法所称国家重点扶持的公共基础设施项目，是指《公共基础设施项目企业所得税优惠目录（2008 年版）》规定的港口码头、机场、铁路、公路、城市公共交通、电力、水利等项目。

1.115　⑤斯尔解析　**AC**　本题考查初创科技型企业应满足的条件。

所称初创科技型企业，应同时符合以下条件：

（1）在中国境内（不包括港、澳、台地区）注册成立、实行查账征收的居民企业。（选项 A 当选）

（2）接受投资时，从业人数不超过 300 人，其中具有大学本科以上学历的从业人数不低于 30%；资产总额和年销售收入均不超过 5 000 万元。（选项 B 不当选）

（3）接受投资时设立时间不超过 5 年（60 个月）。（选项 C 当选）

（4）接受投资时以及接受投资后 2 年内未在境内外证券交易所上市。（选项 D 不当选）

（5）接受投资当年及下一纳税年度，研发费用总额占成本费用支出的比例不低于 20%。（选项 E 不当选）

1.116　⑤斯尔解析　**ABE**　本题考查小型微利企业条件的细节规定及征收管理。

选项 C 不当选，小型微利企业在预缴和汇算清缴企业所得税时，通过填写纳税申报表相关内容，即可享受小型微利企业所得税减免政策。

选项 D 不当选，从业人数及资产总额应当按照企业全年的"季度"平均额确定。

1.117　⑤斯尔解析　**AC**　本题考查非居民企业的税收优惠。

在境内未设立机构、场所，或虽设立机构、场所，但取得的所得与其所设机构、场所没有实际联系的非居民企业，取得的下列所得免征企业所得税：

（1）外国政府向中国政府提供贷款取得的利息所得。（选项 C 当选）

（2）国际金融组织向中国政府和居民企业提供优惠贷款取得的利息所得。（选项 A 当选）

（3）经国务院批准的其他所得。

1.118 ⓢ斯尔解析　　**AB**　本题考查沪港通、深港通股票市场交易互联互通机制试点有关税收政策。

（1）内地企业投资者通过沪港通、深港通投资香港上市股票：

①取得的转让差价所得，计入其收入总额，依法征收企业所得税。（选项 A 当选）

②取得的股息红利所得，计入其收入总额，依法计征企业所得税。其中，内地居民企业连续持有 H 股满 12 个月取得的股息红利所得，依法免征企业所得税。（选项 B 当选、选项 C 不当选）

（2）香港市场投资者通过沪港通投资上海证券交易所上市 A 股：

①取得的转让差价所得，暂免征收所得税。（选项 D 不当选）

②取得的股息、红利所得，由上市公司按照 10% 的税率代扣所得税。（选项 E 不当选）

1.119 ⓢ斯尔解析　　**ABCE**　本题考查居民企业可以核定征收企业所得税的情形。

特殊行业、特殊类型的纳税人和一定规模以上的纳税人不适用核定征收，包括：

（1）汇总纳税企业。

（2）上市公司。（选项 B 当选）

（3）银行、信用社、小额贷款公司（选项 A 当选）、保险公司、证券公司、担保公司（选项 C 当选）、财务公司、典当公司等。

（4）会计、审计、资产评估、税务、房地产估价等中介机构。

（5）享受企业所得税优惠政策的企业（不包括仅享受免税收入的企业、符合条件的小型微利企业）。

（6）专门从事股权（股票）投资业务的企业。（选项 E 当选）

选项 D 不当选，进口代理公司，可以核定征收企业所得税。

1.120 ⓢ斯尔解析　　**ABDE**　本题考查房地产企业开发成本、费用的所得税处理。

选项 C 不当选，企业支付给境外销售机构的销售费用不超过委托销售收入 10% 的部分准予据实扣除。

1.121 ⓢ斯尔解析　　**ACD**　本题考查分机构分摊税款须考虑的因素。

选项 ACD 当选，总机构应按照上年度分支机构的营业收入、职工薪酬和资产总额三个因素计算各分支机构分摊所得税款的比例，三因素的权重依次为 0.35、0.35、0.30。

1.122 ⓢ斯尔解析　　**BCDE**　本题考查企业所得税政策性搬迁收入的具体规定。

企业的搬迁收入，包括搬迁过程中从本企业以外（包括政府或其他单位）取得的搬迁补偿收入，以及本企业搬迁资产处置收入，其中搬迁补偿收入包含：

（1）对被征用资产价值的补偿。（选项 C 当选）

（2）因搬迁、安置而给予的补偿。（选项 B 当选）

（3）对停产停业形成的损失而给予的补偿。（选项 D 当选）

（4）资产搬迁过程中遭到毁损而取得的保险赔款。（选项 E 当选）

（5）其他补偿收入。

选项 A 不当选，企业由于搬迁处置存货取得的收入，应按正常经营活动取得的收入进行所得税处理，不属于企业搬迁收入。

1.123 🔍斯尔解析　**DE**　本题考查对外付汇需要进行税务备案情形的判定。

对外付汇超过 5 万美元以上（不含 5 万美元）会涉及税务备案，有正向列举的需要备案的情形，也有反向列举的无须备案的情形。重点记忆无须备案的情形，做题的时候可以用排除法来判断需要备案的情形。

无须备案的主要包括以下情形的对外支付：

（1）向境外支付在境外发生的特定费用：

①境内机构在境外发生的差旅、会议、商品展销等各项费用。（选项 A 不当选）

②境内机构在境外代表机构的办公经费，以及境内机构在境外承包工程的工程款。

③境内机构发生在境外的进出口贸易佣金、保险费、赔偿款。（选项 B 不当选）

④进口贸易项下境外机构获得的国际运输费用。

⑤保险项下保费、保险金等相关费用。

⑥从事运输或远洋渔业的境内机构在境外发生的修理、油料、港杂等各项费用。

⑦境内旅行社从事出境旅游业务的团费以及代订、代办的住宿、交通等相关费用。

（2）国际金融和银行组织的所得。

（3）外汇指定银行或财务公司自身对外融资，如境外借款、境外同业拆借、海外代付等。

（4）我国省级以上国家机关对外无偿捐赠援助资金。

（5）境内证券公司或登记结算公司向境外机构或个人支付其获得的股息、红利、利息收入以及有价证券卖出所得收益。

（6）境内个人境外留学、旅游、探亲等因私用汇。

（7）境内机构和个人办理服务贸易、收益和经常转移项下退汇。

（8）外国投资者以境内直接投资合法所得在境内再投资。（选项 C 不当选）

（9）财政预算内机关、事业单位、社会团体非贸易非经营性付汇业务。

（10）国家规定的其他情形。

三、计算题

1.124（1） 🔍斯尔解析　**B**　本小问考查形成无形资产的研发费用加计扣除金额的计算。

选项 B 当选，企业的研究开发费用，未形成无形资产计入当期损益的，在按规定据实扣除的基础上，按照实际发生额的 100% 加计扣除；形成无形资产的，按照无形资产成本的 200% 摊销。该企业事项（1）中无形资产 2023 年的摊销金额为 100 万元，研发费用加计扣除的金额 =1 000×200%÷10-100=100（万元）。

选项 A 不当选，误按无形资产成本的 175% 进行加计扣除。

选项 C 不当选，误分段摊销计算加计扣除。

选项 D 不当选，误按无形资产成本的 150% 进行加计扣除。

（2） ⑤斯尔解析　　D　本小问考查其他相关费用的扣除限额。

选项 D 当选，其他相关费用，总额不得超过可加计扣除研发费用总额的 10%。即其他相关费用限额 =（200+120+140+80）÷（1−10%）×10%=60（万元）> 实际发生额 54 万元，则实际发生的 54 万元可以全部计入加计扣除基数。

故该企业事项（2）中研发费用加计扣除的金额 =594×100%=594（万元）。

选项 A 不当选，误认为加计扣除的比例是 75%。

选项 B 不当选，将其他相关费用误按照 60 万元计入加计扣除的基数，并按照 75% 比例加计扣除。

选项 C 不当选，误认为其他相关费用不可以加计扣除。

（3） ⑤斯尔解析　　C　本小问考查委托境内机构研发时加计扣除金额的计算。

选项 C 当选，企业委托境内外部机构或个人进行研发活动所发生的费用，委托方按照费用实际发生额的 80% 计入委托方研发费用计算加计扣除，受托方不得再进行加计扣除。故该企业事项（3）中研发费用加计扣除的金额 =220×80%×100%=176（万元）。

选项 A 不当选，误认为委托方按照实际发生额的 60% 计算加计扣除的基数。

选项 B 不当选，误认为委托方按照实际发生额的 75% 计算加计扣除的基数。

选项 D 不当选，误认为实际发生额可以全额作为加计扣除的基数。

（4） ⑤斯尔解析　　A　本小问考查委托境外机构研发时加计扣除金额的计算。

选项 A 当选，具体计算过程如下：

①委托境外进行研发活动所发生的费用，按照费用实际发生额的 80% 计入委托方的委托境外研发费用，委托境外研发费用不超过境内符合条件的研发费用 2/3 的部分，可以按规定在企业所得税前加计扣除。

②境内符合条件的研发费用 2/3=（594+220×80%）×2/3=513.33（万元），委托境外研发费用实际发生额的 80%=477×80%=381.6（万元），两者取孰小。381.6 万元 < 513.33 万元，因此按照 381.6 万元作为研发费用加计扣除的基数。

综上，该企业事项（4）中研发费用加计扣除的金额 =381.6×100%=381.6（万元）。

选项 B 不当选，误认为按实际发生额的 75% 计算加计扣除的基数。

选项 C 不当选，直接按照实际发生额全额作为加计扣除的基数。

选项 D 不当选，误认为按实际发生额的 60% 计算加计扣除的基数。

1.125　（1） ⑤斯尔解析　　B　本小问考查采取视同买断方式委托代销开发产品收入的确认及视同销售收入的确认。

选项 B 当选，具体计算过程如下：

①采取视同买断方式委托销售开发产品的，属于由开发企业与购买方签订销售合同或协议，或开发企业、受托方、购买方三方共同签订销售合同或协议的，则应比较销售合同或协议中约定的价格与买断价格，遵循从高原则，于收到受托方已销开发产品清单之日确认收入的实现。公司、受托方、购买方三方共同签订销售合同对应的不含税收入 16 800 万元 > 买断价 15 960 万元（12 000×70%×1.9），故委托代销确认的收入为 16 800 万元。

②公司将写字楼面积的 10% 用于抵偿债务，应视同销售，于开发产品所有权或使用权转移，或于实际取得利益权利时确认收入（或利润）的实现，故抵债部分应确认的收入为 16 800÷70%×10%=2 400（万元）。

③取得地下车位临时停车费不含税收入 18 万元。

综上，该公司 2023 年企业所得税应税收入 =16 800+2 400+18=19 218（万元）。

选项 A 不当选，误以买断价格确认委托代销部分的收入，并以此计算视同销售部分收入。

选项 C 不当选，遗漏了条件（5）中临时停车费收入。

选项 D 不当选，未计算抵债部分视同销售的收入。

(2) ⑤斯尔解析　D　本小问考查土地成本可以扣除的范围。

选项 D 当选，企业为取得土地开发使用权（或开发权）而发生的各项费用，主要包括土地买价或出让金、大市政配套费、契税、拆迁补偿支出、耕地占用税等均可作为土地成本扣除。

需要注意的是，土地成本要根据已销产品比例进行配比后扣除。

该公司 2023 年企业所得税税前应扣除的土地成本（含契税）=（4 000+350+250+184）×80%= 3 827.2（万元）。

选项 A 不当选，未考虑已销产品的比例，将办公自用部分对应的土地成本也进行了扣除。

选项 B 不当选，未将市政配套费包含在土地成本中。

选项 C 不当选，未考虑视同销售部分对应的土地成本。

(3) ⑤斯尔解析　D　本小问考查开发产品计税成本的扣除范围。

选项 D 当选，该公司 2023 年企业所得税税前应扣除的土地成本以外的开发成本 = （6 800+400）×80%=5 760（万元）。

选项 A 不当选，未考虑已销产品的比例，将办公自用部分对应的土地成本也进行了扣除。

选项 B 不当选，将市政配套费作为"基础设施建设费"计入除土地成本以外的开发成本。

选项 C 不当选，未考虑视同销售部分对应的土地成本。

(4) ⑤斯尔解析　D　本小问考查房地产企业应纳企业所得税的计算。

选项 D 当选，该公司 2023 年应缴纳企业所得税 =（19 218-3 827.2-5 760-1 500-2 100）×25%= 1 507.7（万元）。

选项 A 不当选，误将期间费用、税金及附加也按照已销产品比例进行配比后扣除。

选项 B 不当选，在计算开发产品的计税成本时，未考虑已销产品的比例。

选项 C 不当选，在计算开发产品的计税成本时，未考虑视同销售部分对应的成本。

四、综合分析题

1.126 (1) ⑤斯尔解析　DE　本小问考查固定资产一次性扣除税收优惠及符合条件的技术转让税收优惠。

选项 DE 当选、选项 C 不当选，符合条件的可以享受企业所得税优惠的技术转让，包括居民企业转让专利技术、计算机软件著作权、集成电路布图设计权、植物新品种、生物医药新品种、5 年以上（含 5 年）独占许可使用权等。每一纳税年度内技术转让所得不超过 500 万元的部分，免征企业所得税；超过 500 万元的部分，减半征收企业所得税。故转让独占许可使用权应调减应纳税所得额 =500+（700-100-500）×50%=550（万元）。

选项 AB 不当选，单位价值不超过 500 万元的设备、器具，允许一次性计入当期成本费用在计算应纳税所得额时扣除。本题中的设备价值超过了 500 万元，仍按照固定资产正常提取折旧，新购入设备应在投入使用后的次月开始计提折旧，故 12 月份投入使用的设备会计处理及税务处理均应在 2024 年，因此购入新设备的行为无须调整应纳税所得额。

(2) 斯尔解析　**B**　本小问考查研发费用和业务招待费的扣除规定。

选项 B 当选，具体计算过程如下：

① 2023 年发生的研究开发费用应加计扣除 100%，故应调减应纳税所得额 =300×100%=300（万元）。

②业务招待费需计算两个限额，二者取其低：

业务招待费限额 1=（8 000+700）×5‰=43.5（万元）

业务招待费限额 2=80×60%=48（万元）

故应按 43.5 万元扣除，业务招待费应调增应纳税所得额 =80-43.5=36.5（万元）。

综上，研究开发费用和业务招待费应调减应纳税所得额 =300-36.5=263.5（万元）。

选项 A 不当选，误将研发费用按照 75% 加计扣除。

选项 C 不当选，在计算业务招待费扣除限额时未考虑收入总额 5‰ 的限制。

选项 D 不当选，误将研发费用按 75% 加计扣除且在计算业务招待费扣除限额时未考虑收入总额 5‰ 的限制。

(3) 斯尔解析　**A**　本小问考查广告费和业务宣传费的扣除限额和地方政府债券利息免税的规定。

选项 A 当选，具体计算过程如下：

①制造业广告费和业务宣传费的扣除限额 =（8 000+700）×15%=1 305（万元），实际发生额 =1 200+300=1 500（万元），即应调增应纳税所得额 =1 500-1 305=195（万元）。

②投资收益中的地方政府债券利息收入免税，企业债券利息收入应正常纳税，即应调减应纳税所得额 150 万元。

综上，广告费和业务宣传费、投资收益应调增应纳税所得额 =195-150=45（万元）。

选项 B 不当选，在计算广告费和业务宣传费的扣除限额时，误以为广告费、业务宣传费的扣除限额分别是不超过销售收入的 15%。

选项 C 不当选，在计算广告费和业务宣传费的扣除限额时，误以为广告费、业务宣传费的扣除限额分别是不超过销售收入的 15%。同时，误以为企业债券利息收入免税。

选项 D 不当选，误以为企业债券的利息收入免税。

提示：对企业取得的 2009 年及以后年度发行的地方政府债券利息所得，免征企业所得税。

(4) 斯尔解析　**A**　本小问考查工资薪金的范围、残疾人工资加计扣除的税收优惠及"三项经费"扣除限额的规定。

选项 A 当选，具体计算过程如下：

①企业因雇用季节工、临时工、实习生、返聘离退休人员所实际发生的费用，应区分工资薪金支出和职工福利费支出，本题中生产线临时工工资属于"工资、薪金"支出，无须从工资

总额中扣除。

②企业因接收学生实习发生的职工教育经费支出，依法在计算应纳税所得额时扣除，故实习生培训费无须全额作纳税调增。

③企业安置残疾人的，支付给残疾职工的工资可以100%加计扣除，应调减应纳税所得额50万元。

④工会经费扣除限额=400×2%=8（万元），应调增应纳税所得额=18-8=10（万元）。

职工福利费扣除限额=400×14%=56（万元），应调增应纳税所得额=120-56=64（万元）。

职工教育经费扣除限额=400×8%=32（万元），应调增应纳税所得额=33-32=1（万元）。

综上，工资、职工福利费、工会经费、职工教育经费合计应调增应纳税所得额=-50+10+64+1=25（万元）。

选项B不当选，未考虑残疾人工资100%加计扣除的税收优惠。

选项C不当选，未将临时工工资纳入工资薪金总额，且未考虑残疾人工资100%加计扣除的税收优惠。

选项D不当选，未将临时工工资纳入工资薪金总额。

（5） 🔍斯尔解析　**B** 本小问考查不可扣除项目及捐赠支出税前扣除的规定。

选项B当选，具体计算过程如下：

①会计利润总额=8 000-5 000+700-100-800-1 800-200+330-130-200=800（万元）。

②违约金可以税前扣除，故无须纳税调整。公益性捐赠支出，不超过年度利润总额的12%部分，准予税前扣除。

③公益性捐赠支出扣除限额=800×12%=96（万元）<实际发生额100万元，纳税调增100-96=4（万元）。

综上，业务（9）应调增应纳税所得额4万元。

选项A不当选，误将违约金作为不可税前扣除项目，且误认为公益性捐赠无须进行纳税调整。

选项C不当选，误将违约金作为不可税前扣除项目。

选项D不当选，误以为违约金和公益性捐赠支出均无须进行纳税调整。

提示：

①"违约金"可以税前扣除，"罚金、罚款、滞纳金"不可税前扣除。

②工资总额400万元已计入"成本、费用"，勿重复扣减。

（6） 🔍斯尔解析　**C** 本小问考查企业所得税应纳税额的计算。

选项C当选，企业所得税的应纳税所得额=800-550-263.5+45+25+4=60.5（万元），应缴纳的企业所得税税额=60.5×25%=15.13（万元）。

1.127 （1） 🔍斯尔解析　**D** 本小问考查上市公司股权激励支出税前扣除的规定及符合条件的技术转让税收优惠。

选项D当选，具体计算过程如下：

①股权激励计划实行后，需待一定服务年限或者达到规定业绩条件（以下简称等待期）方可行权的，上市公司等待期内会计上计算确认的相关成本费用，不得在对应年度计算缴纳企业

所得税时扣除，故会计上确认的 100 万元的成本费用应纳税调增。

②一个纳税年度内，居民企业转让技术所有权所得不超过 500 万元的部分，免征企业所得税；超过 500 万元的部分，减半征收。故专利技术转让应纳税调减金额 =500+（1 000−300−500）×50%=600（万元）。

综上，资料（1）应纳税调减 500 万元。

选项 A 不当选，未考虑股权激励等待期内确认的成本费用不能税前扣除且误认为符合条件的专利技术转让所得全部免税。

选项 B 不当选，误认为符合条件的专利技术"转让收入"不超过 500 万的部分免税，超过 500 万元的部分减半征收。

选项 C 不当选，未考虑股权激励应纳税调增 100 万元。

(2) 🄢斯尔解析　B　本小问考查国债利息收入免税的规定及存在固定资产一次性扣除税收优惠时税会差额的调整。

选项 B 当选，具体计算过程如下：

①资料（2）转让国债取得的收益正常纳税，而国债利息属于免税收入，应调减应纳税所得额 20 万元。

②资料（3）购置固定资产取得了增值税普通发票，因此固定资产的入账价值为含税金额 400 万元。会计上自固定资产购入的次月开始计提折旧，截至当年年末累计折旧 =400×（1−5%）÷5×6÷12=38（万元），年末计提折旧后的会计账面净值 =400−38=362（万元）。税法口径原值 400 万元允许一次性扣除进行调减，但同时也需要将会计口径已经计提的折旧 38 万元调增，所以应纳税调减的净值为计提折旧后的账面净值 362 万元。

综上，合计应调减应纳税所得额 =20+362=382（万元）。

选项 A 不当选，误以不含税金额作为固定资产的入账价值及计税基础。

选项 C 不当选，误认为会计上自固定资产投入使用的次月计提折旧。

选项 D 不当选，未考虑国债利息收入免税。

(3) 🄢斯尔解析　C　本小问考查广告费和业务宣传费、业务招待费限额扣除的规定。

选项 C 当选，具体计算过程如下：

①本题为饮料生产企业，广告费和业务宣传费扣除的比例为 30%。

②资料（4）广告费和业务宣传费的扣除限额 =80 000×30%=24 000（万元），用于冠名真人秀的 300 万元在汇算清缴结束前尚未取得相关发票，所以无法在税前扣除；取得扣税凭证的实际发生的广告费和业务宣传费 7 000 万元未超过扣除限额，无须调整。

故广告费和业务宣传费应调增应纳税所得额 300 万元。

③资料（6）业务招待费扣除限额 1=80 000×5‰=400（万元），业务招待费扣除限额 2=800×60%=480（万元），应按两者中较低的 400 万元作为扣除限额。

故业务招待费应调增应纳税所得额 =800−400=400（万元）。

综上，合计应调增应纳税所得额 =300+400=700（万元）。

选项 A 不当选，未考虑业务招待费应纳税调整的金额。

选项 B 不当选，未考虑广告费和业务宣传费应纳税调整的金额。

选项 D 不当选，误将业务招待费扣除限额 2 作为应纳税调整的金额。

(4) Ⓢ斯尔解析　D　本小问考查"三项经费"扣除限额的规定。

选项 D 当选，具体计算过程如下：

①职工福利费扣除限额 =6 000×14%=840（万元），实际发生的职工福利费为 900 万元，超过扣除限额，故调增应纳税所得额 =900−840=60（万元）。

②职工教育经费扣除限额 =6 000×8%=480（万元），实际发生的职工教育经费为 520 万元，超过扣除限额，故调增应纳税所得额 =520−480=40（万元）。

③工会经费扣除限额 =6 000×2%=120（万元），取得工会经费代收凭据注明的拨缴工会经费 100 万元，未超扣除限额，无须调整。

综上，"三项经费"合计应调增应纳税所得额 =60+40=100（万元）。

选项 A 不当选，仅考虑了职工福利费应纳税调整的金额。

选项 B 不当选，仅考虑了职工教育经费应纳税调整的金额。

选项 C 不当选，虽正确计算了职工福利费和职工教育经费应纳税调整金额，但误将工会经费按照扣除限额进行调整，纳税调减 20 万元。

(5) Ⓢ斯尔解析　ACE　本小问考查研发费用加计扣除的规定。

选项 A 当选，本题中的甲公司为饮料生产企业，其研发费用加计扣除的比例为 100%。未形成无形资产的部分，可以加计扣除 400 万元。

选项 CE 当选，已经形成无形资产的部分，自无形资产新增的当月开始摊销，故会计应摊销的金额为 =600÷10×6÷12=30（万元），会计未进行处理，应调减利润总额 30 万元。税法规定，形成无形资产的，按照无形资产成本的 200% 在税前摊销，故税法上可以摊销的金额 =600×200%÷10×6÷12=60（万元），而会计上实际摊销 30 万元，故应调减当年的应纳税所得额 30 万元。

(6) Ⓢ斯尔解析　D　本小问考查应纳税所得额的计算。

选项 D 当选，修正后的会计利润总额 =5 600−30=5 570（万元），应纳税所得额 =5 570−500−382+700+100−430=5 058（万元），应缴纳的企业所得税 =5 058×25%=1 264.5（万元）。

1.128　(1) Ⓢ斯尔解析　BE　本小问考查可转换公司债券的税务处理。

选项 B 当选，转换时点发行方的应付未付利息，视同已支付，可以依法税前扣除。

选项 E 当选、选项 A 不当选，持有期间购买方和发行方应适用利息收入和利息支出的所得税处理，不能选择适用股息红利所得税处理。

选项 C 不当选，转换时点购买方未确认的应收未收利息，即使会计上未确认收入，税收上也应当作为当期利息收入申报纳税。

选项 D 不当选，转换时点购买方股票的投资成本 = 该可转债的购买价 + 转换时应收未收利息 + 支付的相关税费。

提示：资料（1）甲企业为发行方，其应付未付利息视同已经支付，可以税前扣除，应调减应纳税所得额 5 万元。

(2) 🔍斯尔解析　**D**　本小问考查投资资产的税务处理。

选项 D 当选，具体计算过程如下：

①权益法核算长期股权投资在取得时，如果购买价款（2 300 万元）小于被投资方净资产公允价值对应的份额（2 400 万元），会计上确认营业外收入（100 万元），税法上不作应税收入处理，应纳税调减 100 万元。

②股息、红利等权益性投资收益按照被投资企业股东会或股东大会作出利润分配决定的日期确认收入的实现。对于会计上按照权益法核算所确认的投资收益，在企业所得税法的规定下，不应该确认为收益或损失，应纳税调减 670 万元。

综上，资料（2）应调减应纳税所得额 770 万元。

选项 A 不当选，误认为投资资产取得时应纳税调增 100 万元且未考虑投资收益的调整。

选项 B 不当选，误认为投资资产取得时应纳税调增 100 万元。

选项 C 不当选，未考虑投资资产取得时涉及的纳税调整。

(3) 🔍斯尔解析　**B**　本小问考查投资者投资未到位时利息费用的扣除规定。

选项 B 当选，具体计算过程如下：

①企业投资者投资未到位时，企业发生对外借款利息，相当于投资者实缴资本额与在规定期限内应缴资本额的差额应计付的利息，不得扣除。因此，不得扣除的利息支出 =2 000×5%×3÷12=25（万元）（9 月 1 日至 11 月 30 日）。

②企业实际发生的利息支出 =2 500×5%×4÷12=41.67（万元）（9 月 1 日至 12 月 31 日）。

综上，可以税前扣除的利息支出 =41.67−25=16.67（万元）。

选项 A 不当选，误认为不得扣除利息支出的月份为 4 个月（8 月 1 日至 12 月 31 日）。

选项 C 不当选，误将问题看成不得税前扣除的利息支出或纳税调整金额。

选项 D 不当选，误认为实际发生的利息费用均可税前扣除。

提示：资料（3）应调增应纳税所得额 25 万元。

(4) 🔍斯尔解析　**AC**　本小问考查固定资产一次性税前扣除的规定及专用设备税额抵免的规定。

选项 A 当选，企业新购进的设备、器具（指除房产以外的固定资产），单位价值不超过500 万元的，允许一次性计入当期成本费用。该设备的单位价值为 500 万元，可以享受一次性税前扣除的税收优惠。

选项 C 当选、选项 B 不当选，企业购置并实际使用符合规定的环境保护、节能节水、安全生产等专用设备的，该专用设备的投资额的 10% 可以从企业当年的应纳税额中抵免。

选项 DE 不当选，企业购置该专用设备在 5 年内转让、出租的，应停止享受企业所得税优惠，并补缴已经抵免的企业所得税款。转让的受让方可以重新享受上述税额抵免优惠。

(5) 🔍斯尔解析　**C**　本小问考查广告费和业务宣传费的调整。

选项 C 当选，具体计算过程如下：

①本题中企业非特殊行业企业，广告费和业务宣传费扣除的比例为 15%。

②广告费和业务宣传费的扣除限额 = 销售收入 ×15%=（主营业务收入 + 其他业务收入 + 视同销售收入）×15%=（13 200+500）×15%=2 055（万元），待扣除金额 =400+1 200+800=

2 400（万元），因此税法上可以扣除的金额为 2 055 万元。

③会计上本年发生的金额 =400+1 200=1 600（万元），应纳税调减 455 万元。

选项 A 不当选，未考虑上年结转金额。

选项 B 不当选，误将待扣除金额高于扣除限额的部分纳税调增。

选项 D 不当选，直接将上年结转未扣除的金额全额纳税调减。

（6）⑨斯尔解析　**A**　本小问综合考查税收优惠及应纳税额的计算。

选项 A 当选，企业以《资源综合利用企业所得税优惠目录》规定的资源为主要原材料，生产符合国家产业政策规定的产品所取得的收入，减按 90% 计入收入总额。

2023 年应纳税所得额 =（13 200×90%+500+300+1 400−12 460）−5−770+25−455=415（万元）。

2023 年应纳税额 =415×25%−500×10%=53.75（万元）。

1.129　（1）⑨斯尔解析　**ABCD**　本小问考查高新技术企业认定条件。

认定为高新技术企业须同时满足以下条件：

①企业申请认定时须注册成立 1 年以上。（选项 B 当选）

②企业通过自主研发、受让、受赠、并购等方式，获得对其主要产品（服务）在技术上发挥核心支持作用的知识产权的所有权。

③对企业主要产品（服务）发挥核心支持作用的技术属于《国家重点支持的高新技术领域（2016 年修订）》规定的范围。

④企业从事研发和相关技术创新活动的科技人员占企业当年职工总数的比例不低于 10%。（选项 A 当选）

⑤企业近三个会计年度（实际经营期不满 3 年的按实际经营时间计算）的研究开发费用总额占同期销售收入总额的比例符合如下要求：

a.近一年销售收入 ≤ 5 000 万元，比例 ≥ 5%。

b.5 000 万元<近一年销售收入 ≤ 2 亿元，比例 ≥ 4%。（选项 C 当选）

c.近一年销售收入 > 2 亿元，比例 ≥ 3%。

其中，企业在中国境内发生的研究开发费用总额占全部开发费用总额的比例不低于 60%。

⑥近一年高新技术产品（服务）收入占企业同期总收入的比例不低于 60%。（选项 D 当选）

⑦企业创新能力评价应达到相应要求。

⑧企业申请认定前一年内未发生重大安全、重大质量事故或严重环境违法行为。

选项 E 不当选，高新技术企业认定条件与职工学历无关。

提示：技术先进型服务企业要求具有大专以上学历的员工占企业职工总数的 50% 以上。

（2）⑨斯尔解析　**B**　本小问考查技术转让所得的相关规定。

选项 B 当选，技术转让收入，指当事人履行技术转让合同后获得的价款，不包括销售或转让设备、仪器、零部件、原材料等非技术性收入。技术转让所得 = 技术转让收入 − 技术转让成本 − 相关税费 − 应分摊的期间费用，故技术转让所得 =（1 280−20−270−30）−（1 280−20）÷7200×（1 850+730+280+1.1）=459.31（万元）。

（3）斯尔解析　**D**　本小问结合车船税考查企业应纳税所得额的调整。

选项 D 当选，具体计算过程如下：

①外购的固定资产，其计税依据包含购买的价款和支付的相关税费，即该燃油车应以 26.4（24+2.4）万元作为其计算折旧的计税基础。企业应当自固定资产投入使用月份的次月起计算折旧，当年应计提的折旧的金额 =26.4÷4×2÷12=1.1（万元）。

②车船税需要结合纳税义务发生时间进行年月换算，应纳税的月份自发生纳税义务的当月起计算，即自购买车船的"发票"所载日期的当月起计算。即当年应缴纳的车船税 =1 200÷12×3÷10 000=0.03（万元）。

综上，应调减应纳税所得额=1.1+0.03=1.13（万元）。

选项 A 不当选，在计算折旧时未考虑车辆购置税以及车船税的月份换算有误。

选项 B 不当选，在计算折旧时未考虑其车辆购置税。

选项 C 不当选，车船税的月份换算有误。

（4）斯尔解析　**D**　本小问考查广告费和佣金的纳税调整。

选项 D 当选，具体计算过程如下：

①广告费支出，不超过当年销售收入 15% 的部分，准予扣除。广告费的扣除限额 =7 200×15%=1 080（万元）<实际发生额 1 200 万元，故广告费支出应纳税调增 =1 200-1 080=120（万元）。

②其他企业的佣金，按与具有合法经营资格的中介服务机构和个人所签订的服务协议或合同确认的收入金额的 5% 计算限额。发生的佣金可以扣除的限额 =3 000×5%=150（万元），实际发生的佣金支出为 240 万元，其中现金转账的 40 万元不得扣除。佣金支出应纳税调增 =240-150=90（万元）。

综上，广告费和佣金支出应调增应纳税所得额 =120+90=210（万元）。

（5）斯尔解析　**B**　本小问考查企业所得税的纳税调整。

选项 B 当选，具体计算过程如下：

①业务招待费的扣除限额，以实际发生额的 60% 和当年销售收入的 5‰取孰低，扣除限额1 =80×60%=48（万元），扣除限额2 =7 200×5‰=36（万元）。业务招待费应调增应纳税所得额 =80-36=44（万元）。

②一般企业的研发费用，未形成无形资产的，按照研发费用的 100% 加计扣除。研发费用应调减应纳税所得额为 430 万元。

③职工教育经费、职工福利费和工会经费分别在不超过工资、薪金总额的 8%、14%、2% 的部分准予扣除。即职工教育经费的扣除限额 =450×8%=36（万元）<实际发生额 46 万元，应调增应纳税所得额 =46-36=10（万元）；职工福利费的扣除限额 =450×14%=63（万元）<实际发生额 75 万元，应调增应纳税所得额 =75-63=12（万元）；工会经费的扣除限额 =450×2%=9（万元）>实际发生额 8 万元，无须纳税调整。

综上，上述支出应调整的应纳税所得额 =44-430+10+12=-364（万元）。

选项 A 不当选，业务招待费和工会经费的扣除限额计算有误。

选项 C 不当选，误以为工会经费支出应进行纳税调减。

选项 D 不当选，业务招待费的扣除限额计算有误。

（6） 🔍斯尔解析　　**A**　本小问考查企业所得税应纳税额的计算。

选项 A 当选，一个纳税年度内，居民企业转让技术所得不超过 500 万元的部分，免征企业所得税；超过 500 万元的部分，减半征收。2023 年应缴纳的企业所得税 =（1 370-459.31-1.13+210-364）×15%=113.33（万元）。

一、单项选择题

| 1.130 ▶ A | 1.131 ▶ B |

二、多项选择题

| 1.132 ▶ ADE | 1.133 ▶ BD |

一、单项选择题

1.130 斯尔解析　**A**　本题考查技术转让所得的税收优惠。

选项 A 当选，具体计算过程如下：

（1）居民企业的年度技术转让所得不超过 500 万元的部分，免征企业所得税；超过 500 万元的部分，减半征收企业所得税。

（2）技术转让所得＝技术转让收入－无形资产摊销费用－相关税费－应分摊期间费用。

其中，应分摊期间费用是指技术转让按照当年销售收入占比分摊的期间费用。即技术转让所得应分摊的期间费用比例＝（400+800）÷6 000×100%=20%。

应分摊的管理费用：100×20%=20（万元）。

应分摊的销售费用：150×20%=30（万元）。

应分摊的财务费用：120×20%=24（万元）。

（3）该税收优惠政策适用范围为年度技术转让所得，而不是分项目计算的。年度技术转让所得＝（400−150−20）+（800−400−50）−（20+30+24）=506（万元）。

应纳税调减的金额 =500+（506−500）÷2=503（万元）。

1.131 斯尔解析　**B**　本题考查采取资产置换方式进行政策性搬迁的规定。

选项 B 当选，企业政策性搬迁被征用的资产，采取资产置换的，其换入资产的计税成本按被征用资产的净值，加上换入资产所支付的税费（涉及补价，还应加上补价款）计算确定，即新办公楼的计税基础 =（1 000−400）+500=1 100（万元）。

提示：政策性搬迁以非货币性资产置换方式的，企业所得税处理一律不确认所得。

二、多项选择题

1.132 斯尔解析　**ADE**　本题考查技术转让所得的税收优惠的适用范围。

选项 AD 当选，技术转让的范围，包括居民企业转让专利技术、计算机软件著作权、集成电路布图设计权、植物新品种、生物医药新品种，以及财政部和国家税务总局确定的其他技术。

其中：专利技术，是指法律授予独占权的发明、实用新型和非简单改变产品图案的外观设计。

选项 E 当选，自 2015 年 10 月 1 日起，全国范围内的居民企业转让 5 年（含）以上非独占许可使用权取得的技术转让所得，纳入享受企业所得税优惠的技术转让所得范围。

1.133 🔍斯尔解析　　**BD**　本题考查研发费用加计扣除的政策。

选项 A 不当选，企业 7 月份预缴申报第 2 季度（按季预缴）或 6 月份（按月预缴）企业所得税时，能准确归集核算研发费用的，可以结合自身生产经营实际情况，自主选择就当年上半年研发费用享受加计扣除政策。

企业 10 月份预缴申报第 3 季度（按季预缴）或 9 月份（按月预缴）企业所得税时，能准确归集核算研发费用的，企业可结合自身生产经营实际情况，自主选择就当年前三季度研发费用享受加计扣除政策。

选项 C 不当选，可以按照实际发生额加计扣除的人员人工费用，指直接从事研发活动人员的工资薪金、基本养老保险费、基本医疗保险费、失业保险费、工伤保险费、生育保险费和住房公积金，以及外聘研发人员的劳务费用。而职工福利费、补充养老保险费、补充医疗保险费属于其他相关费用，其他相关费用不得超过可加计扣除研发费用总额的 10%。

选项 E 不当选，失败的研发活动所发生的研发费用可享受税前加计扣除政策。

第二章　个人所得税
答案与解析

做经典

一、单项选择题

2.1　D	2.2　B	2.3　B	2.4　A	2.5　A
2.6　C	2.7　B	2.8　A	2.9　D	2.10　B
2.11　D	2.12　C	2.13　C	2.14　C	2.15　C
2.16　B	2.17　A	2.18　A	2.19　A	2.20　B
2.21　B	2.22　D	2.23　C	2.24　B	2.25　D
2.26　A	2.27　D	2.28　B	2.29　B	2.30　D
2.31　C	2.32　C	2.33　B	2.34　C	2.35　A
2.36　D	2.37　C	2.38　B	2.39　C	2.40　D
2.41　B	2.42　D	2.43　D	2.44　D	2.45　B
2.46　A	2.47　A	2.48　D	2.49　C	2.50　D
2.51　A	2.52　C	2.53　A	2.54　B	2.55　C
2.56　D	2.57　D	2.58　B	2.59　B	2.60　D

2.61 ▶ C　　2.62 ▶ C　　2.63 ▶ C　　2.64 ▶ D　　2.65 ▶ B

2.66 ▶ D　　2.67 ▶ D　　2.68 ▶ B

二、多项选择题

2.69 ▶ ADE　　2.70 ▶ AD　　2.71 ▶ AC　　2.72 ▶ ABCD　　2.73 ▶ BD

2.74 ▶ AD　　2.75 ▶ BDE　　2.76 ▶ ABDE　　2.77 ▶ BCDE　　2.78 ▶ BCD

2.79 ▶ BE　　2.80 ▶ ACDE　　2.81 ▶ BD　　2.82 ▶ ACE　　2.83 ▶ ABCD

2.84 ▶ ABCE　　2.85 ▶ CE　　2.86 ▶ ABD　　2.87 ▶ ABDE　　2.88 ▶ AE

2.89 ▶ ABCE　　2.90 ▶ ABCD　　2.91 ▶ ADE　　2.92 ▶ ABE　　2.93 ▶ ABCD

2.94 ▶ ABDE　　2.95 ▶ BE　　2.96 ▶ AD　　2.97 ▶ ABC　　2.98 ▶ CD

2.99 ▶ CE　　2.100 ▶ ACDE　　2.101 ▶ ACDE　　2.102 ▶ CD　　2.103 ▶ ADE

2.104 ▶ ACDE　　2.105 ▶ ABDE

三、计算题

2.106 (1) ▶ D　　2.106 (2) ▶ B　　2.106 (3) ▶ B　　2.106 (4) ▶ B

四、综合分析题

2.107 (1) ▶ A　　2.107 (2) ▶ B　　2.107 (3) ▶ B　　2.107 (4) ▶ A

2.107 (5) ▶ C　　2.107 (6) ▶ B　　2.108 (1) ▶ D　　2.108 (2) ▶ A

2.108 (3) ▶ C	2.108 (4) ▶ C	2.108 (5) ▶ B	2.108 (6) ▶ A
2.109 (1) ▶ A	2.109 (2) ▶ C	2.109 (3) ▶ A	2.109 (4) ▶ A
2.109 (5) ▶ B	2.109 (6) ▶ AC	2.110 (1) ▶ A	2.110 (2) ▶ D
2.110 (3) ▶ ABCE	2.110 (4) ▶ D	2.110 (5) ▶ A	2.110 (6) ▶ B

一、单项选择题

2.1 🔍斯尔解析　**D**　本题考查个人所得税纳税人的判定标准和纳税义务。

居民个人取得的境内和境外所得均负有我国纳税义务，在判定居民身份时，只须满足税法规定的时间标准和住所标准中的任何一个标准，就可以被认定为居民纳税人。

选项 D 当选，该外籍个人在一个纳税年度内在中国境内累计居住满 183 天，满足居住时间标准，为居民纳税人，负有全球纳税义务。

选项 ABC 均不当选，既不满足住所标准，也不满足居住时间标准，属于非居民纳税人，仅就来源于中国境内的所得纳税。

提示：居民个人和非居民个人的判断。

分类	判定标准	纳税义务
居民个人	（1）在中国境内有住所。 （2）在中国境内无住所而一个纳税年度在中国境内居住累计满 183 天	境内 + 境外所得
非居民个人	（1）在中国境内无住所且一个纳税年度内在中国境内居住累计不满 183 天。 （2）在中国境内无住所又不居住	仅境内所得

2.2 🔍斯尔解析　**B**　本题考查特殊项目下"工资、薪金所得"的征税范围。

选项 B 当选，出租汽车经营单位对出租车驾驶员采取单车承包或承租方式运营，出租车驾驶员从事客货营运取得的收入，属于工资、薪金所得。

选项 A 不当选，出租车经营单位将出租车所有权转移给驾驶员的，出租车驾驶员从事客货运营取得的收入，属于经营所得。

选项 C 不当选，从事个体出租车运营取得的收入，属于经营所得。

选项 D 不当选，出租车归属个人所有，但挂靠出租汽车经营单位或企事业单位，驾驶员向挂靠单位缴纳管理费的，出租车驾驶员从事客货运营取得的收入，属于经营所得。

2.3 　🅢斯尔解析　**B**　本题考查"工资、薪金所得"的征税范围。

选项 B 当选，个人因公务用车和通讯制度改革而取得的公务用车、通讯补贴收入（允许扣除一定标准的公务费用），按照工资、薪金所得缴纳个人所得税。

选项 A 不当选，企业购买车辆并将车辆所有权办到股东个人名下，其实质为企业对股东进行了红利性质的实物分配，应按照利息、股息、红利所得缴纳个人所得税。

选项 C 不当选，按照稿酬所得缴纳个人所得税。

选项 D 不当选，员工因拥有股权参与税后利润分配而取得的所得，按照股息、股息、红利所得缴纳个人所得税。

提示：

（1）任职、受雇于报刊、杂志等单位的记者、编辑等专业人员，在本单位的报刊、杂志上发表作品，按照工资、薪金所得缴纳个人所得税。

（2）任职、受雇于报刊、杂志等单位的除上述专业人员外的其他人员，在本单位的报刊、杂志上发表作品，按照稿酬所得缴纳个人所得税。

2.4 　🅢斯尔解析　**A**　本题考查偶然所得应纳税所得额的确定。

选项 A 当选，企业在业务宣传、广告等活动中，随机向本单位以外的个人赠送礼品，个人取得的礼品收入，按照偶然所得项目计算缴纳个人所得税。其礼品收入的计税依据区分企业自产和外购的情形，企业赠送的礼品是自产产品（服务）的，按该产品（服务）的市场销售价格确定个人的应税所得；是外购商品（服务）的，按该商品（服务）的实际购置价格确定个人的应税所得。

2.5 　🅢斯尔解析　**A**　本题考查各项所得的征税类别及计征方式。

个人取得的各项所得中，经营所得按年计征且需要由纳税人自行申报纳税。

选项 A 当选，个人从事彩票代销业务而取得的所得，属于"经营所得"，按年计征且由纳税人自行申报纳税。

选项 B 不当选，属于劳务报酬所得，按月（次）预扣预缴，按年度汇算清缴。

选项 C 不当选，除个人独资企业、合伙企业以外的其他企业的个人投资者，以企业资金为本人、家庭成员及其相关人员支付与企业生产经营无关的消费性支出以及购买汽车、住房等财产性支出，属于利息、股息、红利所得，按次计征个人所得税。

选项 D 不当选，产权所有人死亡，在未办理产权继承手续期间，该财产出租而有租金收入的，属于财产租赁所得，以一个月内取得的收入为一次计算纳税。

2.6 　🅢斯尔解析　**C**　本题考查"经营所得"的征税范围和税收优惠。

选项 C 当选，个体工商户专营服务业取得的所得，属于经营所得，按年计征个人所得税。

选项 ABD 不当选，个体工商户或个人专营种植业、养殖业、饲养业、捕捞业，不征收个人所得税。

2.7 　🅢斯尔解析　**B**　本题考查个人投资者从投资企业借款未归还的税务处理。

选项 B 当选，纳税年度内个人投资者从其投资企业（个人独资企业、合伙企业除外）借款，在该纳税年度终了后既不归还、又未用于企业生产经营的，其未归还的借款可视为企业对个人投资者的红利分配，依照"利息、股息、红利所得"项目计征个人所得税。本题中两笔借款均属于出借给股东用于股东个人用途，均应按"利息、股息、红利所得"项目计征个人所得税。

2.8 🔍斯尔解析　**A**　本题考查"稿酬所得"的征税范围。

选项 A 当选，个人因其作品（文学作品、书画作品、摄影作品等）以图书、报刊等形式出版、发表而取得的所得，按稿酬所得缴纳个人所得税。

选项 BD 不当选，按劳务报酬所得缴纳个人所得税。

选项 C 不当选，按特许权使用费所得缴纳个人所得税。

2.9 🔍斯尔解析　**D**　本题考查"财产转让所得"的征税范围和税收优惠。

选项 D 当选，个人转让境内商铺取得的所得，属于"财产转让所得"，适用 20% 税率。

选项 A 不当选，财产转租收入，属于财产租赁所得。

选项 B 不当选，对内地个人投资者通过沪港通、深港通投资香港联交所上市股票取得的转让差价所得和通过基金互认买卖香港基金份额取得的转让差价所得，暂免征个人所得税。

选项 C 不当选，职工个人以股份形式取得量化资产仅作为分红依据的，不征收个人所得税；职工个人以股份形式取得的拥有所有权的企业量化资产，暂缓征收个人所得税；待个人将股份转让时，按财产转让所得项目计征个人所得税。

提示：对职工个人以股份形式取得的企业量化资产参与企业分配而获得的股息、红利，应按"利息、股息、红利"项目计征个人所得税。

2.10 🔍斯尔解析　**B**　本题考查个人所得来源的确定。

下列所得，不论支付地点是否在中国境内，均为来源于中国境内的所得：

（1）因任职、受雇、履约等在中国境内提供劳务取得的所得。（选项 A 不当选）

（2）将财产出租给承租人在中国境内使用而取得的所得。（选项 B 当选）

（3）许可各种特许权在中国境内使用而取得的所得。（选项 D 不当选）

（4）转让中国境内的不动产等财产或者在中国境内转让其他财产取得的所得。

（5）从中国境内企业、事业单位、其他组织以及居民个人取得的利息、股息、红利所得。（选项 C 不当选）

2.11 🔍斯尔解析　**D**　本题考查个人所得税计征方式中关于"次"的界定。

选项 D 当选，劳务报酬所得、稿酬所得、特许权使用费所得，属于一次性收入的，以取得该项收入为一次；属于同一项目连续性收入的，以一个月内取得的收入为一次。

2.12 🔍斯尔解析　**C**　本题考查综合所得的范围。

选项 C 当选，财产租赁所得不属于综合所得，属于分类所得。

选项 ABD 不当选，居民个人综合所得，是指居民个人取得的工资、薪金所得，劳务报酬所得，稿酬所得，特许权使用费所得。

2.13 🔍斯尔解析　**C**　本题考查专项附加扣除时限的具体规定。

选项 C 当选，同一学历（学位）继续教育的扣除期限最长不得超过 48 个月。

选项 A 不当选，住房贷款利息扣除期限为贷款合同约定开始还款的当月至贷款全部归还或贷款合同终止的当月，扣除期限最长不得超过 240 个月。

选项 B 不当选，学前教育阶段，扣除时限为子女年满 3 周岁当月至小学入学前一月；学历教育，扣除时限为子女接受全日制学历教育入学的当月至全日制学历教育结束的当月。故子女教育的扣除时限为子女年满 3 周岁当月至全日制学历教育结束的"当月"，而非次月。

选项 D 不当选，扣除时限为取得相关证书的当年，而非参加考试的当年。

2.14 斯尔解析　C　本题考查大病医疗专项附加扣除的规定。

选项 A 不当选，大病医疗专项附加扣除只能在汇算清缴时由纳税人自行申报扣除，除大病医疗专项附加扣除外，对于其他专项附加扣除，纳税人既可以选择在预扣预缴环节办理，也可以选择在汇算清缴环节办理。

选项 B 不当选，纳税人及其配偶、未成年子女发生的医药费用支出，应分别计算扣除额。

选项 D 不当选，纳税人发生的与基本医保相关的医药费用支出，报销医保后个人负担（指医保范围内的自付部分）累计超过 15 000 元的部分可以扣除，但扣除限额最多不超过 80 000 元。

2.15 斯尔解析　C　本题考查赡养老人专项附加扣除的规定。

选项 C 当选，具体计算过程如下：

（1）纳税人为非独生子女的，由其与兄弟姐妹分摊每月 3 000 元的扣除额度，每人分摊的额度不能超过每月 1 500 元。

（2）被赡养人是指年满 60 周岁的父母，以及子女均已去世的年满 60 周岁的祖父母、外祖父母，故本题中张某对其祖父母的赡养不可享受赡养老人专项附加扣除。

综上，张某综合所得申报缴纳个人所得税时最多可以扣除的金额 =1 500×12=18 000（元）。

选项 A 不当选，误认为张某可以按 3 000 元/月享受赡养老人专项附加扣除。

选项 B 不当选，误认为张某兄妹 4 人需要均匀分摊 3 000 元/月的扣除额度。

选项 D 不当选，误认为张某可以按 1 000 元/月享受赡养老人专项附加扣除。

提示：

（1）纳税人为非独生子女，可以与兄妹分摊每月 3 000 元的额度，每人每月扣除最多不得超过 1 500 元。在分摊的时候，可以均摊，也可以约定分摊或指定分摊，并不要求必须均摊。

（2）赡养老人专项附加扣除和赡养人数无关，只要被赡养人其中一方符合条件即可享受。

2.16 斯尔解析　B　本题考查住房租金和住房贷款利息专项附加扣除的规定。

选项 B 当选，具体计算过程如下：

（1）住房贷款利息的扣除标准为每月 1 000 元。

（2）纳税人在主要工作城市没有自有住房，在深圳租房，住房租金扣除标准为每月 1 500 元。夫妻双方主要工作城市相同的，只能由一方扣除住房租金支出。

（3）纳税人及其配偶在一个纳税年度内不能同时分别享受住房贷款利息和住房租金专项附加扣除。

综上，张某夫妻应由其中一人享受住房租金专项附加扣除，最多可以扣除的金额 =1 500×12=18 000（元）。

选项 A 不当选，误认为应享受住房贷款利息专项附加扣除。

选项 C 不当选，误认为可以由夫妻一方享受住房贷款利息专项附加扣除，另一方享受住房租金专项附加扣除。

选项 D 不当选，误认为夫妻双方均可享受住房租金专项附加扣除。

2.17 🔍斯尔解析　**A**　本题考查综合所得的其他扣除项目。

选项 BCD 不当选，依法确定的其他扣除，包括个人缴付符合国家规定的企业年金、职业年金，个人购买符合国家规定的商业健康保险等的支出，以及国务院规定可以扣除的其他项目（如个人养老金）。

2.18 🔍斯尔解析　**A**　本题考查"工资、薪金所得"预扣预缴的优化规定。

选项 A 当选，小张同时满足以下三个条件：

（1）上一纳税年度 1—12 月均在同一单位任职且预扣预缴申报了工资、薪金个人所得税。

（2）上一年度 1—12 月工资、薪金收入未超过 60 000 元（上年度为 48 000 元）。

（3）本纳税年度自 1 月起，仍在该单位任职受雇并取得工资、薪金所得。

因此，扣缴义务人在预扣预缴本年度工资、薪金所得个人所得税时，累计减除费用自 1 月份起直接按照全年 60 000 元计算扣除。2023 年 1—3 月，小张累计收入不足 60 000 元，无须预缴税款。

选项 B 不当选，其计算的是一般规定下 3 月份应预扣预缴的税额。

选项 C 不当选，其计算的是一般规定下前两个月已预扣预缴的税额。

选项 D 不当选，其计算的是一般规定下前三个月累计预扣预缴的税额。

2.19 🔍斯尔解析　**A**　本题考查工资、薪金所得预扣预缴时对累计减除费用扣除金额的规定。

选项 A 当选，具体计算过程如下：

（1）累计收入为纳税人在"本单位"截至当前月份工资、薪金所得累计收入。

（2）累计减除费用和累计专项附加扣除在计算时以纳税人当年截至本月在"本单位"的任职受雇月份数计算。

（3）小王在省会城市租房，可以扣除的住房租金为 1 500 元 / 月。

5 月为小王在新单位（乙公司）的第一个月，在计算累计减除费用和累计专项附加扣除时均按照 1 个月计算，累计预扣预缴应纳税所得额 = 累计收入 − 累计免税收入 − 累计减除费用 − 累计专项扣除 − 累计专项附加扣除 − 累计依法确定的其他扣除，其累计扣除预缴应纳税所得额 =20 000−5 000×1−1 500×1=13 500（元），查找综合所得税率表，适用税率为 3%，速算扣除数为 0 元，故应预扣预缴税额 =13 500×3%=405（元）。

选项 B 不当选，在计算应纳税所得额时未考虑减除费用（生计费）5 000 元。

选项 C 不当选，在计算累计减除费用和累计专项附加扣除的月份数时，均按照截至本月的月份数计算，而非在"本单位"的任职受雇月份数。

选项 D 不当选，误认为可以适用"减除费用直接按照 60 000 元 / 年扣除"的优化规定。

2.20 🔍斯尔解析　**B**　本题考查工资、薪金所得预扣预缴时专项附加扣除的规定。

选项 B 当选，具体计算过程如下：

（1）预扣预缴时可以扣除的专项附加金额为该员工在"本单位"截至当前月份"符合政策条件"的扣除金额。

（2）小王可以自被赡养人年满 60 周岁当月享受赡养老人专项附加扣除，扣除金额为 3 000 元 / 月。

综上，在 10 月份预扣预缴个人所得税时，小王可以享受 2 个月（9 月份和 10 月份）的专项附加扣除，扣除金额 =3 000×2=6 000（元）。

选项 A 不当选，误认为每月可以享受的赡养老人专项附加扣除为 2 000 元 / 月。

选项 C 不当选，误认为从入职当月即可以享受赡养老人专项附加扣除。

选项 D 不当选，误按照 3 000 元 / 月乘以"当年截至本月的月份数"计算。

提示：对于一个纳税年度内首次取得工资、薪金所得的个人，基本减除费用按 5 000 元 / 月乘以"当年截至本月的月份数"计算，该优化规定仅适用于基本减除费用，不适用专项附加扣除。

2.21 🅢斯尔解析　**B**　本题考查个体工商户经营所得个人所得税应纳税额的计算。

选项 B 当选，具体计算过程如下：

（1）自 2023 年 1 月 1 日至 2027 年 12 月 31 日，对个体工商户年应纳税所得额不超过 200 万元的部分，减半征收个人所得税。个体工商户在享受现行其他个人所得税优惠政策的基础上，可叠加享受本条优惠政策。

减免税额 =（经营所得应纳税所得额不超过 200 万元部分的应纳税额 – 其他政策减免税额 × 经营所得应纳税所得额不超过 200 万元部分 ÷ 经营所得应纳税所得额）×50%

（2）取得经营所得的个体工商户，没有综合所得的，在计算其每一纳税年度的应纳税所得额时，应当减除费用 60 000 元、专项扣除、专项附加扣除以及依法确定的其他扣除。故当年应纳税所得额 =2 500 000–60 000–36 000=2 404 000（元）。

综上，小王当年应纳个人所得税税额 =2 404 000×35%–65 500–（2 000 000×35%–65 500）×50%=458 650（元）。

选项 A 不当选，误将应纳税所得额全部减半征收。

选项 C 不当选，没有考虑基本减除费用的扣除。

选项 D 不当选，没有考虑减半优惠政策。

2.22 🅢斯尔解析　**D**　本题考查商业健康保险的个人所得税处理。

选项 D 当选，具体计算过程如下：

（1）单位统一组织为员工购买符合规定条件的商业健康保险，单位负担部分应当实名计入个人工资、薪金明细清单，视同个人购买，并自购买产品次月起，在不超过 200 元 / 月的标准内按月扣除。

（2）全年应纳税额 =（全年收入额 –60 000 元 – 专项扣除 – 专项附加扣除 – 依法确定的其他扣除 – 捐赠）× 适用税率 – 速算扣除数。

（3）8 月起公司购买符合规定条件的商业健康保险，因此本年工资、薪金所得全年应纳税所得额 =20 000×12+800×5–60 000–3 000×12–200×4=147 200（元），查看综合所得税率表（年度表），适用税率为 20%、速算扣除数为 16 920 元。

综上，当年赵某工资、薪金所得应纳税额 =147 200×20%–16 920=12 520（元）。

选项 A 不当选，单位负担的商业健康保险未计入个人工资、薪金。

选项 B 不当选，未考虑商业健康保险。

选项 C 不当选，误认为自购买产品当月起，在不超过 200 元 / 月的标准内扣除。

提示：关于商业健康保险，计入工资、薪金的月份是"当月"，扣除是从"次月"起。本题企业自 8 月起开始购买，因此一共计入 5 个月，扣除 4 个月。

2.23 斯尔解析 　C 　本题考查领取企业年金的个人所得税计算。

选项 C 当选，个人达到国家规定的退休年龄，按季领取企业年金的，其取得的金额平均分摊计入各月，适用月度税率表，则徐某应缴纳个人所得税 =（9 300÷3×10%−210）×3=300（元）。

选项 A 不当选，误扣减了减除费用 5 000 元。

选项 B 不当选，误采用年度税率表计算。

选项 D 不当选，未考虑分摊计入各月的情形。

2.24 斯尔解析 　B 　本题考查企业年金的个人所得税处理。

选项 B 当选，具体计算过程如下：

（1）个人根据国家有关政策规定缴付的年金个人缴费部分，在不超过本人缴费工资计税基数的 4% 标准内的部分，可以扣除；超过部分，应计入个人当期的工资、薪金所得。因此每月可以扣除的企业年金 =18 000×4%=720（元）。

（2）当年赵某工资、薪金所得应纳税所得额 =20 000×12−60 000−3 000×12−720×12= 135 360（元），适用税率为 10%、速算扣除数为 2 520 元。

综上，当年赵某工资、薪金所得应纳税额 =135 360×10%−2 520=11 016（元）。

选项 A 不当选，误认为企业缴纳的企业年金超过工资计税基数 4% 的部分应并入当期的工资、薪金所得。

选项 C 不当选，未考虑企业年金的所得税处理。

选项 D 不当选，直接将超过本人缴费工资计税基数的 4% 的部分加入工资中。

2.25 斯尔解析 　D 　本题考查稿酬所得预扣预缴时应纳税额的计算。

选项 D 当选，具体计算过程如下：

（1）居民个人取得稿酬所得，以收入减除费用后的余额为收入额，稿酬所得的收入额减按 70% 计算，以每次收入额为预扣预缴应纳税所得额。

（2）每次收入不超过 4 000 元的，减除费用按 800 元计算；4 000 元以上的，减除费用按照 20% 计算。

综上，王某预扣预缴的应纳税所得额 =（3 800−800）×70%=2 100（元），稿酬所得适用的预扣率为 20%，应预扣预缴税额 =2 100×20%=420（元）。

选项 A 不当选，误将减除费用按照 20% 计算，且未考虑稿酬所得的收入额减按 70% 计算。

选项 B 不当选，误将减除费用按照 20% 计算。

选项 C 不当选，未考虑稿酬所得的收入额应减按 70% 计算。

2.26 斯尔解析 　A 　本题考查劳务报酬所得预扣预缴时应纳税额的计算。

选项 A 当选，具体计算过程如下：

（1）劳务报酬所得以取得的收入减除费用后的余额为收入额，每次收入不超过 4 000 元的，减除费用按 800 元计算；4 000 元以上的，减除费用按照 20% 计算。

（2）劳务报酬所得预扣预缴适用三级超额累进税率表。

综上，方某预扣预缴的应纳税所得额 =48 000×（1−20%）×30%−2 000=9 520（元）。

选项 B 不当选，误认为适用 20% 的预扣率。

选项 C 不当选，误认为费用减除按 800 元计算。

选项 D 不当选，误认为费用减除按 800 元计算且适用 20% 的预扣率。

2.27 🈂️斯尔解析　**D**　本题考查个人无偿受赠房屋产权的个人所得税计算。

选项 D 当选，对受赠人无偿受赠房屋计征个人所得税时，其应纳税所得额为合同标明的房屋价值减除赠与过程中受赠人支付的相关税费后的余额，但赠与合同标明的房屋价值明显低于市场价格或合同未标明价值的，税务机关可依据受赠房屋的市场评估价格或采取其他合理方式确定受赠人的应纳税所得额，故王某应缴纳的个人所得税 =（100-3）×20%=19.4（万元）。

选项 A 不当选，在计算应纳税所得额时，未扣除王某支付的相关税费。

选项 B 不当选，误按照合同标明的房屋价值减除相关税费计算应纳税所得额。

选项 C 不当选，误按照合同标明的房屋价值计算应纳税所得额。

2.28 🈂️斯尔解析　**B**　本题考查保险营销员取得收入的个人所得税计算。

选项 B 当选，具体计算过程如下：

（1）保险营销员、证券经纪人取得的佣金收入，属于劳务报酬所得，以不含增值税的收入减除 20% 的费用后的余额为收入额，收入额减去展业成本以及附加税费后，并入当年综合所得，计算缴纳个人所得税。

（2）保险营销员、证券经纪人展业成本按照收入额的 25% 计算。

（3）计入当年综合所得的金额 = 不含增值税的收入 ×（1-20%）×（1-25%）- 附加税费 =375 000×（1-20%）×（1-25%）=225 000（元）。并入综合所得计算须考虑全年减除费用 60 000 元，查找综合所得税率表（年度表）计算纳税，适用 20% 税率、速算扣除数为 16 920 元。

综上，应缴纳个人所得税 =（225 000-60 000）×20%-16 920=16 080（元）。

选项 A 不当选，误适用了劳务报酬所得的三级超额累进预扣率表。

选项 C 不当选，未考虑保险营销员可以扣除的展业成本且未考虑可以扣除 60 000 元 / 年的生计费。

选项 D 不当选，未考虑 60 000 元 / 年的生计费可以在计算应纳税额时扣除。

2.29 🈂️斯尔解析　**B**　本题考查个体工商户补充养老保险扣除的规定。

选项 B 当选，个体工商户为从业人员缴纳的补充养老保险费、补充医疗保险费，分别在不超过从业人员工资总额 5% 标准内的部分据实扣除；超过部分，不得扣除。所以，本题允许扣除的从业人员的补充养老保险限额 =105×5%=5.25（万元）。

选项 A 不当选，误将业主领取的劳务报酬合并作为计算基数。

选项 C 不当选，扣除比例误适用 3% 比例。

选项 D 不当选，扣除比例误适用 4% 比例。

提示：个体工商户业主本人缴纳的补充养老保险费、补充医疗保险费，以当地（地级市）上年度社会平均工资的 3 倍为计算基数，分别在不超过该计算基数 5% 标准内的部分据实扣除；超过部分，不得扣除。

2.30 🈂️斯尔解析　**D**　本题考查合伙企业经营所得可扣除项目的规定。

选项 D 当选，合伙企业按照规定缴纳的摊位费、行政性收费、协会会费等，按实际发生数额扣除。

2.31 🅢斯尔解析　**C**　本题考查合伙企业的合伙人个人所得税的计算。

选项 C 当选，具体计算过程如下：

（1）合伙企业生产经营所得采取"先分后税"的原则。

（2）生产经营所得和其他所得，包括合伙企业分配给所有合伙人的所得和企业当年留存的所得（利润）。

（3）同时取得综合所得和经营所得的纳税人，可在综合所得或经营所得中申报减除费用 6 万元、专项扣除、专项附加扣除以及依法确定的其他扣除。本题中小斯只有经营所得，无综合所得，故减除费用等应在经营所得中扣除。

综上，小斯应缴纳的个人所得税 =（300 000×50%-60 000）×10%-1 500=7 500（元）。

选项 A 不当选，在计算应纳税所得额时，未考虑合伙企业的留存利润。

选项 B 不当选，在计算应纳税所得额时，未考虑合伙企业的留存利润，且未考虑可以减除费用 6 万元，直接用分得利润 5 万元，查找经营所得税率表计算纳税。

选项 D 不当选，未考虑可以减除费用 6 万元。

2.32 🅢斯尔解析　**C**　本题考查合伙企业合伙人经营所得确定的具体规定。

合伙企业的合伙人以合伙企业的生产经营所得（包括分配给合伙人的所得和企业当年留存的所得）按照比例分配后确定应纳税所得额，分配比例的确认原则如下：

（1）协议：按照合伙协议约定的分配比例确定。（选项 C 当选）

（2）协商：合伙协议未约定或者约定不明确的，按照合伙人协商决定的分配比例确定。

（3）出资：协商不成的，按照合伙人实缴出资比例确定。

（4）平均：无法确定出资比例的，按照合伙人数量平均计算每个合伙人的应纳税所得额。

2.33 🅢斯尔解析　**B**　本题考查财产租赁所得可以扣除的项目。

个人出租其商铺取得的所得，按照"财产租赁所得"计征个人所得税，在计算缴纳个人所得税时，应依次扣除以下费用：

（1）财产租赁过程中缴纳的税费（出租房产过程中缴纳的城市维护建设税、房产税、印花税和教育费附加，不含增值税）。（选项 AC 不当选）

（2）向出租方支付的租金（只适用于转租的情况）。

（3）由纳税人负担的租赁财产实际开支的修缮费用（以每次 800 元为限，一次扣除不完的，准予在下一次继续扣除，直到扣完为止）。（选项 D 不当选）

（4）税法规定的费用扣除标准（800 元或 20% 费用）。

2.34 🅢斯尔解析　**C**　本题考查个人出租住房个人所得税的计算。

选项 C 当选，个人出租自有住房取得的租金收入，税率暂按 10% 计算，应缴纳的个人所得税 =（3 000-800）×10%×12=2 640（元）。

选项 A 不当选，误按照全年租金收入一次性计算应纳税额。

选项 B 不当选，误按照全年租金收入一次性计算应纳税额，且未考虑个人出租住房适用的税率为 10%。

选项 D 不当选，未考虑个人出租住房适用的税率为 10%。

提示：

（1）财产租赁所得需要按月计算应纳税额，在计算全年应纳税额时需要将各月应纳税额加总。

（2）个人出租其自有商铺，适用的个人所得税税率为20%。

2.35 🔍斯尔解析　**A**　本题考查个人转让住房中对装修费的具体规定。

选项A当选，经济适用房的装修费用，最高扣除限额为房屋原值的15%。

2.36 🔍斯尔解析　**D**　本题考查个人转让房产个人所得税的计算。

选项D当选，具体计算过程如下：

（1）个人转让房产以实际成交价格为转让应税收入，纳税人可凭原购房合同、发票等有效凭证，经税务机关审核后，允许从其转让收入中减除房屋原值、转让住房过程中缴纳的税金及有关合理费用。

（2）其商品房的房屋原值为购置该房屋时实际支付的房价款及缴纳的相关税费，装修费用的最高扣除限额为房屋原值的10%。故购置该房屋时缴纳的契税 =200×1%=2（万元），装修费用的最高扣除限额 =（200+2）×10%=20.2（万元）。

综上，马某应缴纳的个人所得税 =（260−200−2−20.2）×20%=7.56（万元）。

选项A不当选，未考虑已经缴纳的契税。

选项B不当选，装修费用误按 25 万元计算。

选项C不当选，误将装修费用的最高扣除限额比例按照 15% 计算。

2.37 🔍斯尔解析　**C**　本题考查个人财产拍卖相关的个人所得税规定。

选项C当选，财产原值不能准确确定时，拍卖品为海外回流文物的，按转让收入额的 2% 征收率计算缴纳个人所得税。

2.38 🔍斯尔解析　**B**　本题考查个人多次转让股权时原值的确认。

选项B当选，个人多次取得同一被投资企业股权的，转让部分股权时，采用"加权平均法"确定其股权原值。

2.39 🔍斯尔解析　**C**　本题考查股权转让收入确认的具体规定。

选项C当选，个人因各种原因终止投资、联营、经营合作等行为，从被投资企业或合作项目、被投资企业的其他投资者以及合作项目的经营合作人取得股权转让收入、违约金、补偿金、赔偿金及以其他名目收回的款项等，均属于个人所得税应税收入，应按照"财产转让所得"项目适用的规定计算缴纳个人所得税。

2.40 🔍斯尔解析　**D**　本题考查核定股权转让收入的具体规定。

选项D当选，6 个月内再次发生股权转让且被投资企业净资产未发生重大变化的，主管税务机关可参照上一次股权转让时被投资企业的资产评估报告核定此次股权转让收入。

2.41 🔍斯尔解析　**B**　本题考查股权转让所得的征收管理。

选项B当选，个人股权转让所得个人所得税，以股权转让方为纳税人，以受让方为扣缴义务人。扣缴义务人应于股权转让协议签订后 5 个工作日内，将股权转让的有关情况报告给被投资企业所在地主管税务机关。

2.42 🔍斯尔解析　　D　本题考查个人转让债券的个人所得税计算。

选项 D 当选，个人转让债券采用"加权平均法"确定其应予减除的财产原值和合理费用。公式为：一次卖出债券应扣除的买价及费用 =（购进的同一种类债券的买入价和买进过程中缴纳的税费总和 ÷ 购进该类债券数量之和）× 卖出的该类债券的数量 + 允许扣除的卖出该债券过程中缴纳的税费，即一次卖出债券应扣除的买价及费用 =（20 000×5+1 000+5 000×6+400）÷（20 000+5 000）×10 000+700=53 260（元）。

故转让债券所得应缴纳个人所得税 =（10 000×7-53 260）×20%=3 348（元）。

选项 A 不当选，误将卖出过程中的相关税费按照转让债券比例进行扣除。

选项 B 不当选，误将买入过程中的相关税费全额扣除。

选项 C 不当选，未考虑买入过程中的相关税费。

2.43 🔍斯尔解析　　D　本题考查偶然所得的征税范围及计税依据。

选项 D 当选、选项 BC 不当选，企业在业务宣传、广告等活动中，随机向本单位以外的个人赠送礼品（包括网络红包），以及企业在年会、座谈会、庆典以及其他活动中向本单位以外的个人赠送礼品，个人取得的礼品收入按照"偶然所得"项目，全额适用 20% 的税率缴纳个人所得税。

选项 A 不当选，企业赠送的具有价格折扣或折让性质的消费券、代金券、抵用券、优惠券等礼品，不征收个人所得税。

2.44 🔍斯尔解析　　D　本题考查转让上市公司限售股的个人所得税政策。

选项 D 当选，具体计算过程如下：

（1）对个人转让限售股取得的所得，按照"财产转让所得"项目，适用 20% 的比例税率征收个人所得税。

（2）以每次限售股转让收入，减除限售股原值和合理税费后的余额为应纳税所得额。如果纳税人未能提供完整、真实的限售股原值凭证，不能准确计算限售股原值的，主管税务机关一律按限售股转让收入的 15% 核定限售股原值及合理税费。

综上，小斯转让限售股应缴纳个人所得税 =20×（1-15%）×20%=3.4（万元）。

选项 A 不当选，误认为转让上市公司限售股免税。

选项 B 不当选，误认为转让上市公司限售股直接按转让收入减半征收个人所得税。

选项 C 不当选，未考虑限售股的原值和合理税费可以减除。

提示：个人转让境内上市公司股票免税。

2.45 🔍斯尔解析　　B　本题考查离婚析产房屋的个人所得税政策。

选项 A 不当选，个人因离婚办理房屋产权过户手续，不征收个人所得税。

选项 C 不当选，允许扣除的财产原值，为房屋初次购置全部原值和相关税费之和乘以转让者占房屋所有权的比例。

选项 D 不当选，该类收入符合家庭生活自用 5 年以上唯一住房的，免征个人所得税。

2.46 🔍斯尔解析　　A　本题考查拍卖收入征收个人所得税规定。

选项 A 当选，不能正确计算财产原值的，按转让收入额的 3%（海外回流文物为 2%）征收率计算缴纳个人所得税，故王某应缴纳的个人所得税 =60×3%=1.8（万元）。

选项 B 不当选，误将收入额的 15% 作为财产原值和相关税金。

选项 C 不当选，误将征收率认为是 2%。

选项 D 不当选，在核定征收的方式下，仍减除合理费用（佣金及鉴定费）。

提示：

（1）如果纳税人可以提供合法的财产原值凭证，拍卖所得按"财产转让所得"计征个人所得税，应纳税额 =（收入额 - 财产原值 - 相关税金 - 合理费用）× 20%。

（2）注意和转让上市公司限售股区分。在转让限售股时，如果不能准确计算限售股原值的，按限售股转让收入的 15% 核定限售股原值及合理税费。

2.47 斯尔解析 **A** 本题考查公益性捐赠支出限额扣除和据实扣除的适用情形。

全额据实扣除的情形包括个人通过非营利性的社会团体和政府部门对下列机构的捐赠：

（1）红十字事业。

（2）公益性青少年活动场所。（选项 C 不当选）

（3）福利性、非营利性老年服务机构。

（4）农村义务教育、教育事业。

（5）向地震灾区的捐赠。

（6）中国教育发展基金会（选项 B 不当选）、中国医药卫生事业发展基金会、中国老龄事业发展基金会（选项 D 不当选）、宋庆龄基金会、中华健康快车基金会等多家单位的捐赠。

选项 A 当选，除上述规定的情形外，个人将其所得通过中国境内的公益性社会组织、县级以上人民政府及其部门等国家机关对教育、扶贫、济困等公益慈善事业进行捐赠，以其申报的应纳税所得额 30% 为限额扣除。

2.48 斯尔解析 **D** 本题考查个人所得税的征税范围和税收优惠。

选项 D 当选，对进入各类市场销售自产农产品的农民取得的所得，暂不征收个人所得税。

选项 ABC 不当选，年终加薪、劳动分红和退休再任职取得的收入，按"工资、薪金所得"项目征税。

2.49 斯尔解析 **C** 本题考查个人所得税的税收优惠。

选项 A 不当选，国债利息收入免征个人所得税，转让国债的收入照常征税。

选项 B 不当选，个人因提前退休而取得的一次性补贴收入，不属于免税的离退休工资收入，应按照"工资、薪金所得"项目征收个人所得税。

选项 D 不当选，省级人民政府、国务院部委和中国人民解放军军以上单位，以及外国组织、国际组织颁发的科学、教育、技术、文化、卫生、体育、环境保护等方面的奖金，免征个人所得税，县级人民政府颁发的教育奖金照常征税。

2.50 斯尔解析 **D** 本题考查外籍个人的个人所得税优惠。

对外籍个人取得的特定所得免征个人所得税，具体包括：

（1）外籍个人以非现金形式或实报实销形式取得的住房补贴、伙食补贴、搬迁费、洗衣费。（选项 D 当选，选项 BC 不当选）

（2）外籍个人按合理标准取得的境内、境外出差补贴。（选项 A 不当选）

（3）外籍个人取得的探亲费、语言训练费、子女教育费等，经当地税务机关审核批准为合理的部分。

提示：符合条件的外籍个人可以选择享受个人所得税专项附加扣除，也可以选择享受住房补贴、语言训练费、子女教育费等津补贴免税优惠政策，但不得同时享受。外籍个人一经选择，在一个纳税年度内不得变更。

2.51 斯尔解析　**A**　本题考查个人所得税免税的税收优惠。

选项 A 当选，个人养老金在领取时，不并入综合所得，单独按照 3% 的税率计算缴纳个人所得税，其缴纳的税款计入"工资、薪金所得"项目。

选项 BCD 不当选，个人领取原提存的住房公积金、医疗保险金、基本养老保险金，以及具备规定条件的失业人员领取的失业保险金，免予征收个人所得税。

2.52 斯尔解析　**C**　本题考查沪港通、深港股票市场交易互联互通机制试点的个人所得税政策。

选项 C 当选、选项 A 不当选，对内地个人投资者通过深港通投资香港联交所上市股票取得的转让差价所得，2027 年 12 月 31 日前，暂免征收个人所得税。

选项 BD 不当选，内地个人投资者通过沪港通、深港通投资香港联交所上市股票的股息红利，应该由 H 股公司按照 20% 的税率代扣个人所得税；如果内地投资者投资香港联交所上市的非 H 股所取得的股息红利，则应该由中国证券登记结算有限公司按照 20% 的税率代扣个人所得税。

2.53 斯尔解析　**A**　本题考查来源于中国境外所得的计算方法。

选项 A 当选，来源于中国境外的综合所得，应当与境内综合所得合并计算应纳税额，劳务报酬所得属于综合所得，故自境内外取得的劳动报酬所得应合并计算。

选项 BCD 不当选，来源于中国境外的利息、股息、红利所得，财产租赁所得，财产转让所得和偶然所得，不与境内所得合并，应当分别单独计算应纳税额。

提示：来源于中国境外的经营所得，应当与境内经营所得合并计算应纳税额。

2.54 斯尔解析　**B**　本题考查个人提前退休取得一次性补贴收入征收个人所得税的税务处理。

选项 B 当选，具体计算过程如下：

（1）个人因办理提前退休手续而取得的一次性补贴收入，应按照办理提前退休手续至法定离退休年龄之间实际年度数平均分摊，确定适用税率和速算扣除数，单独适用综合所得税率表，应纳税额 = {［（一次性补贴收入 ÷ 办理提前退休手续至法定退休年龄的实际年度数）－费用扣除标准］× 适用税率 － 速算扣除数} × 办理提前退休手续至法定退休年龄的实际年度数。

（2）本题距离法定退休年龄尚有 36 个月，即为 3 年。先按照年度数平均分摊至各年，单独适用综合所得税率表（年度表）计税，再乘以距离法定退休年龄的实际年度数 3 年。

（3）张某取得的一次性补贴应纳税所得额 =（216 000 ÷ 3）－60 000=12 000（元），适用 3% 税率、速算扣除数 0。

综上，应纳税额 =［（216 000 ÷ 3）－60 000］× 3% × 3=1 080（元）。

选项 A 不当选，误将取得的一次性补贴按月进行分摊计算。

选项 C 不当选，未考虑减除费用 60 000 元以及误采用月度税率表计算个人所得税。

选项 D 不当选，未考虑减除费用 60 000 元。

2.55 🅢斯尔解析　**C**　本题考查个人解除劳动合同取得一次性补偿收入的税务处理。

选项 C 当选，具体计算过程如下：

（1）个人因与用人单位解除劳动关系而取得的一次性补偿收入（包括用人单位发放的经济补偿金、生活补助费和其他补助费用），其收入在当地上年职工平均工资 3 倍数额以内的部分，免征个人所得税；超过 3 倍数额的部分，不并入当年综合所得，单独适用综合所得税率表（年度表）计算纳税。故一次性补偿金应纳税所得额 =（180 000+10 000）−50 000×3=40 000（元），查找综合所得税率表（年度表），适用 10% 税率、速算扣除数 2 520 元，应纳税额 =40 000×10%−2 520=1 480（元）。

（2）当月取得的正常工资收入，应按照累计预扣法计算预扣预缴税款，应纳税额 =（19 000−5 000）×3%−0=420（元）。

综上，李某 1 月份应缴纳个人所得税 =1 480+420=1 900（元）。

选项 A 不当选，未考虑工资薪金收入的应纳税额。

选项 B 不当选，误将生活补助费与当月取得的工资收入合并按照"工资、薪金所得"计税。

选项 D 不当选，在计算当月工资收入应纳税额时未考虑基本减除费用 5 000 元/月。

2.56 🅢斯尔解析　**D**　本题考查年金的个人所得税处理。

选项 AC 不当选，企业和事业单位根据国家有关政策规定的办法和标准，为在本单位任职或者受雇的全体职工缴付的年金单位缴费部分，在计入个人账户时，个人暂不缴纳个人所得税。

选项 B 不当选，个人根据国家有关政策规定缴付的年金个人缴费部分，在不超过本人缴费工资计税基数的 4% 标准内的部分，暂从个人当期的应纳税所得额中扣除。

2.57 🅢斯尔解析　**D**　本题考查个人领取年金的税收规定。

选项 D 当选，个人因出境定居而一次性领取的年金个人账户资金，或个人死亡后，其指定的受益人或法定继承人一次性领取的年金个人账户余额，适用综合所得税率表计算纳税；对个人除上述特殊原因外一次性领取年金个人账户资金或余额的，适用月度税率表计算纳税。

提示：年金按季领取的，平均分摊计入各月，按每月领取额适用月度税率表计算纳税。

2.58 🅢斯尔解析　**B**　本题考查个人养老金的具体规定。

选项 B 当选，个人缴纳的个人养老金，在限额内可以选择在综合所得或经营所得中据实扣除，不能选择在分类所得中扣除。

2.59 🅢斯尔解析　**B**　本题考查职工低价取得住房和员工取得股票期权的个人所得税规定。

选项 B 当选，具体计算过程如下：

（1）不可公开交易的股票期权应在行权时缴纳个人所得税，故 2023 年无须缴纳个人所得税。

（2）单位按低于购置或建造成本价格出售住房给职工，职工因此而少支付的差价部分，符合规定的，不并入当年综合所得，以差价收入除以 12 个月得到的数额，按照月度税率表确定适用税率和速算扣除数，单独计算纳税。

本题中差额 =800 000−500 000=300 000（元），以 300 000÷12=25 000（元），确定适用的税率为 20%、速算扣除数为 1 410 元。

综上，应缴纳个人所得税 =300 000×20%−1 410=58 590（元）。

选项 A 不当选，在计算低价取得住房应缴纳的个人所得税时，按照少支付的差价部分，全额单独适用综合所得税率表，确定适用的税率为 20%、速算扣除数为 16 920 元。

选项 C 不当选，在选项 A 的基础上，另外考虑了股票期权的应纳税额 =（5.6−2）× 20 000 × 10%−2 520=4 680（元）。

选项 D 不当选，在选项 B 的基础上，另外考虑了股票期权的应纳税额 4 680 元。

2.60 🔍斯尔解析　**D**　本题考查非上市公司员工取得的股票期权的递延纳税政策。

选项 D 当选，非上市公司授予本公司员工的股票期权、股权期权、限制性股票和股权奖励，符合规定条件的，经向主管税务机关备案，可实行递延纳税政策，即员工在取得股权激励时可暂不纳税，递延至转让该股权时纳税。

2.61 🔍斯尔解析　**C**　本题考查居民个人取得股票期权的个人所得税处理。

选项 C 当选，居民个人取得上市公司股票期权、股票增值权、限制性股票、股权奖励等股权激励，符合规定的相关条件的，不并入当年综合所得，全额单独适用综合所得税率表，计算纳税。

2.62 🔍斯尔解析　**C**　本题考查投资额抵扣投资人应纳税所得额政策的具体规定。

选项 C 当选，满足条件的，天使投资个人可以按投资额的 70% 抵扣转让该初创科技型企业股权取得的应纳税所得额。

提示：满足条件的，有限合伙制创投企业的个人投资者可以按投资额的 70% 抵扣从合伙创投企业分得的经营所得。

2.63 🔍斯尔解析　**C**　本题考查合伙制创业投资企业个人合伙人的个人所得税政策。

选项 C 当选，创投企业选择按单一投资基金核算的，创投企业个人合伙人从基金分得的股权转让所得，按被转让项目对应投资额的 70% 抵扣股权转让所得后，按 20% 税率纳税，当期不足抵扣的，不得向以后年度结转。

2.64 🔍斯尔解析　**D**　本题考查律师事务所从业人员取得的所得的个人所得税处理。

律师事务所雇员的所得，按"工资、薪金所得"征税。

对于律师事务所雇员的律师与律师事务所按规定的比例对收入分成取得的收入，分以下情况按规定处理：

（1）律师事务所不负担律师办理案件支出的费用，律师当月的分成收入按规定扣除办理案件支出的费用后，余额与律师事务所发给的工资合并，按"工资、薪金所得"项目计征个人所得税。（选项 D 当选）

（2）办案费用或其他个人费用在律师事务所报销的，计算其收入时不得再扣除办理案件支出费用。

2.65 🔍斯尔解析　**B**　本题考查无住所个人取得数月奖金所得来源地的确定。

选项 B 当选，具体计算过程如下：

（1）2023 年度汤姆先生在中国境内居住天数不超过 90 天，为非居民个人，因此汤姆先生仅须就境内所得中境内公司支付部分缴税。

（2）当月工资薪金收入额 = 当月境内支付工资薪金数额 × 当月在境内工作时间的比例，23 年第四季度的公历天数为 92 天。

综上，汤姆先生 2024 年 1 月取得 70 万元奖金中归属于境内的计税收入额 =20×40%×

（46÷92）+50×40%×（73÷365）=8（万元）。

选项 A 不当选，误认为境内公司支付的部分为应税收入。

选项 C 不当选，误认为境内所得部分全部为应税收入，未考虑境内所得境外企业负担部分免税。

选项 D 不当选，误认为全部所得均为应税收入。

2.66 🔍斯尔解析　**D**　本题考查公益性捐赠支出捐赠金额的确定。

个人发生的公益捐赠支出金额，按照以下规定确定：

（1）捐赠货币性资产的，按照实际捐赠金额确定。

（2）捐赠股权、房产的，按照个人持有股权、房产的财产原值确定。（选项 D 当选、选项 B 不当选）

（3）捐赠除股权、房产以外的其他非货币性资产，按照非货币性资产的市场价格确定。（选项 AC 不当选）

2.67 🔍斯尔解析　**D**　本题考查无住所个人取得数月奖金应纳税额的计算。

选项 D 当选，具体计算过程如下：

（1）计算应税收入额。

2023 年度杰克在境内居住的天数为 85 天（40+45），未超过 90 天，仅须就境内所得中境内公司支付部分缴税，计税收入额 =90 000×40÷（31+28+31）+91 000×45÷（30+31+30）=85 000（元）。

（2）计算应纳税额。

非居民个人一个月内取得数月奖金，单独计算当月收入额。不与当月其他工资、薪金合并，按 6 个月分摊计税，不减除费用，适用月度税率表计算应纳税额，故应纳税额 =（85 000÷6×20%-1 410）×6=8 540（元）。

选项 A 不当选，误将应税收入额全额适用综合税率表计算应纳税额。

选项 B 不当选，误用应税收入额除以 6 得到的税额，按照月度税率表，确定适用税率和速算扣除数，计算应纳税额。

选项 C 不当选，误将应税收入额全额适用月度税率表计算应纳税额。

提示：

（1）非居民个人取得数月奖金，无论取得几个月奖金，均按 6 个月分摊计税。

（2）如果非居民个人取得奖金的当月，同时取得工资、薪金，奖金收入需要单独计算，且不减除费用。

2.68 🔍斯尔解析　**B**　本题考查非居民个人取得工资、薪金所得的征收管理。

选项 B 当选、选项 A 不当选，非居民个人取得工资、薪金所得，有扣缴义务人的，由扣缴义务人根据月度税率表，按月代扣代缴税款，年终不办理汇算清缴。

选项 C 不当选，工资、薪金不能和劳务报酬合并计算。

选项 D 不当选，非居民个人不享受专项附加扣除。

提示：每月 5 000 元的费用减除额度仅适用非居民个人取得工资、薪金所得，非居民个人取得劳务报酬所得、稿酬所得、特许权使用费所得不可以减除 5 000 元。

二、多项选择题

2.69 🅢斯尔解析 **ADE** 本题考查"特许权使用费所得"的征税范围。

下列特殊项目,应按"特许权使用费所得"项目计征个人所得税:

(1)作者将自己的文字作品手稿原件或复印件公开拍卖所得。(选项 A 当选)

(2)个人取得特许权的经济赔偿收入。(选项 D 当选)

(3)编剧从电视剧的制作单位取得的剧本使用费。(选项 E 当选)

选项 B 不当选,财产继承人取得的遗作稿酬收入,应按"稿酬所得"项目计征个人所得税。

选项 C 不当选,任职、受雇于报纸、杂志等单位的记者、编辑等专业人员,在本单位的刊物上发表作品、出版图书取得所得,应按"工资、薪金所得"项目计征个人所得税。

2.70 🅢斯尔解析 **AD** 本题考查"利息、股息、红利所得"的征税范围。

选项 A 当选,个体工商户和从事生产、经营的个人,取得与生产经营活动无关的其他各项应税所得,应分别按照其他应税项目的有关规定,计算征收个人所得税。个体工商户对外投资取得的股息所得,应按"利息、股息、红利所得"项目计征个人所得税。

选项 D 当选,除个人独资企业、合伙企业以外的其他企业购买车辆并将车辆所有权办到股东个人名下的,应按"利息、股息、红利所得"项目计征个人所得税。

选项 B 不当选,个人独资企业、合伙企业的个人投资者以企业资金为本人、家庭成员及其相关人员支付与企业生产经营无关的消费性支出以及购买汽车、住房等财产性支出,应按"经营所得"项目计征个人所得税。

选项 C 不当选,企业员工收到个人独资企业为其购买的车辆,应按"工资、薪金所得"项目计征个人所得税。

选项 E 不当选,有限责任公司缴纳企业所得税,而不是个人所得税。

2.71 🅢斯尔解析 **AC** 本题考查"工资、薪金所得"的征税范围。

选项 B 不当选,属于"经营所得"。

选项 D 不当选,作者取得的所得按"稿酬所得"计税。

选项 E 不当选,证券经纪人取得的佣金收入应按"劳务报酬所得"计税。

2.72 🅢斯尔解析 **ABCD** 本题考查个人所得税全员全额扣缴申报的项目。

实行个人所得税全员全额扣缴申报的应税所得包括:

(1)工资、薪金所得。(选项 A 当选)

(2)劳务报酬所得。(选项 B 当选)

(3)稿酬所得。(选项 C 当选)

(4)特许权使用费所得。

(5)利息、股息、红利所得。

(6)财产租赁所得。(选项 D 当选)

(7)财产转让所得。

(8)偶然所得。

提示:在做题中可以反向记忆,除经营所得外的其他 8 项所得均实行全员全额扣缴申报。

2.73 斯尔解析　　**BD**　本题考查"偶然所得"的征税范围。

选项 A 不当选，个人取得特许权的经济赔偿收入，应按"特许权使用费所得"项目计征个人所得税。

选项 C 不当选，应按"利息、股息、红利所得"项目缴纳个人所得税。

选项 E 不当选，作者将自己的文字作品手稿原件或复印件公开拍卖（竞价）取得的所得，属于提供著作权的使用所得，应按"特许权使用费所得"项目计征个人所得税。

提示：

以下拍卖应按"财产转让所得"缴纳个人所得税：

（1）作者将他人的文字作品手稿原件或复印件拍卖。

（2）个人拍卖除文字作品原稿及复印件外的其他财产。

2.74 斯尔解析　　**AD**　本题考查"利息、股息、红利所得"的征税范围。

选项 A 当选，除个人独资企业、合伙企业以外的其他企业的个人投资者，以企业资金为本人、家庭成员及相关人员支付与生产经营无关的消费性支出以及购买汽车、住房等财产性支出，视为企业对个人投资者的红利分配，按"利息、股息、红利所得"项目计征个人所得税。

选项 D 当选，个人独资企业对外投资分回的利息或者股息、红利，不并入企业的收入，而应单独作为投资者个人取得的利息、股息、红利所得，按"利息、股息、红利所得"应税项目计算缴纳个人所得税。

选项 B 不当选，转让国家发行的金融债券的所得属于"财产转让所得"。

选项 CE 不当选，应按"经营所得"缴纳个人所得税。

提示：国家发行的金融债券利息免征个税所得税。

2.75 斯尔解析　　**BDE**　本题考查"劳务报酬所得"的征税范围。

选项 AC 不当选，应属于"工资、薪金所得"。

提示：

选项 D 中，如果陈某属于厂家雇员，奖励的出境旅游，应属于"工资、薪金所得"。

选项 E 中，如果王某是在公司任职的同时担任董事，董事费应与工资合并，统一按"工资、薪金所得"项目征税。

2.76 斯尔解析　　**ABDE**　本题考查个人所得税应税项目税率表的应用。

适用于按月换算的综合所得税率表：

（1）居民个人的全年一次性奖金单独计税。（选项 B 当选）

（2）个人达到国家规定的退休年龄后，按月领取的年金。（选项 E 当选）

（3）非居民个人取得的工资、薪金所得。（选项 A 当选）

（4）劳务报酬所得、稿酬所得和特许权使用费所得。（选项 D 当选）

选项 C 不当选，个人因提前退休而取得的一次性补贴收入，适用综合所得年度税率表计算纳税。

2.77 斯尔解析　　**BCDE**　本题考查个人投资者收购企业股权后企业的征收管理。

选项 BCDE 当选，企业发生股权交易及转增股本等事项后，应在次月 15 日内，将股东及其股权变化情况、股权交易前原账面记载的盈余积累额、转增股本数额及扣缴税款情况报告主管税务机关。

2.78 斯尔解析　　**BCD**　本题考查个人所得税所得来源地的确定。

下列所得，不论支付地点是否在中国境内，均为来源于中国境内的所得：

（1）因任职、受雇、履约等在中国境内提供劳务取得的所得。

（2）将财产出租给承租人在中国境内使用而取得的所得。（选项 E 不当选）

（3）许可各种特许权在中国境内使用而取得的所得。（选项 D 当选）

（4）转让中国境内的不动产等财产或者在中国境内转让其他财产取得的所得。

（5）从中国境内企业、事业单位、其他组织以及居民个人取得的利息、股息、红利所得。（选项 C 当选）

选项 B 当选，对于稿酬所得，由境内企业、事业单位、其他组织支付或者负担的稿酬所得，为来源于境内的所得。

选项 A 不当选，取得的培训所得属于劳务报酬所得，由于提供劳务的个人的所在地在境外，不属于来源于中国境内的所得。

2.79 斯尔解析　　**BE**　本题考查专项附加扣除的具体规定。

选项 A 不当选，住房贷款利息扣除的扣除标准是每月 1 000 元。

选项 C 不当选，纳税人不能扣除其父母发生的大病医疗支出。

选项 D 不当选，赡养老人专项附加扣除的起止时间为被赡养人年满 60 周岁的当月至赡养义务终止的"年末"，非"当月"。

2.80 斯尔解析　　**ACDE**　本题考查 3 岁以下婴幼儿照护专项附加扣除的规定。

选项 B 不当选，自 2022 年 1 月 1 日起，婴幼儿出生的"当月"至年满 3 周岁的"前一个月"，可以享受该政策。

2.81 斯尔解析　　**BD**　本题考查学历继续教育专项附加扣除的具体规定。

选项 B 当选，扣除期间为入学当月至教育结束的当月，同一学历（学位）最长不能超过 48 个月。

选项 D 当选、选项 C 不当选，个人接受本科及以下学历（学位）继续教育符合条件的，可以选择由父母按子女教育扣除，标准为 2 000 元 / 月；或本人按继续教育扣除，标准为 400 元 / 月。

选项 A 不当选，属于非全日制的学历（学位）继续教育，由纳税人本人按照继续教育扣除。

选项 E 不当选，学历（学位）继续教育和职业资格继续教育可以同时享受。

提示：属于全日制学历教育的硕士研究生、博士研究生，由其父母按照子女教育进行扣除；属于非全日制的学历（学位）继续教育，由纳税人本人按照继续教育扣除。

2.82 斯尔解析　　**ACE**　本题考查专项附加扣除的扣除。

选项 B 不当选，住房租金和住房贷款利息不能同时享受。

选项 D 不当选，大病医疗专项附加扣除仅可以在汇算清缴时享受。

2.83 斯尔解析　　**ABCD**　本题考查预扣预缴税款的特殊规定。

在个人所得税预扣预缴时，可以按照累计扣法计算的有：

（1）扣缴义务人向居民个人支付工资、薪金所得时，按照累计预扣法计算预扣税款。（选项 B 当选）

（2）扣缴义务人向保险营销员、证券经纪人支付佣金收入时，按照累计预扣法计算预扣税款。（选项 CD 当选）

（3）正在接受全日制学历教育的学生因实习取得劳务报酬所得的，扣缴义务人预扣预缴个人所得税时，按照累计预扣法计算并预扣预缴税款。（选项 A 当选）

选项 E 不当选，稿酬所得适用 20% 的预扣率进行计算。

2.84 ⑤斯尔解析　**ABCE**　本题考查个体工商户扣除项目的规定。

个体工商户下列支出不得税前扣除：

（1）个人所得税税款。

（2）税收滞纳金。（选项 E 当选）

（3）罚金、罚款和被没收财物的损失。

（4）不符合扣除规定的捐赠支出。

（5）赞助支出。（选项 B 当选）

（6）用于个人和家庭的支出。（选项 C 当选）

（7）与取得生产经营收入无关的其他支出、个体工商户代其从业人员或者他人负担的税款。

（8）国家税务总局规定不准扣除的支出。

选项 A 当选，个体工商户业主的工资、薪金支出不得税前扣除。

2.85 ⑤斯尔解析　**CE**　本题考查个体工商户扣除项目及标准的具体规定。

选项 C 当选，个人将其所得通过中国境内的公益性社会组织、国家机关向对教育、扶贫、济困等公益慈善事业进行捐赠，捐赠额未超过纳税人申报的应纳税所得额 30% 的部分，可以从其应纳税所得额中扣除。

选项 E 当选，业主本人实际发生的职工福利费扣除限额 ＝ 当地（地级市）上年度社会平均工资的 3 倍 ×14%，故在规定范围内发生的部分可以扣除。

选项 A 不当选，个体工商户为其从业人员发生的职工教育经费的扣除限额为工资薪金总额的 2.5%。

选项 B 不当选，个体工商户业务招待费的扣除限额为实际发生额的 60%，但最高不得超过当年销售（营业）收入的 5‰。

选项 D 不当选，个体工商户研究开发新产品、新技术、新工艺所发生的开发费用，以及研究开发新产品、新技术而购置单台价值在 10 万元以下的测试仪器和试验性装置的购置费准予直接扣除。选项中设备价值为 80 万元，其支出不能一次性扣除。

2.86 ⑤斯尔解析　**ABD**　本题考查个人独资企业可扣除项目和不可扣除项目的规定。

选项 C 不当选，罚款性质的支出，不得在个人所得税税前扣除。

选项 E 不当选，个人独资企业，投资者及其家庭发生的生活费用与企业生产经营费用混合在一起，并且难以划分的，全部视为投资者个人及其家庭发生的生活费用，不允许在税前扣除。

提示：个体工商户用于企业生产经营和家庭生活的支出，无法划分的，其 40% 视为与生产经营有关费用，准予扣除。

2.87 ⑤斯尔解析　**ABDE**　本题考查个人所得税核定征收管理的规定。

选项 C 不当选，纳税人发生纳税义务，未按照规定的期限办理纳税申报，经税务机关责令限期申报，逾期仍不申报的，主管税务机关应采取核定征收方式征收个人所得税。

2.88 🔍斯尔解析 **AE** 本题考查个人转让股权的相关规定。

选项 A 当选，股权转让，指个人将股权（不包括个人独资企业和合伙企业股权）转让给其他个人或法人的行为，公司回购股权，发生了股权转移，应按照"财产转让所得"项目计税。

选项 E 当选，以非货币性资产出资方式取得的股权，其原值应按照"投资入股时"（而不是股权转让时）非货币性资产价格与取得股权直接相关的合理税费之和确认。

选项 B 不当选，个人转让股权，以股权转让收入减除"股权原值"和"合理费用"后的余额为应纳税所得额。合理费用，指股权转让时按照规定支付的有关税费。

选项 C 不当选，转让方取得与股权转让相关的各种款项，包括违约金、补偿金以及以其他名目收回的款项、资产、权益等，应作为股权转让收入的一部分，按照"股权转让收入"项目计税。

选项 D 不当选，纳税人按照合同约定，在满足约定条件后取得的后续收入，应当作为股权转让收入。

2.89 🔍斯尔解析 **ABCE** 本题考查个人转让住房应纳税所得额的确定。

选项 A 当选，个人转让住房以应税收入减除房屋原值、转让住房过程中缴纳的税金及有关合理费用后的余额为应纳税所得额。

选项 E 当选、选项 D 不当选，转让住房过程中缴纳的税金，指纳税人在转让住房时实际缴纳的城市维护建设税、教育费附加、土地增值税、印花税等税金，不包含增值税。

选项 BC 当选，均为个人转让住房过程中可减除的合理费用，即纳税人按照规定实际支付的住房装修费用、住房贷款利息、手续费、公证费等费用。

2.90 🔍斯尔解析 **ABCD** 本题考查股权转让收入明显偏低的情形。

符合下列情形之一，视为股权转让收入明显偏低：

（1）申报股权转让收入低于股权对应的净资产份额的。（选项 B 当选）

（2）申报的股权转让收入低于初始投资成本或低于取得该股权所支付的价款及相关税费的。（选项 C 当选）

（3）申报的股权转让收入低于相同或类似条件下同一企业同一股东或其他股东股权转让收入的。（选项 E 不当选）

（4）申报的股权转让收入低于相同或类似条件下同类行业的企业股权转让收入的。（选项 D 当选）

（5）不具合理性的无偿让渡股权或股份。（选项 A 当选）

（6）主管税务机关认定的其他情形。

提示：税务机关在采取净资产核定法核定股权转让收入时，如果被投资企业的土地使用权、房屋、房地产企业未销售房产、知识产权、探矿权、采矿权、股权等资产占企业总资产比例超过 20% 的，主管税务机关可参照纳税人提供的具有法定资质的中介机构出具的资产评估报告核定股权转让收入。

2.91 🔍斯尔解析 **ADE** 本题考查个人处置部分"打包"债权的规定。

选项 B 不当选，应税收入按照个人取得的货币资产和非货币资产的评估价值或市场价值（不是账面价值）的合计数确定。

选项 C 不当选，当次处置债权成本费用 = 个人购置"打包"债权实际支出 × 当次处置债权账面价值 ÷ "打包"债权账面价值，而不是按照债权账面价值直接扣除。

2.92　🅢斯尔解析　**ABE**　本题考查公益性捐赠支出扣除顺序的相关规定。

选项 C 不当选，个人同时发生按 30% 扣除和全额扣除的公益捐赠支出，自行选择扣除次序。

选项 D 不当选，居民个人取得劳务报酬所得、稿酬所得、特许权使用费所得的，预扣预缴时不扣除公益捐赠，统一在汇算清缴时扣除。

提示：非居民个人发生的公益捐赠支出，未超过其在公益捐赠支出发生的当月应纳税所得额 30% 的部分，可以从其应纳税所得额中扣除。扣除不完的公益捐赠支出，可以在经营所得中继续扣除。

2.93　🅢斯尔解析　**ABCD**　本题考查个人所得税的征税范围。

下列不属于工资、薪金性质的补贴、津贴，不予征收个人所得税：

（1）独生子女补贴。

（2）执行公务员工资制度未纳入基本工资总额的补贴、津贴差额和家属成员的副食品补贴。

（3）托儿补助费。（选项 A 当选）

（4）差旅费津贴、误餐补助。（选项 CD 当选）

选项 B 当选，对工伤职工及其近亲属按照《中华人民共和国工伤保险条例》规定取得的一次性伤残保险待遇，免征个人所得税。

选项 E 不当选，个人领取年金时，不并入综合所得，全额单独计算应纳税额。

2.94　🅢斯尔解析　**ABDE**　本题考查个人所得税中关于利息收入的税收优惠。

选项 C 不当选，对个人投资者持有铁路债券取得的利息收入，减按 50% 征收个人所得税。

2.95　🅢斯尔解析　**BE**　本题考查个人所得税中关于股息红利的税收优惠。

选项 A 不当选，个人从非上市公司取得的股息、红利，照常征收个人所得税。

选项 C 不当选，个人从上市公司取得的股息、红利，持股期限在 1 个月以内（含 1 个月）的，全额计入应纳税所得额；持股期限在 1 个月以上至 1 年（含 1 年）的，减按 50% 计入应纳税所得额。

选项 D 不当选，个人持有上市公司限售股取得的股息、红利，在解禁前取得的，暂减按 50% 计入应纳税所得额；解禁后取得的，同持有上市公司股票的差别化股息红利政策。

2.96　🅢斯尔解析　**AD**　本题考查个人所得税中关于个人转让股权的税收优惠。

选项 BCE 不当选，个人转让非上市公司股权、上市公司限售股、"新三板"挂牌公司原始股所得，均应按照"财产转让所得"缴纳个人所得税。

2.97　🅢斯尔解析　**ABC**　本题考查个人所得税免税的税收优惠。

选项 A 当选，购买社会福利有奖募捐奖券、体育彩票一次中奖收入不超过 10 000 元的暂免征收个人所得税。

选项 B 当选，个人举报、协查各种违法、犯罪行为而获得的奖金免征个人所得税。

选项 C 当选，保险赔款收入免征个人所得税。

选项 D 不当选，一个纳税年度内在船航行时间累计满 183 天的远洋船员，其取得的工资、薪金收入减按 50% 计入应纳税所得额，而非免税。

选项 E 不当选，对个人转让"新三板"挂牌公司原始股取得的所得，按照"财产转让所得"，适用 20% 的比例税率征收个人所得税；对转让"新三板"挂牌公司非原始股取得的所得，暂免征个人所得税。

提示：购买社会福利有奖募捐奖券、体育彩票一次中奖收入不超过 10 000 元的暂免征收个人所得税；对一次中奖收入超过 10 000 元的，应按税法规定全额征税。

2.98 （斯尔解析）　**CD**　本题考查个人取得的与股票股权相关的各项所得征纳税规定。

选项 C 当选，内地个人投资者通过沪港通投资香港联交所上市股票取得的转让差价所得，2027 年 12 月 31 日前，暂免征收个人所得税。

选项 D 当选，香港市场个人投资者通过沪港通投资上交所上市 A 股取得的转让差价所得，暂免征收个人所得税。

选项 A 不当选，个人转让"新三板"挂牌公司原始股取得的所得，按照"财产转让所得"，适用 20% 的比例税率征收个人所得税；转让非原始股取得的所得，暂免征收个人所得税。

选项 B 不当选，个人持有上市公司股票取得的股息所得，适用差别化的个人所得税政策。

选项 E 不当选，个人从公开发行和转让市场取得的上市公司股票（含"新三板"挂牌公司股票）所取得股息、红利，实行差别化的个人所得税政策；从非上市公司取得的股息、红利所得，按"利息、股息、红利所得"征税。

2.99 （斯尔解析）　**CE**　本题考查个人所得税的相关规定。

选项 C 当选、选项 D 不当选，居民个人取得全年一次性奖金，在 2027 年 12 月 31 日前，可选择不并入当年综合所得，以全年一次性奖金收入除以 12 个月得到的数额（商数），依据月度税率表确定适用税率和速算扣除数，单独计算纳税；在一个纳税年度内，该计税办法只允许采用一次。

选项 E 当选、选项 A 不当选，全年一次性奖金包括年终加薪、实行年薪制和绩效工资办法的单位根据考核情况兑现的年薪和绩效工资，不包括半年奖。

选项 B 不当选，低价购房的差价部分，应单独计税。

2.100 （斯尔解析）　**ACDE**　本题考查居民个人取得上市公司股权激励的个人所得税处理。

选项 B 不当选，限制性股票个人所得税纳税义务发生时间为"每一批次"限制性股票解禁的日期。

2.101 （斯尔解析）　**ACDE**　本题考查非上市公司股权激励享受递延优惠政策应满足的条件。

享受递延纳税政策的非上市公司股权激励（包括股票期权、股权期权、限制性股票和股权奖励，下同）须同时满足以下条件：

（1）属于境内居民企业的股权激励计划。

（2）股权激励计划经公司董事会、股东（大）会审议通过。

（3）激励标的应为境内居民企业的本公司股权。

（4）激励对象应为公司董事会或股东（大）会决定的技术骨干和高级管理人员（选项 A 当选），激励对象人数累计不得超过本公司最近 6 个月在职职工平均人数的 30%。（选项 B 不当选）

（5）股票（权）期权自授予日起应持有满 3 年，且自行权日起应持有满 1 年；限制性股票自授予日起应持有满 3 年，且解禁后持有满 1 年；股权奖励自获得奖励之日起应持有满 3 年。上述时间条件须在股权激励计划中列明。（选项 CD 当选）

（6）股票（权）期权自授予日至行权日的时间不得超过 10 年。（选项 E 当选）

（7）实施股权奖励的公司及其奖励股权标的公司所属行业均不属于《股权奖励税收优惠政策限制性行业目录》范围。

2.102 斯尔解析　**CD**　本题考查科技成果转化取得股权奖励、现金奖励的所得税政策。

选项 AB 不当选，高新技术企业技术人员科技成果转化取得的股权奖励，可以在不超过 5 个公历年度内（含）分期缴纳。

选项 E 不当选，对于上市公司的股权奖励，员工在获得时，即应按"工资、薪金所得"计算纳税。

2.103 斯尔解析　**ADE**　本题考查取得转增股本的个人所得税规定。

选项 B 不当选，股份制企业用盈余公积派发红股，属于股息分配，应以派发红股的股票票面金额为收入额，按照"股息、红利所得"征税。

选项 C 不当选，上市公司用盈余公积向个人股东转增股本，属于"股息、红利所得"，个人股东应按照差别化的个人所得税政策执行。

2.104 斯尔解析　**ACDE**　本题考查纳税人无须办理汇算清缴的情形。

纳税人在 2023 年已依法预缴个人所得税且符合下列情形之一的，无须办理汇算：

（1）汇算需补税但综合所得收入全年不超过 12 万元的。（选项 A 当选）

（2）汇算需补税金额不超过 400 元的。（选项 C 当选）

（3）已预缴税额与汇算应纳税额一致的。（选项 E 当选）

（4）符合汇算退税条件但不申请退税的。（选项 D 当选）

选项 B 不当选，扣缴义务人未依法履行扣缴义务，造成少申报或者未申报综合所得的，纳税人应当依法据实办理汇算。

2.105 斯尔解析　**ABDE**　本题考查个人所得税扣缴义务人的法定义务。

选项 A 当选，支付工资、薪金所得的扣缴义务人应当于年度终了后两个月内，向纳税人提供其个人所得和已扣缴税款等信息。

选项 B 当选，扣缴义务人向居民个人支付工资、薪金所得时，应当按照累计预扣法计算预扣税款，并按月办理扣缴申报。

选项 D 当选，扣缴义务人发现纳税人提供的信息与实际情况不符的，可以要求纳税人修改。

选项 E 当选，扣缴义务人每月或者每次预扣、代扣的税款，应当在次月 15 日内缴入国库，并向税务机关报送《个人所得税扣缴申报表》。

三、计算题

2.106　（1） 斯尔解析　**D**　本小问考查无住所个人为境内公司高管时，工资、薪金应纳税额的计算。

选项 D 当选，具体计算过程如下：

①小丁在我国无住所，且一个纳税年度内在我国境内累计居住时间未满 183 天，属于非居民个人，应就每月工资、薪金所得单独适用月度表缴纳个人所得税。

②非居民个人在境内公司担任高管的情形下，在一个纳税年度内，在境内累计居住不超过 90 天，其取得工资、薪金所得中来源于境内的部分，或由境内雇主支付（负担）的部分均应计算缴纳个人所得税，因此其 3 月份取得的工资 31 000 元应全额纳税。

③外籍个人以非现金形式或实报实销形式取得的住房补贴、伙食补贴、搬迁费、洗衣费暂免征收个人所得税，现金形式的补贴需并入当月工资、薪金所得征收个人所得税，所以现金餐补 10 000 元要交税、实报实销的住房补贴 15 000 元免税。

④非居民个人取得工资、薪金所得，以每月收入额减除费用 5 000 元后的余额为应纳税所得额。

综上，小丁 1 月至 2 月工薪收入每月应缴纳个人所得税 =（50 000+10 000-5 000）×30%-4 410=12 090（元）。

3 月应缴纳个人所得税 =（31 000-5 000）×25%-2 660=3 840（元）

1—3 月工薪收入应纳税额合计 =12 090×2+3 840=28 020（元）

选项 A 不当选，未考虑非居民个人工资、薪金所得可以减除费用 5 000 元。

选项 B 不当选，误认为小丁仅就境内工作期间境内单位支付的部分纳税。

选项 C 不当选，误认为小丁仅就境内工作期间境内单位支付的部分纳税，且未考虑非居民个人工资、薪金所得可以减除费用 5 000 元。

(2) 斯尔解析 **B** 本小问考查非居民个人劳务报酬所得应纳税额的计算。

选项 B 当选，非居民个人取得劳务报酬所得，以收入减除 20% 的费用后的余额为收入额，适用按月换算的七级超额累进税率表计算应纳税额。故小丁取得的劳务报酬收入应纳税额 =50 000×（1-20%）×30%-4 410=7 590（元）。

选项 A 不当选，误适用综合所得税率表。

选项 C 不当选，误适用了居民个人取得劳务报酬预扣预缴的计算方式。

选项 D 不当选，未考虑 20% 的减除费用。

(3) 斯尔解析 **B** 本小问考查非居民个人取得股权激励应纳税额的计算。

选项 B 当选，非居民个人一个月内取得股权激励所得，不与当月其他工资、薪金合并，按 6 个月分摊计税，单独适用七级超额累进月度税率表，不得减除费用。

小丁股票期权行权取得的收入 =（37-1）×1 000=36 000（元），分摊至 6 个月，每月金额为 6 000 元，适用税率 10%、速算扣除数 210 元，应纳税额 =（6 000×10%-210）×6=2 340（元）。

选项 A 不当选，误按照 3 个月分摊计税，每月金额为 12 000 元，适用税率 10%、速算扣除数 210 元。

选项 C 不当选，误将股权激励全额适用税率 10% 及速算扣除数 210 元。

选项 D 不当选，全额适用了综合所得税率表。

(4) 斯尔解析 **B** 本小问考查非居民个人稿酬所得应纳税额的计算。

选项 B 当选，由境内单位支付的稿酬应属于来源于我国境内的所得，须缴纳个人所得税。非居民个人稿酬所得以收入减除 20% 的费用后的余额为收入额，稿酬所得的收入额再减按 70% 计算，适用月度税率表。

小丁稿酬所得应纳税所得额 =3 000×（1−20%）×70%=1 680（元）

应缴纳的个人所得税 =1 680×3%=50.4（元）

选项 A 不当选，误认为该项收入无须纳税。

选项 C 不当选，误适用了居民个人取得稿酬所得预扣预缴税额的计算方法。

选项 D 不当选，未考虑稿酬所得的收入额减按 70% 计算。

四、综合分析题

2.107 （1）⑤斯尔解析　A 本小问考查企业所得税的纳税调整项目。

选项 A 当选，具体计算过程如下：

①国债利息收入，免征企业所得税，应调减应纳税所得额 10 万元。

②符合条件的居民企业之间的股息、红利等权益性投资收益，免征企业所得税，但不包括连续持有居民企业公开发行并上市流通的股票不足 12 个月取得的投资收益。本题中的系自非上市居民企业取得的投资收益，享受免税的税收优惠，应调减应纳税所得额 40 万元。

③非广告性质的赞助支出不得在税前扣除，应调增应纳税所得额 300 万元。

综上，合计应调整金额 =−10−40+300=250（万元）。

选项 B 不当选，未考虑国债利息收入免税。

选项 C 不当选，未考虑从非上市居民企业取得的投资收益免税。

选项 D 不当选，既未考虑国债利息收入免税，也未考虑从非上市居民企业取得的投资收益免税。

提示：纳税调整项目金额中不包含允许弥补的以前年度亏损。

（2）⑤斯尔解析　B 本小问考查企业所得税的计算。

本小问考查的关键点是"以前年度亏损的结转弥补"和"纳税调整项目金额"。

选项 B 当选，企业某一纳税年度发生的亏损可以用下一年度的所得弥补，下一年度的所得不足以弥补的，可以逐年延续弥补，但最长不得超过 5 年；再结合第（1）小问的 250 万元可得出调整后的应纳税所得额 =667.5+250−50=867.5（万元），2023 年甲公司应缴纳企业所得税 =867.5×25%=216.88（万元）。

选项 A 不当选，直接用会计利润乘以税率计算税额，未考虑纳税调整项目金额及以前年度亏损可以结转弥补的规定。

选项 C 不当选，误用第（1）问中的选项 C 计算。

选项 D 不当选，误用第（1）问中的选项 D 计算。

（3）⑤斯尔解析　B 本小问考查居民个人经营所得个人所得税的计算。

选项 B 当选，具体计算过程如下：

①李某承包甲公司当年取得的经营所得 = 甲公司税后利润 − 承包费 =（667.5−216.88−400）×10 000=506 200（元）。

②由于李某无其他所得，计算其应纳税所得额时，允许扣除 60 000 元 / 年、专项扣除及专项

附加扣除。本题未列明专项扣除及专项附加扣除，则李某经营所得的应纳税所得额 =506 200-60 000=446 200（元），适用的税率为 30%、速算扣除数为 40 500 元，2023 年李某承包甲公司应缴纳个人所得税 =446 200×30%-40 500=93 360（元）。

选项 A 不当选，误用税前会计利润计算李某当年取得的经营所得。

选项 C 不当选，在计算李某的应纳税所得额时，未考虑生计费 60 000 元 / 年可以扣除。

选项 D 不当选，未仔细审题，误将员工王某的专项附加扣除视为承包者李某的扣除项目。

（4）斯尔解析 **A** 本小问考查居民个人工资、薪金所得预扣预缴的个人所得税计算。

选项 A 当选，具体计算过程如下：

王某取得的工资、薪金应按累计预扣法由甲公司预扣预缴，1 月累计预扣预缴应纳税所得额 =18 000-5 000-2 800-1 500=8 700（元），1 月预扣预缴的个人所得税 =8 700×3%=261（元）。

2 月累计预扣预缴应纳税所得额 =18 000×2-5 000×2-2 800×2-1 500×2=17 400（元）

2 月应预扣预缴的个人所得税 =17 400×3%-261=261（元）

选项 B 不当选，未减除 1 月份已经预扣预缴的税额。

选项 C 不当选，未考虑生计费 5 000 元 / 月可以扣除。

选项 D 不当选，未考虑生计费 5 000 元 / 月可以扣除且未减除 1 月份已经预扣预缴的税额。

（5）斯尔解析 **C** 本小问考查居民个人劳务报酬所得预扣预缴的计算。

选项 C 当选，具体计算过程如下：

①计算劳务报酬预扣预缴应纳税所得额时，应将收入与 4 000 元进行比较，超过 4 000 元的应扣除 20% 费用。

②劳务报酬所得适用三级超额累进预扣率。

综上，王某的劳务报酬应预扣预缴的个人所得税 =35 000×（1-20%）×30%-2 000=6 400（元）。

选项 A 不当选，未考虑 20% 的减除费用且误用了 20% 的预扣率。

选项 B 不当选，误用了 20% 的预扣率。

选项 D 不当选，未考虑 20% 的减除费用。

（6）斯尔解析 **B** 本小问考查综合所得汇算清缴补退税金额的计算。

选项 B 当选，具体计算过程如下：

①王某全年工资薪金所得预扣预缴的个人所得税 =（18 000×12-5 000×12-2 800×12-1 500×12）×10%-2 520=7 920（元）。

②王某的劳务报酬已预扣预缴的个人所得税 6 400 元。

③王某全年综合所得的应纳税所得额 =18 000×12+35 000×（1-20%）-5 000×12-2 800×12-1 500×12=132 400（元），全年应纳个人所得税 =132 400×10%-2 520=10 720（元）。

综上，王某 2023 年个人所得税综合所得汇算清缴时，应退个人所得税额 =7 920+6 400-10 720=3 600（元）。

选项 A 不当选，仅计算劳务报酬部分汇算清缴和预扣预缴的差额，但错误计算了劳务报酬所得在汇算清缴时的应纳税额。

选项 C 不当选，误将劳务报酬所得预扣预缴的税额全额退还。

选项 D 不当选，同选项 A 的计算思路，仅计算劳务报酬部分汇算清缴和预扣预缴的差额。

2.108 (1) <u>斯尔解析</u>　**D**　本小问考查商业健康保险的个人所得税政策。

选项 D 当选，单位统一为员工购买符合规定的商业健康保险产品的支出，应分别计入员工个人工资、薪金，视同个人购买，按 2 400 元 / 年的限额进行扣除。

(2) <u>斯尔解析</u>　**A**　本小问考查工资、薪金所得累计预扣预缴税额的计算。

选项 A 当选，具体计算过程如下：

①累计预扣预缴应纳税所得额 = 累计收入 - 累计免税收入 - 累计减除费用 - 累计专项扣除 - 累计专项附加扣除 - 累计依法确定的其他扣除 =20 000×12+3 600-5 000×12-3 000×12-2 400=145 200（元）。

②查找综合所得税率（年度表），适用 20% 税率、速算扣除数为 16 920 元。

综上，累计预扣预缴个人所得税额 =145 200×20%-16 920=12 120（元）。

选项 B 不当选，未考虑商业健康保险费用 3 600 元应计入王某的工资、薪金总额中，且按照 3 600 元 / 年进行扣除。

选项 C 不当选，未考虑商业健康保险费用 3 600 元应计入王某的工资、薪金总额中，但依旧按照 2 400 元 / 年进行扣除。

选项 D 不当选，在计算赡养老人专项附加扣除时，误按照满足 60 周岁的老人人数计算，即 1 500 元 / 月。

提示：

①商业健康保险费用 3 600 元应计入王某的工资、薪金总额，扣除限额是 2 400 元。

②王某的父亲在 2023 年 1 月年满 60 周岁，王某为独生子，故王某自 1 月起即可享受 3 000 元 / 月的专项附加扣除。

(3) <u>斯尔解析</u>　**C**　本小问考查公益慈善事业捐赠扣除的规定。

选项 C 当选，个人将其所得通过中国境内的社会团体、国家机关向遭受严重自然灾害地区、贫困地区捐赠，可以选择在分类所得（偶然所得）中扣除，扣除限额为当月该分类所得应纳税所得额的 30%。本题中扣除限额 =100×30%=30（万元），捐款支出 40 万元超过扣除限额，所以王某向贫困地区的捐款可以税前扣除的金额为 30 万元。

选项 A 不当选，误认为通过"县级"人民政府的捐赠不可扣除。

选项 B 不当选，误认为扣除限额为当月该分类所得应纳税所得额的 12%。

选项 D 不当选，误认为向贫困地区的捐赠可以全额据实扣除。

(4) <u>斯尔解析</u>　**C**　本小问结合捐赠支出考查偶然所得应纳税额的计算。

选项 C 当选，偶然所得以每次收入额为应纳税所得额，本题应扣除允许扣除的公益性捐赠金额 30 万元。王某取得的彩票中奖收入应缴纳的个人所得税 =（100-30）×20%=14（万元）。

选项 A 不当选，误用第（3）题的选项 A 计算得出。

选项 B 不当选，误用第（3）题的选项 B 计算得出。

选项 D 不当选，误用第（3）题的选项 D 计算得出。

(5) 🔍斯尔解析　　**B**　本小问考查个人持有上市公司股票取得分红收入相关的个人所得税政策。

选项 B 当选，个人从公开发行和转让市场取得的上市公司股票，持股期限超过 1 年的，股息红利所得暂免征收个人所得税。持股期限在 1 个月以内（含 1 个月）的，其股息红利所得全额计入应纳税所得额；持股期限在 1 个月以上至 1 年（含 1 年）的，暂减按 50% 计入应纳税所得额；上述所得统一适用 20% 的税率计征个人所得税。因此，王某取得的 6 000 元股票分红全额免税、8 000 元股票分红应减按 50% 征收，应缴纳的个人所得税 =8 000×50%×20%=800（元）。

选项 A 不当选，误认为持有上市公司股票，不论持有期限，取得的所得均免税。

选项 C 不当选，误认为持有上市公司股票，不论持有期限，取得的分红收入均减按 50% 计入应纳税所得额。

选项 D 不当选，未考虑持有上市公司股票时间在 1 个月以上至 1 年（含 1 年）的，暂减按 50% 计入应纳税所得额。

(6) 🔍斯尔解析　　**A**　本小问考查个人转让上市公司股票取得的所得相关的个人所得税政策。

选项 A 当选，对个人转让境内上市公司的股票转让所得暂不征收个人所得税，故王某取得的 167 000 元股权转让所得免税。

选项 B 不当选，误认为个人转让境内上市公司股票减按 10% 税率（或减按 50% 计入应纳税所得额）计算税额。

选项 C 不当选，误认为个人转让境内上市公司股票减按 15% 税率计算税额。

选项 D 不当选，误认为个人转让境内上市公司应按 20% 税率计算税额。

2.109　(1) 🔍斯尔解析　　**A**　本小问考查工资薪金所得预扣预缴的优化规定。

选项 A 当选，对一个纳税年度内首次取得工资、薪金所得的居民个人，扣缴义务人在预扣预缴个人所得税时，可按照 5 000 元 / 月乘以纳税人当年截至本月在本单位的月份数计算累计减除费用，故计算 6 月预扣预缴应纳税所得额时，可直接减除费用 5 000×6=30 000（元），无须预扣预缴个人所得税。

选项 B 不当选，在计算可以扣除的生计费时，误按照纳税人当年在本单位任职月份数计算。

选项 C 不当选，未考虑生计费的扣除规定。

选项 D 不当选，在计算可以扣除的生计费时，误按照纳税人当年在本单位任职月份数计算；且在计算赡养老人专项附加扣除时，误按照老人人数计算。

(2) 🔍斯尔解析　　**C**　本小问考查全年一次性奖金的计算。

选项 C 当选，居民个人取得全年一次性奖金，选择不并入综合所得的，以全年一次性奖金收入除以 12 个月得到的数额，按照按月换算后的综合所得税率表（月度表），确定适用税率和速算扣除数，单独计算纳税。100 000÷12=8 333.33（元），适用税率 10%、速算扣除数 210 元。取得全年一次性奖金应纳税额 =100 000×10%−210=9 790（元）。

选项 A 不当选，误按照并入当月综合所得计算税额。

选项 B 不当选，直接用一次性奖金全额，按照综合所得税率表，确定适用税率和速算扣除数。

选项 D 不当选，误将一次性奖金按照 20% 税率计算税。

(3) ⑤斯尔解析 A 本小问考查居民个人取得境外综合所得时，抵免限额的计算。

选项 A 当选，具体计算过程如下：

①计算境内外综合所得收入额。

境内收入额 =18 000×7=126 000（元）

境外收入额 =20 000×（1-20%）×70%=11 200（元）

境内外收入额合计 =126 000+11 200=137 200（元）

②来源于中国境外的综合所得，应当与境内综合所得合并计算应纳税额。

应纳税所得额 =137 200-60 000-3 000×7-3 000×12=20 200（元）

应纳税额 =20 200×3%=606（元）

③用境外收入额占比计算来源于 A 国的抵免限额。

抵免限额 =606×（11 200÷137 200）=49.47（元）

选项 B 不当选，在计算境外所得抵免限额是误用"收入占比"而非收入额占比进行计算。

选项 C 不当选，在计算享受专项扣除的月份时，误乘以 12。

选项 D 不当选，误认为境外已缴纳的税款可以全部抵减。

提示：

①稿酬所得的收入额减按 70% 计算。

②赵先生全年享受赡养老人专项附加扣除，故月份数为 12；享受专项扣除的月份为在职月份，月份数为 7。

(4) ⑤斯尔解析 A 本小问考查财产租赁所得应纳税额的计算。

选项 A 当选，具体计算过程如下：

①对于财产租赁收入，每次收入超过 4 000 元的，允许减除 20% 费用，应纳税所得额 =［每次（月）收入额 - 准予扣除项目 - 修缮费用（800 元为限）］×（1-20%）。

②对个人按市场价格出租的居民住房取得的所得，暂减按 10% 的税率征收个人所得税。

综上，赵先生出租住房 7 月应缴纳的个人所得税 =（6 000-800）×（1-20%）×10%=416（元）。

选项 B 不当选，未考虑实际开支的修缮费用可以按 800 元 / 次的限额准予扣除。

选项 C 不当选，未考虑个人按市场价格出租住房减按 10% 征收个人所得税。

选项 D 不当选，未考虑实际开支的修缮费用可以按 800 元 / 次的限额准予扣除且未考虑个人按市场价格出租住房减按 10% 征收个人所得税的税收优惠。

(5) ⑤斯尔解析 B 本小问考查拍卖收入的个人所得税政策。

选项 B 当选，赵先生拍卖字画取得的所得属于财产转让所得，应纳税所得额 = 每次收入额 - 财产原值 - 合理费用，适用 20% 的比例税率。故应缴纳的个人所得税 =（33 000-12 000-2 000）×20%=3 800（元）。

选项 A 不当选，直接适用拍卖财产原值计算应纳税所得额。

选项 C 不当选，误认为发生的拍卖费 2 000 元不能扣除。

选项 D 不当选，误认为财产转让所得应按照转让收入全额纳税。

(6) 🔍斯尔解析　**AC**　本小问考查个人所得税的免税项目。

选项 A 当选，国债和国家发行的金融债券利息免税。

选项 C 当选，保险赔款免税。

选项 B 不当选，转让国债的收入应按"财产转让所得"项目征税。

选项 D 不当选，个人实际领（支）取原提存的基本养老保险金、基本医疗保险金、失业保险金和住房公积金时，免征个人所得税。

选项 E 不当选，企业债券利息应按"利息、股息、红利所得"征税。

2.110　**(1)** 🔍斯尔解析　**A**　本小问综合考查天使投资人的税收优惠、公益性捐赠支出扣除的规定以及财产转让所得的税额计算。

选项 A 当选，具体计算过程如下：

①天使投资个人采取股权投资方式直接投资于初创科技型企业满 2 年的，可以按照投资额的 70% 抵扣转让该初创科技型企业股权取得的应纳税所得额；当期不足抵扣的，可以在以后取得转让该初创科技型企业股权的应纳税所得额时结转抵扣。

②业务（5）通过某市教育局向农村义务教育捐赠 300 万元，选择在股份转让所得中扣除；个人通过非营利性的社会团体和政府部门对农村义务教育、教育事业的捐赠，税前可以据实扣除。

③股份转让，按照"财产转让所得"项目征税，依照 20% 的税率计算纳税。

综上，程某取得的股份转让所得应缴纳个人所得税 =（$11.5 \times 100 - 2.5 \times 100 - 500 \times 70\% - 300$）$\times 20\% = 50$（万元）。

选项 B 不当选，未考虑天使投资人的税收优惠。

选项 C 不当选，误认为该公益性捐赠支出是限额扣除的项目。

选项 D 不当选，未考虑天使投资人的税收优惠且误认为该公益性捐赠支出是限额扣除的项目。

(2) 🔍斯尔解析　**D**　本小问考查个人取得转增股本的个人所得税规定。

选项 D 当选，具体计算过程如下：

①股份制企业用股权溢价发行形成的资本公积转增股本，不属于股息性质的分配，个人取得的转增股本不征收个人所得税。

②股份制企业用盈余公积/未分配利润派发红股，属于股息分配，应以派发红股的股票票面金额为收入额，按照"股息、红利所得"征税。

综上，程某取得的转增股本所得应缴纳个人所得税 =$30 \times 20\% = 6$（万元）。

选项 A 不当选，误认为 80 万元全额均要缴纳个人所得税。

选项 B 不当选，误认为 80 万元应减按 50% 缴纳个人所得税。

选项 C 不当选，误认为未分配利润转增股本免税，而股权溢价形成的资本公积转增股本应纳税。

(3) 🔍斯尔解析　**ABCE**　本小问考查公益性捐赠支出扣除的相关规定。

选项 D 不当选，在经营所得中扣除公益捐赠支出的，可以选择在预缴税款时扣除，也可以选择在汇算清缴时扣除。

(4) Ⓢ斯尔解析　**D**　本小问综合考查合伙人经营所得税款的计算及公益性捐赠支出扣除的规定。

选项 D 当选，具体计算过程如下：

①合伙企业的合伙人以合伙企业的生产经营所得（包括分配给合伙人的所得和企业当年留存的所得）按照比例分配后确定应纳税所得额，即按照 800×10% 确定经营所得，而不是按分回的 50 万元。

②业务（5）通过某县民政部门捐赠现金 52 万元用于抗洪救灾，选择在经营所得中扣除。对扶贫、济困等公益慈善事业进行捐赠，按照应纳税所得额 30% 限额扣除。

③程某为居民个人，对其全球应纳税所得负有无限纳税义务，因此需要将境内外经营所得收入合并。

④取得经营所得的个人，没有综合所得的，在计算其每一纳税年度的应纳税所得额时，应当减除费用 6 万元、专项扣除、专项附加扣除以及依法确定的其他扣除。

因此，公益性捐赠税前扣除限额 =（800×10%+48.91-6-0.44×12）×30%=35.29（万元）<实际支出额 52 万元，税前按照 35.29 万元扣除。

综上，程某取得的境内外经营所得的应纳税所得额 =800×10%+48.91-6-0.44×12-35.29=82.34（万元）。

选项 A 不当选，在计算经营所得应纳税所得额时未考虑基本减除费用及专项附加扣除。

选项 B 不当选，误以分回的 50 万元作为自合伙企业取得的经营所得。

选项 C 不当选，误以分回的 50 万元作为自合伙企业取得的经营所得且在计算经营所得应纳税所得额时未考虑基本减除费用及专项附加扣除。

(5) Ⓢ斯尔解析　**A**　本小问考查居民个人境外经营所得抵免限额的计算。

选项 A 当选，具体计算过程如下：

①抵免限额为境外所得依照我国税法规定计算的应纳税额。来源于某国经营所得的抵免限额 = 境内外合并经营所得应纳税额 × 来源于该国的经营所得应纳税所得额 ÷ 境内外合并经营所得应纳税所得额合计。

②境内外合并经营所得应纳税所得额为 82.34 万元，查看经营所得税率表，适用税率为 35%、速算扣除数为 6.55 万元。即，境内外合并经营所得应纳税额 =82.34×35%-6.55=22.27（万元）。

综上，程某取得的境外经营所得的抵免限额 =22.27×48.91÷82.34=13.23（万元）。

(6) Ⓢ斯尔解析　**B**　本小问考查居民个人经营所得税款的计算。

选项 B 当选，程某境内外经营所得应缴纳个人所得税 =82.34×35%-6.55-2.76=19.51（万元）。

单项选择题

2.111 ▶ B

单项选择题

2.111 **B** 本题考查个人投资的税收优惠政策。

选项 B 当选，自 2021 年 11 月 7 日起至 2025 年 12 月 31 日止，对境外机构投资境内债券市场取得的债券利息收入暂免征收企业所得税。此规定针对的是机构投资者，对于个人投资者不适用。

第三章 国际税收
答案与解析

一、单项选择题

3.1 ▶ B	3.2 ▶ C	3.3 ▶ A	3.4 ▶ A	3.5 ▶ D
3.6 ▶ C	3.7 ▶ D	3.8 ▶ B	3.9 ▶ A	3.10 ▶ B
3.11 ▶ B	3.12 ▶ C	3.13 ▶ C	3.14 ▶ B	3.15 ▶ D
3.16 ▶ C	3.17 ▶ B	3.18 ▶ C	3.19 ▶ C	3.20 ▶ D
3.21 ▶ B	3.22 ▶ B	3.23 ▶ D	3.24 ▶ B	3.25 ▶ B
3.26 ▶ C	3.27 ▶ D			

二、多项选择题

3.28 ▶ ABCD	3.29 ▶ BD	3.30 ▶ ADE	3.31 ▶ ADE	3.32 ▶ BD
3.33 ▶ ABCE	3.34 ▶ BCDE	3.35 ▶ ABCE	3.36 ▶ ABCD	3.37 ▶ ABDE
3.38 ▶ ABE	3.39 ▶ ABCE	3.40 ▶ BDE	3.41 ▶ ABCE	3.42 ▶ ABCD
3.43 ▶ ACD	3.44 ▶ BCE	3.45 ▶ ABDE	3.46 ▶ ABDE	

三、计算题

| 3.47（1） ► C | 3.47（2） ► C | 3.47（3） ► D | 3.47（4） ► B |

| 3.48（1） ► A | 3.48（2） ► A | 3.48（3） ► A | 3.48（4） ► A |

| 3.49（1） ► C | 3.49（2） ► B | 3.49（3） ► D | 3.49（4） ► B |

一、单项选择题

3.1 斯尔解析 **B** 本题考查国际税收协定范本划分的标准。

根据 OECD 拟定的国际税收协定范本的标准，财产税大体分为三类：

（1）不动产税，指土地、房屋、建筑物等不动产在产权不发生转移的情况下，对不动产的价值，或让渡不动产的使用权而取得的收益所征的税，如土地税、房屋税等。

（2）财产净值税，或称财富税，是对财产的产权人或使用人不论其是否取得收益，依据财产价值课征的税。

（3）财产转移税，是对出售资产取得的收益和对转移财产征收的税，如资本利得税、遗产税和赠与税。（选项 B 当选）

3.2 斯尔解析 **C** 本题考查国际税收产生的基础。

选项 C 当选，国家间对商品服务、所得、财产课税的制度差异是国际税收产生的基础。

提示：

（1）国际税收的实质是国家之间的税收分配关系和税收协调关系。

（2）税收管辖权的重叠，是国际重复征税问题产生的主要原因。

3.3 斯尔解析 **A** 本题考查常设机构利润确定具体方法的含义。

选项 A 当选，归属法是指常设机构所在国行使收入来源地管辖权课税，只能以归属于该常设机构的营业利润为课税范围，而不能扩大到对该常设机构所依附的对方国家企业来源于其国内的营业利润。

选项 B 不当选，分配法是指按照企业总利润的一定比例确定其设在非居住国的常设机构所得。

选项 C 不当选，核定法是指按该常设机构的营业收入额核定利润或按经费支出额推算利润。

选项 D 不当选，引力法是指常设机构所在国除了以归属于该常设机构的营业利润为课税范围以外，对并不通过该常设机构，但经营的业务与该常设机构经营相同或同类取得的所得，也要归属该常设机构合并征税。

3.4 斯尔解析 **A** 本题考查国际公认的常设机构利润的确定方法。

选项 A 当选，常设机构利润范围的确定一般采用归属法和引力法，归属法也称"实际所得法"，并已得到国际公认。

3.5 斯尔解析 **D** 本题考查跨国表演艺术家劳务所得来源地的判定标准。

选项 D 当选，对于跨国从事演出、表演或者参加比赛的演员、艺术家和运动员取得的所得，均由活动所在国行使收入来源地管辖权征税。

3.6 斯尔解析 **C** 本题考查董事费来源地的判定标准。

选项 C 当选，跨国公司的董事或其他高级管理人员，其所得来源地税收管辖权的判定标准是所得支付地。

3.7 斯尔解析 **D** 本题考查投资所得来源地的确定标准。

选项 D 当选，对于投资所得，国际上通常适用的标准是双方分享征税权力，即按利益共享原则，合理划分这类权利的提供方和使用方双方国家的征税权，对非居住国征税的最高额做出限制。

3.8 斯尔解析 **B** 本题考查不同类型所得来源地的确定标准。

选项 B 当选，销售动产收益，国际上通常考虑与企业利润征税权原则相一致，由转让者的居住国征税。

3.9 斯尔解析 **A** 本题考查税收居民的加比规则。

选项 A 当选，为了解决个人最终居民身份的归属，协定进一步规定了以下确定标准，需特别注意的是，这些标准的使用是有先后顺序的，只有当使用前一标准无法解决问题时，才能使用后一标准。这些标准依次为：（1）永久性住所；（2）重要利益中心；（3）习惯性居处；（4）国籍。当采用上述标准依次判断仍然无法确定其身份时，可由缔约国双方主管当局按照协定规定的相互协商程序协商解决。

3.10 斯尔解析 **B** 本题考查常设机构的判定。

选项 B 当选，缔约国一方企业派雇员或其雇佣的其他人员到缔约国一方提供劳务，任何 12 个月内这些人员为从事劳务活动在对方停留连续或累计超过 183 天，构成常设机构。

选项 A 不当选，专门从事准备性或辅助性活动的固定场所，不应被认定为常设机构。

选项 C 不当选，经纪人、中间商等一般佣金代理人等属于独立代理人，独立代理人不应被视为常设机构。

选项 D 不当选，缔约国一方企业在缔约国对方的建筑工地，建筑、装配或安装工程，或者与其有关的监督管理活动，持续时间为 6 个月以上的，构成常设机构。

3.11 斯尔解析 **B** 本题考查国际运输收入的范围。

缔约国一方企业以船舶或飞机从事国际运输业务从缔约国另一方取得的收入，在缔约国另一方免予征税。

选项 B 当选，选项 D 不当选，以程租、期租形式出租船舶或以湿租形式出租飞机（包括所有设备、人员及供应）取得的租赁收入，属于国际运输收入，在中国免予征税。

选项 A 不当选，从事国际运输的企业取得的国际运输收入存于对方产生的利息，属于国际运输收入，在中国免予征税。

选项 C 不当选，企业以光租形式出租船舶或以干租形式出租飞机取得的收入，不属于国际运输收入，在中国应征税，但附属国际运输业务的租赁业务收入应视同国际运输收入处理，本选项表述不完整。

3.12 斯尔解析 **C** 本题考查境内外居民企业所得税应纳税所得额的计算。

选项 C 当选，根据该居民企业在甲国缴纳的企业所得税 40 万元，可知其应纳税所得

额 =40÷20%=200（万元）。居民企业承担全球（境内、境外）纳税的义务，故其应纳税所得额 =800+200=1 000（万元）。

3.13 Ⓢ斯尔解析　C　本题考查境外利息应纳税所得额的计算。

选项 C 当选，具体计算过程如下：

该银行来源于境外利息收入的应纳税所得额，应为已缴纳境外预提所得税税前就合同约定的利息收入总额，再对应调整扣除相关筹资成本费用等。

因此，应纳税所得额 =300×5%−300×4%=3（万元）。

3.14 Ⓢ斯尔解析　B　本题考查国际税收协定的概念。

选项 A 不当选，税收协定主要是通过降低所得来源国税率（而非居住国税率）或提高征税门槛，来限制其按照国内税收法律征税的权利，同时规定居民国对境外已纳税所得给予税收抵免。

选项 C 不当选，税收协定的税种范围主要包括所得税，部分协定中还包括财产税。

选项 D 不当选，税收协定中人的范围主要包括个人、公司和其他团体，部分协定中还包括合伙企业等。

3.15 Ⓢ斯尔解析　D　本题考查资本弱化特殊事项文档的具体含义。

选项 D 当选，企业关联债资比超过标准比例需要说明符合独立交易原则的，应当准备资本弱化特殊事项文档。

提示：企业签订或者执行成本分摊协议的，应当提供成本分摊协议特殊事项文档。

3.16 Ⓢ斯尔解析　C　本题考查特别纳税调整程序实施的具体规定。

选项 C 当选，税务机关对企业实施特别纳税调整，涉及企业向境外关联方支付利息、租金、特许权使用费的，除另有规定外，不调整已扣缴的税款。

3.17 Ⓢ斯尔解析　B　本题考查预约定价安排关联交易价格的确定方法。

选项 B 当选，预约定价安排采用四分位法确定价格或者利润水平。预约定价安排执行期间，如果企业当年实际经营结果在四分位区间之外，税务机关可以将实际经营结果调整到四分位区间中位值。

提示：税务机关在转让定价调查的过程中，分析评估被调查企业关联交易是否符合独立交易原则时，可以选择算术平均法、加权平均法或者四分位法等统计方法，计算可比企业利润或者价格的平均值或者四分位区间。注意区分转让定价调查过程可选择的统计方法和预约定价安排关联交易价格的确定方法。

3.18 Ⓢ斯尔解析　C　本题考查转让定价方法中的成本加成法的计算公式。

选项 C 当选，成本加成法是指以关联交易发生的合理成本加上可比非关联交易毛利作为关联交易的公平成交价格。其计算公式为：公平成交价格 = 关联交易发生的合理成本 ×（1+ 可比非关联交易成本加成率）。

提示：注意与再销售价格法的区分，再销售价格法是以关联方购进商品再销售给非关联方的价格减去可比非关联交易毛利后的金额作为关联方购进商品的公平成交价格，计算公式为：公平成交价格 = 再销售给非关联方的价格 ×（1− 可比非关联交易毛利率）。

上述两个公式看似易混淆，其实在理解确定方法原理的基础上即可推导出公式，无须死记硬背。

3.19 斯尔解析 **C** 本题考查特别纳税调整转让定价方法的具体含义。

选项 A 不当选，交易净利润法是以可比非关联交易的利润率指标确定关联交易的净利润的方法。

选项 B 不当选，一般利润分割法是指根据关联交易各参与方所执行的功能、承担的风险以及使用的资产，确定各自应取得的合理利润的方法。

选项 D 不当选，收益法是指通过评估标的未来预期收益现值来确定其价值的评估方法。

3.20 斯尔解析 **D** 本题考查同期资料管理的规定。

选项 A 不当选，年度关联交易总额超过 10 亿元的企业应准备主体文档。

选项 B 不当选，年度关联交易中金融资产转让金额超过 1 亿元的企业应准备本地文档（而非主体文档）。

选项 C 不当选，主体文档主要披露最终控股企业所属企业集团的全球业务整体情况，本地文档主要披露企业关联交易的详细信息。

3.21 斯尔解析 **B** 本题考查预约定价安排的管理和监控。

选项 A 不当选，预约定价安排采用四分位法确定价格或者利润水平。

选项 C 不当选，预约定价安排执行期间，主管税务机关与企业发生分歧的，双方应当进行协商。协商不能解决的，可以报上一级税务机关协调；涉及双边或者多边预约定价安排的，必须层报国家税务总局协调。

选项 D 不当选，预约定价安排执行期间，企业发生影响预约定价安排的实质性变化，应当在发生变化之日起 30 日内书面报告主管税务机关，详细说明该变化对执行预约定价安排的影响，并附送相关资料。

提示：预约定价安排执行期满后自动失效，企业申请续签的，应当在预约定价安排执行期满之日前 90 日内向税务机关提出续签申请。

3.22 斯尔解析 **B** 本题考查资本弱化的细节规定。

选项 B 当选，如果所有者权益小于实收资本（股本）与资本公积之和，则权益投资为实收资本（股本）与资本公积之和；如果实收资本（股本）与资本公积之和小于实收资本（股本）金额，则权益投资为实收资本（股本）金额。

3.23 斯尔解析 **D** 本题考查消极非金融机构的判断。

选项 D 当选，上一公历年度内，股息、利息、租金、特许权使用费收入等不属于积极经营活动的收入，以及据以产生前述收入的金融资产的转让收入占总收入比重 50% 以上的非金融机构属于消极非金融机构。

不属于消极非金融机构的有：

（1）上市公司及其关联机构。（选项 B 不当选）

（2）政府机构或者履行公共服务职能的机构。

（3）仅为了持有非金融机构股权或者向其提供融资和服务而设立的控股公司。

（4）成立时间不足 24 个月且尚未开展业务的企业。

（5）正处于资产清算或者重组过程中的企业。（选项 C 不当选）

（6）仅与本集团（该集团内机构均为非金融机构）内关联机构开展融资或者对冲交易的企业。

（7）非营利组织。（选项 A 不当选）

3.24 〔斯尔解析〕 **B** 本题考查 BEPS 行动计划的产出结果。

选项 B 当选，OECD 于 2014 年 7 月发布了《金融账户涉税信息自动交换标准》，标准由《主管当局协议范本》（MCAA）和《统一报告标准》（CRS）两部分内容组成，为各国加强国际税收合作、打击跨境逃避税提供了强有力的工具。

选项 ACD 不当选，OECD 发布了 BEPS 行动计划全部 15 项产出成果，包括 13 份最终报告和 1 份解释性声明，选项 ACD 属于 15 项产出成果的范围。

3.25 〔斯尔解析〕 **B** 本题考查减除国际重复征税的方法。

选项 B 当选，目前国际上居住国政府可选择采用免税法、抵免法、税收饶让、扣除法和低税法等方法，减除国际重复征税，其中抵免法是普遍采用的方法。

3.26 〔斯尔解析〕 **C** 本题考查境内、境外所得之间亏损弥补的具体规定。

选项 C 当选，企业整体亏损（即境内外应纳税所得额小于 0），则企业境内外整体上亏损的金额（境外的亏损超过境内盈利的部分），要按照企业所得税法规定在 5 年内弥补；未超过的部分属于非实际亏损额，可以无限期结转。故本题中境外分支机构亏损额未超过企业盈利部分的非实际亏损额 500 万元，可以无限期弥补。

3.27 〔斯尔解析〕 **D** 本题考查抵免限额计算方法的选择。

选项 D 当选，当跨国纳税人的国外经营活动盈亏并存时，实行分国限额法对纳税人有利。

选项 AB 不当选，我国纳税人不可以选择分项计算抵免限额的方式确定抵免限额。

选项 C 不当选，当国外普遍盈利且与国内税率不一致时，实行综合限额法对纳税人有利。

二、多项选择题

3.28 〔斯尔解析〕 **ABCD** 本题考查约束"法人居民管辖权"的国际惯例。

法人居民的判定标准主要有四个：

（1）注册地标准。（选项 A 当选）

（2）实际管理和控制中心所在地标准。（选项 B 当选）

（3）总机构所在地标准。（选项 C 当选）

（4）控股权标准（又称资本控制标准）。（选项 D 当选）

3.29 〔斯尔解析〕 **BD** 本题考查国际公认的常设机构利润的计算方法。

选项 BD 当选，常设机构的利润计算通常采用分配法和核定法。

提示：利润范围的确定一般采用归属法和引力法，利润的计算通常采用分配法和核定法，注意二者的辨析。

3.30 〔斯尔解析〕 **ADE** 本题考查独立个人劳务来源地的判定标准。

选项 ADE 当选，独立个人劳务所得来源地的确定，国际上通常采用三种标准：

（1）固定基地标准（如诊疗所、事务所等）。

（2）停留期间标准。

（3）所得支付者标准。

提示：非独立劳务来源地的判定标准有两个，即停留期间标准和所得支付者标准。相比于独立个人劳务，无"固定基地标准"。

3.31 斯尔解析　**ADE**　本题考查国际运输收入的范围。

选项 BC 不当选，企业从事以光租形式出租船舶或以干租形式出租飞机，以及使用、保存或出租用于运输货物或商品的集装箱（包括拖车和运输集装箱的有关设备）等租赁业务取得的收入，不属于国际运输业务取得的收入。但附属于国际运输业务的上述租赁业务收入应视同国际运输收入处理。

3.32 斯尔解析　**BD**　本题考查《中新税收协定》中投资所得来源国实施限制性税率的规定。

选项 B 当选、选项 A 不当选，在受益所有人是公司（合伙企业除外），并直接拥有支付股息公司至少 25% 资本的情况下，税率不应超过股息总额的 5%。在其他情况下，税率不应超过股息总额的 10%。故在受益所有人是合伙企业的情况下，股息的限制性税率应为 10%。

选项 D 当选、选项 C 不当选，受益所有人为金融公司的情况下，来源国对利息的征税税率为 7%（而非不超过 10%），其他情况下征税税率为 10%。

选项 E 不当选，如果特许权使用费受益所有人是缔约国另一方居民，则来源国所征税款"不应超过"特许权使用费总额的 10%。

3.33 斯尔解析　**ABCE**　本题考查特许权使用费的范围。

选项 A 当选，特许权使用费既包括在有许可的情况下支付的款项，也包括因侵权支付的赔偿款。

选项 B 当选，特许权使用费也包括使用或有权使用工业、商业、科学设备取得的所得，即设备租金。

选项 C 当选，特许权使用费还包括使用或有权使用有关工业、商业、科学经验的情报取得的所得。

选项 E 当选，在转让或许可专有技术使用权过程中，如果技术许可方派人员为该项技术的应用提供有关支持、指导等服务，并收取服务费，无论其是单独收取还是包括在技术价款中，均应视为特许权使用费。

选项 D 不当选，单纯货物贸易项下作为售后服务的报酬，产品保证期内卖方为买方提供服务所取得的报酬，专门从事工程、管理、咨询等专业服务的机构或个人提供的相关服务所取得的所得不是特许权使用费。

3.34 斯尔解析　**BCDE**　本题考查受益所有人身份认定的不利因素。

选项 A 不当选，申请人有义务在收到所得的 12 个月（而非 24 个月）内将所得的 50% 以上支付给第三国（地区）居民，不利于受益所有人身份的认定。

3.35 斯尔解析　**ABCE**　本题考查本地文档的适用情形。

年度关联交易金额符合下列条件之一的企业，应当准备本地文档：

（1）有形资产所有权转让金额（来料加工业务按照年度进出口报关价格计算）超过 2 亿元。（选项 C 当选）

（2）金融资产转让金额超过 1 亿元。（选项 A 当选）

（3）无形资产所有权转让金额超过 1 亿元。（选项 B 当选）

（4）其他关联交易金额合计超过 4 000 万元。（选项 E 当选）

选项 D 不当选，无形资产使用权转让金额超过 4 000 万元的，应当准备本地文档。

3.36 斯尔解析 **ABCD** 本题考查同期资料报送及管理的规定。

选项 E 不当选，同期资料应当自税务机关要求的准备完毕之日起保存 10 年。

3.37 斯尔解析 **ABDE** 本题考查特别纳税调整调查时应重点关注的企业。

税务机关实施特别纳税调查，应当重点关注具有以下风险特征的企业：

（1）关联交易金额较大或者类型较多。（选项 A 当选）

（2）存在长期亏损、微利或者跳跃性盈利。（选项 B 当选）

（3）低于同行业利润水平。（选项 C 不当选）

（4）利润水平与其所承担的功能风险不相匹配，或者分享的收益与分摊的成本不相配比。

（5）与低税国家（地区）关联方发生关联交易。

（6）未按照规定进行关联申报或者准备同期资料。（选项 D 当选）

（7）从其关联方接受的债权性投资与权益性投资的比例超过规定标准。（选项 E 当选）

（8）由居民企业，或者由居民企业和中国居民控制的设立在实际税负低于 12.5% 的国家（地区）的企业，并非由于合理的经营需要而对利润不作分配或者减少分配。

（9）实施其他不具有合理商业目的的税收筹划或者安排。

3.38 斯尔解析 **ABE** 本题考查成本加成法适用的关联交易类型。

成本加成法，通常可调整的关联交易有：有形资产使用权或者所有权的转让（选项 A 当选）、资金融通（选项 B 当选）、劳务交易等（选项 E 当选）。

3.39 斯尔解析 **ABCE** 本题考查签署成本分摊协议，自行分摊的成本不得税前扣除的情形。

企业与其关联方签署成本分摊协议，有下列情形之一的，其自行分摊的成本不得税前扣除：

（1）不具有合理商业目的和经济实质。（选项 C 当选）

（2）不符合独立交易原则。（选项 A 当选）

（3）没有遵循成本与收益配比原则。（选项 B 当选）

（4）未按有关规定备案或准备、保存和提供有关成本分摊协议的同期资料。（选项 E 当选）

（5）自签署成本分摊协议之日起经营期限少于 20 年。（选项 D 不当选）

3.40 斯尔解析 **BDE** 本题考查特别纳税调整协商的具体规定。

有下列情形之一的，国家税务总局可以暂停相互协商程序：

（1）企业申请暂停相互协商程序。（选项 B 当选）

（2）税收协定缔约对方税务主管当局请求暂停相互协商程序。（选项 D 当选）

（3）申请必须以另一被调查企业的调查调整结果为依据，而另一被调查企业尚未结束调查调整程序。（选项 E 当选）

（4）其他导致相互协商程序暂停的情形。

选项 A 不当选，属于国家税务总局可以拒绝企业申请或者税收协定缔约对方税务主管当局启动相互协商程序的请求情形。

选项 C 不当选，属于国家税务总局可以终止相互协商程序的情形。

3.41 斯尔解析 **ABCE** 本题考查特别纳税调整协商的相关规定。

选项 D 不当选，企业或者其关联方不提供与案件有关的必要资料，或者提供虚假、不完整资料，或者存在其他不配合的情形，属于可以终止相互协商程序的情形。

3.42 ⑤斯尔解析　**ABCD**　本题考查税收情报交换概述。

选项 AC 当选，我国从缔约国主管当局获取的税收情报可以作为税收执法行为的依据，并可以在诉讼程序中出示。税收情报在诉讼程序中作为证据使用时，税务机关应根据行政诉讼法等法律规定，向法庭申请不在开庭时公开质证。

选项 B 当选，情报交换在税收协定生效并执行以后进行，税收情报涉及的事项可以溯及税收协定生效并执行之前。

选项 D 当选，情报交换在税收协定规定的权利和义务范围内进行。我国享有从缔约国取得税收情报的权利，也负有向缔约国提供税收情报的义务。

选项 E 不当选，税收情报交换包括专项情报交换、自动情报交换、自发情报交换以及同期税务检查、授权代表访问和行业范围情报交换等。

3.43 ⑤斯尔解析　**ACD**　本题考查国际税收协定中"受雇所得"条款的规定。

受雇所得，一般来源国拥有优先征税权。但对于同时满足下列三个条件的受雇所得，来源国应给予免税，居民国享有独占征税权：

（1）居民个人在有关历年中或会计（财政、纳税）年度中或任何 12 个月（任何 365 天）中在该缔约国另一方停留连续或累计不超过 183 天。（选项 A 当选、选项 B 不当选）

（2）该项报酬由并非该缔约国另一方居民的雇主支付或代表雇主支付。（选项 C 当选）

（3）该项报酬不是由雇主设在该缔约国另一方的常设机构或固定基地所负担。（选项 D 当选、选项 E 不当选）

3.44 ⑤斯尔解析　**BCE**　本题考查单边预约定价安排简易程序。

选项 B 当选，简易程序包括申请评估、协商签署和监控执行三个阶段。

选项 E 当选，同时涉及两个或两个以上省级税务机关的单边预约定价安排，不适用于简易程序。

企业在主管税务机关送达《税务事项通知书》之日所属纳税年度前 3 个年度，每年度发生的关联交易金额 4 000 万元人民币"以上"的（选项 A 不当选），并符合下列条件之一的，可申请适用简易程序：

（1）已提交前 3 个年度符合规定的同期资料。

（2）前 10 个年度内曾执行预约定价安排，且执行结果符合安排要求。（选项 D 不当选）

（3）前 10 个年度内，曾受到税务机关特别纳税调查调整且结案的。（选项 C 当选）

3.45 ⑤斯尔解析　**ABDE**　本题考查非居民企业间接转让财产企业所得税处理。

间接转让中国应税财产的交易双方及被间接转让股权的中国居民企业可以向主管税务机关报告股权转让事项，并提交以下资料：

（1）股权转让合同或协议。（选项 A 当选）

（2）股权转让前后的企业股权架构图。（选项 B 当选）

（3）境外企业及直接或间接持有中国应税财产的下属企业上两个年度财务、会计报表。（选项 DE 当选）

（4）间接转让中国应税财产交易不适用重新定性的理由。

3.46 （S 斯尔解析）　**ABDE**　本题考查无须开展尽职调查的账户类型。

选项 C 不当选，同时符合下列条件的退休金账户，无须开展尽职调查：

（1）受政府监管。

（2）享受税收优惠。

（3）向税务机关申报账户相关信息。

（4）达到规定的退休年龄等条件时才可取款。

（5）每年缴款不超过 5 万美元，或者终身缴款不超过 100 万美元。

三、计算题

3.47 （1）（S 斯尔解析）　**C**　本小问考查可抵免税额的计算。

选项 C 当选，具体计算过程如下：

可抵免税额，指企业实际在境外已缴纳的所得税性质的税额，包括直接缴纳的税款（本题中为预提税）和间接负担的税款。

①取得乙国子公司投资收益还原缴纳预提所得税前的应纳税所得额 =1 900÷（1-5%）=2 000（万元），该企业缴纳的预提所得税额 =2 000×5%=100（万元）。

②该企业间接负担的税额 = 子公司已在乙国缴纳的企业所得税 × 居民企业对乙国子公司持股比例 =1 000×80%=800（万元）。

综上，该居民企业来源于子公司投资收益的可抵免税额 =800+100=900（万元）。

选项 A 不当选，误用还原缴纳预提所得税前的应纳税所得额乘以我国的税率计算。

选项 B 不当选，未考虑企业收到的股息红利间接负担的税款。

选项 D 不当选，在计算直接缴纳的税款时，未考虑该居民企业对子企业的持股比例。

（2）（S 斯尔解析）　**C**　本小问考查境外子公司应纳税所得额的计算。

选项 C 当选，该居民企业来源于子公司的应纳税所得额 = 取得的税后投资收益 + 预提税 + 间接税 =1 900+100+800=2 800（万元）。

选项 A 不当选，误用第（1）小问选项 A 的结果进行计算。

选项 B 不当选，误用第（1）小问选项 B 的结果进行计算。

选项 D 不当选，误用第（1）小问选项 D 的结果进行计算。

（3）（S 斯尔解析）　**D**　本小问考查境外所得的抵免限额。

选项 D 当选，抵免限额，指"境外税前所得"依据我国税法规定计算出的"应纳税额"。

境外税前所得即为第（2）小问中已计算出的金额。该居民企业子公司境外所得税的抵免限额 =2 800×25%=700（万元）。

选项 A 不当选，误用第（2）小问选项 A 的结果进行计算。

选项 B 不当选，误用第（2）小问选项 B 的结果进行计算。

选项 C 不当选，误用第（2）小问选项 D 的结果进行计算。

提示：抵免限额为 700 万元，可抵免税额为 900 万元，实际抵免税额为 700 万元。

（4）（S 斯尔解析）　**B**　本小问考查存在可抵免境外所得税税额时，居民企业应纳税额的计算。

选项 B 当选，具体计算过程如下：

①境外分支机构的亏损不得用境内盈利弥补，而该居民企业申报的利润总额 4 000 万元是在考虑了甲国分公司亏损 200 万元之后的金额，因此，在计算该居民企业境内外应纳税所得额时，须在利润的基础上调增分支机构亏损 200 万元。

②该居民企业实际缴纳企业所得税 = 境内外应纳税所得额 × 税率 - 境外实际抵免税额 =（申报利润总额 + 不能弥补的境外分支机构亏损 + 境外所得可抵免税额）× 税率 - 境外已纳税款 =〔4 000+（500-300）+900〕×25%-700=575（万元）。

提示：900 万元是投资收益直接缴纳和间接负担的税款。加上 900 万元这个过程是在将境外税后所得（即投资收益 1 900 万元，这个金额已经包含在利润总额 4 000 万元中）还原为境外税前所得。

选项 A 不当选，直接用企业申报的利润总额作为境内外应纳税所得额。

选项 C 不当选，在计算境内外应纳税所得额时，误在申报利润总额的基础上加上第（2）小问计算出的来源于子公司的应纳税所得额，同时考虑了境外分支机构亏损不得用境内盈利弥补的规定。

选项 D 不当选，未考虑境外分支机构亏损不得用境内盈利弥补的规定。

提示：

在计算境内外应纳税所得额时，也可以按照以下思路计算：

①境外子公司应纳税所得额 =2 800 万元。

②境外分公司应纳税所得额 =0。（外亏不得抵内盈）

③境内公司应纳税所得额 = 申报利润总额 + 境外分公司亏损金额 - 收到的境外子公司投资收益 =4 000+（500-300）-1 900=2 300（万元）。

综上，境内外应纳税所得额 =2 800+0+2 300=5 100（万元）。

3.48 （1） ⓢ斯尔解析 　A　本小问考查本层企业所纳税额应由上层企业负担的税额的计算。

选项 A 当选，具体计算过程如下：

①判断可以适用间接抵免政策的企业：

乙企业为第一层公司，由居民企业甲直接持股 50%，大于 20%，符合间接抵免条件。

丙企业为第二层公司，由乙企业直接持股 30%（＞20%），但由居民企业甲间接持股 50%×30%=15%（＜20%），不符合间接抵免条件，故丙企业所纳税额不计入其上层企业间接负担税额的计算。

②计算企业乙所纳税额中属于由企业甲负担的税额。

本层企业所纳税额中由一家上一层企业负担的税额 =（本层企业就利润和投资收益实际缴纳的税额 + 符合条件的由本层企业间接负担的税额）× 本层企业分配比例 × 上层企业对本层企业持股比例 =（180+12+0）×80%×50%=76.8（万元）。

选项 B 不当选，未考虑乙企业税后利润的分配比例是 80%。

选项 C 不当选，既未考虑乙企业税后利润的比例 80%，也未考虑甲企业对乙企业的持股比例 50%。

选项 D 不当选，在计算乙企业就投资收益实际缴纳的税额时，误用其所在国的预提所得税率 10% 计算实际缴纳的"预提税"。

（2） 🔍斯尔解析　**A**　本小问考查境外股息红利所得抵免限额的计算。

选项 A 当选，具体计算过程如下：

①计算境外应纳税所得额。

股息、红利所得的境外应纳税所得额＝境外税后所得＋该项所得直接缴纳＋间接负担的税款＝乙企业税后利润×分配比例×甲企业对乙企业持股比例＋甲企业间接负担的税款＝（1 000－180－12）×80%×50%＋76.8＝400（万元）

②计算抵免限额。

抵免限额＝境外应纳税所得额×甲企业所在国税率＝400×25%＝100（万元）

选项 B 不当选，在计算境外应纳税所得额及甲企业间接负担税额时，未考虑税后利润分配比例。

选项 C 不当选，直接用乙企业全部的税后利润808万元（1 000－180－12）乘以25%税率计算抵免限额。

选项 D 不当选，在计算境外应纳税所得额时，未考虑甲企业间接负担的税款。

提示：本题在计算境外应纳税所得额时也可以用乙企业的全部应纳税所得总额按照分配比例及甲企业的持股比例计算：抵免限额＝乙企业应纳税所得额×分配比例×甲企业对乙企业持股比例×甲企业所在国税率＝1 000×80%×50%×25%＝100（万元）。

（3） 🔍斯尔解析　**A**　本小问考查实际抵免境外税额的计算。

选项 A 当选，具体计算过程如下：

①计算可抵免税额。

可抵免税额＝甲企业就境外所得直接缴纳的税额＋间接负担的税额＝预提税＋间接税＝808×80%×50%×10%＋76.80＝109.12（万元）

②计算抵免限额。

根据第（2）小问的计算结果，得知抵免限额为100万元。

③可抵免税额与抵免限额比较，取较低者，即100万元作为实际抵免额。

选项 B 不当选，在计算可抵免税额、抵免限额时均未考虑分配比例。

选项 C 不当选，未将"可抵免税额"与"抵免限额"进行比较。

选项 D 不当选，用第（2）小问选项 D 错误的抵免限额进行比较。

提示：乙公司的税后利润＝1 000－180－12＝808（万元），甲企业按照持股比例和分配比例计算的分配所得＝808×80%×50%＝323.2（万元），故甲企业就境外所得直接缴纳的税额即预提税＝323.2×10%＝32.32（万元）。

（4） 🔍斯尔解析　**A**　本小问考查存在可抵免境外所得税税额的情况下，居民企业实际应纳税额的计算。

选项 A 当选，具体计算过程如下：

①计算境内外应纳税所得额＝2 400＋400（第二小问①结果）＝2 800（万元）。

②计算实际应纳税额＝境内外应纳税所得额－实际抵免额＝2 800×25%－100＝600（万元）。

选项 B 不当选，在计算境内外应纳税所得额时，未将境外所得400万元纳入其中，直接用境内所得应纳税额减去实际抵免额计算。

选项 C 不当选，在计算境内外应纳税额时，未将境外所得 400 万元纳入其中，且境外实际抵免额用 125 万元进行计算。

选项 D 不当选，在计算境内外应纳税额时，未将境外所得 400 万元纳入其中，且境外实际抵免额用 80.8 万元进行计算。

3.49 (1) 🔍斯尔解析 **C** 本小问考查境外所得直接缴纳税款的计算。

选项 C 当选，中国境内乙公司向新加坡居民企业分配股息，被源泉扣缴的预提所得税 =50÷（1−10%）×10%=5.56（万元），中国境内甲公司向新加坡居民企业分配股息，被源泉扣缴的预提所得税 =100÷（1−5%）×5%=5.26（万元）。故甲公司在中国应缴纳企业所得税 =5.56+5.26=10.82（万元）。

(2) 🔍斯尔解析 **B** 本小问考查《中新税收协定》中特许权使用费的范围以及企业所得税的计算。

选项 B 当选，丙公司向甲公司支付使用科学设备的租金，即设备租金，属于特许权使用费的范围。根据《中新税收协定》协议书的规定，对于使用或有权使用工业、商业、科学设备而支付的特许权使用费，按支付特许权使用费总额的 60% 确定税基。即丙公司应代扣代缴企业企业所得税 =80×60%×6%=2.88（万元）。

选项 A 不当选，未按照特许权使用费总额的 60% 确定税基。

选项 C 不当选，特许权使用费的税基计算比例有误。

选项 D 不当选，未按照特许权使用费总额的 60% 确定税基以及按照我国的税率来计算。

(3) 🔍斯尔解析 **D** 本小问考查非居民企业派遣人员在中国境内提供劳务的税务处理。

选项 D 当选，非居民企业派遣人员在中国境内提供劳务，如果派遣企业对被派遣人员工作结果承担部分或全部责任和风险，通常考核评估被派遣人员的工作业绩，应视为派遣企业在中国境内设立机构、场所提供劳务。

被派遣人员在中国境内在任何 12 个月中累计超过 183 天，构成劳务型常设机构，属于非居①的情形，应对其来源于中国境内外所得按照 25% 税率征收企业所得税。

故甲公司在中国应缴纳企业所得税 =［106÷（1+6%）−80］×25%=5（万元）。

选项 A 不当选，误按照 10% 的税率计算企业所得税

选项 B 不当选，未扣除成本且按照 10% 的税率计算企业所得税。

选项 C 不当选，未考虑服务费不含税的换算。

(4) 🔍斯尔解析 **B** 本小问考查境外企业转让境内企业股权的企业所得税处理。

选项 B 当选，股权转让所得 = 转让收入 − 股权成本 =400−100=300（万元），甲公司具有"受益所有人"身份，但本题未约定税收协定相关条款规定的税率，即按照 10% 税率计算企业所得税，故甲公司在中国应缴纳企业所得税 =300×10%=30（万元）。

选项 A 不当选，误将股权成本按照股权价值比例来进行计算。

选项 C 不当选，未扣除股权成本。

选项 D 不当选，误将股权成本按照股权价值比例来进行计算且税率运用错误。

一、单项选择题

3.50 ▶ C	3.51 ▶ A	3.52 ▶ B

二、多项选择题

3.53 ▶ ABCD

一、单项选择题

3.50 〔斯尔解析〕 **C** 本题考查常设机构的判断。

选项 C 当选，对于常设机构的判断中，新加坡企业通过雇员为中国境内某项目提供劳务，劳务的起止时间以雇员第一次抵达中国之日期（3 月 1 日）起至完成并交付服务项目的日期（3 月 7 日）止。对于同一时段内同一批人员的工作天数不分别计算。因此本题两名员工应计入的境内工作时间是 7 天（3 月 1 日至 3 月 7 日）。

3.51 〔斯尔解析〕 **A** 本题考查常设机构的判断。

选项 A 当选，提供建筑工地、建筑、装配或安装工程或者与其有关的监督管理活动，该工地、工程或活动连续 6 个月以上的，构成常设机构。

选项 B 不当选，母公司在我国投资设立子公司，并不一定会被认定为母公司的常设机构。

选项 CD 不当选，由于仓储、展览、采购及信息收集等活动的目的设立的具有准备性或辅助性的固定场所，不应被认定为常设机构。

3.52 〔斯尔解析〕 **B** 本题考查"双支柱"方案的基本内容。

选项 B 当选，收入纳入规则规定，如果跨国企业集团海外实体（含子公司及常设机构）按辖区计算的有效税率低于 15%，则跨国企业集团母公司所在辖区有权就这部分低税所得向母公司补征税款至最低税负水平，即有效税率达到 15%。

提示：低税支付规则规定，对于全球反税基侵蚀规则适用范围内的跨国企业集团，其成员实体未适用收入纳入规则补税的低税所得，可通过对其他集团成员实体限制税前扣除或作其他等额调整补征税款至 15% 的全球最低税率标准。

二、多项选择题

3.53 〔斯尔解析〕 **ABCD** 本题考查"双支柱"方案的基本内容。

选项 E 不当选，支柱二的有效税额指全球反税基侵蚀规则认可的企业所得税税额，包括对企业净利润征收的各种税费，如取得所得时征收的税额、将所得以股息形式分配给股东时征收的税额、其他所有企业所得税性质的税额，以及对留存收益和公司股权征收的税额等。在确定某一税款是否为支柱二有效税额时，应基于该税额的基本性质，税额能否被抵扣不能作为是否是有效税额的判断依据。

第四章　印花税
答案与解析

一、单项选择题

| 4.1 ▶ D | 4.2 ▶ C | 4.3 ▶ C | 4.4 ▶ D | 4.5 ▶ C |

| 4.6 ▶ C | 4.7 ▶ B | 4.8 ▶ A | 4.9 ▶ D | 4.10 ▶ C |

| 4.11 ▶ D | 4.12 ▶ C | 4.13 ▶ D | 4.14 ▶ C | 4.15 ▶ D |

二、多项选择题

| 4.16 ▶ BCDE | 4.17 ▶ BE | 4.18 ▶ BCE | 4.19 ▶ ACDE | 4.20 ▶ DE |

| 4.21 ▶ ABCD | 4.22 ▶ ABCE | 4.23 ▶ ACDE | 4.24 ▶ BE | 4.25 ▶ ABD |

| 4.26 ▶ BCDE |

一、单项选择题

4.1 ⑨斯尔解析　**D**　本题考查印花税的征税范围。

选项 D 当选，"产权转移书据"不包括土地承包经营权和土地经营权转移书据。

选项 AB 不当选，"运输合同"包括货运合同和多式联运合同。

选项 C 不当选，"财产保险合同"包括财产、责任、保证、信用等保险合同。

4.2 ⑨斯尔解析　**C**　本题考查印花税应税合同适用的税目。

选项 C 当选，技术合同包括技术开发、转让、咨询、服务等合同，其中技术转让合同包括专利申请转让、非专利技术转让所书立的合同。

选项 A 不当选，"建设工程合同"包括工程勘察、设计、施工合同，工程设计合同属于该税目。

选项 B 不当选，专利权转让合同适用于"产权转移书据"税目。

选项 D 不当选，设备测试合同适用于"承揽合同"税目。

4.3 🔍斯尔解析   **C**   本题考查印花税纳税义务人。

选项 C 当选，在境外书立而在境内使用应税凭证的单位和个人，也应当按规定缴纳印花税，本选项的金额合同在境外签订，但在境内适用，故应缴纳印花税。

选项 ABD 不当选，属于完全发生在境外，故其不属于我国印花税的纳税人。

4.4 🔍斯尔解析   **D**   本题考查印花税的税收优惠。

选项 D 不当选，2027 年 12 月 31 日以前，对与高校学生签订的高校学生公寓租赁合同，免征印花税。

4.5 🔍斯尔解析   **C**   本题考查印花税的征税范围和纳税人。

选项 A 不当选，在中华人民共和国境内书立应税凭证、进行证券交易的单位和个人，为印花税的纳税人，具体可分为立合同人、立据人、立账簿人和使用人，但是担保人、证人、鉴定人不作为纳税人。

选项 B 不当选，个人书立的动产买卖合同不征印花税。

选项 D 不当选，银行同业拆借合同不征印花税。

4.6 🔍斯尔解析   **C**   本题考查印花税的税收优惠。

选项 C 当选，非营利性医疗卫生机构采购药品或者卫生材料书立的买卖合同，免征印花税。养老服务机构不属于非营利性医疗卫生机构，应照常征收。

选项 A 不当选，对个人出租、承租住房签订的租赁合同，免征印花税。

选项 B 不当选，农民、家庭农场、农民专业合作社、农村集体经济组织、村民委员会购买农业生产资料或者销售农产品书立的买卖合同和农业保险合同，免征印花税。

选项 D 不当选，国际金融组织向中国提供优惠贷款书立的借款合同，免征印花税。

4.7 🔍斯尔解析   **B**   本题考查印花税计税依据的规定。

选项 A 不当选，财产保险合同的计税依据为支付（收取）的保险费金额，不包括所保财产的金额。

选项 C 不当选，用以货易货方式进行商品交易签订的合同，是反映既购又销双重经济行为的合同，应看成签订了两份合同，按合同所载的购、销金额合计数计税。

选项 D 不当选，建筑安装工程承包合同的计税依据为承包金额，不得扣除任何费用，如果施工单位将自己承包的建设项目再分包或转包给其他施工单位，其所签订的分包或转包合同，仍应按所载金额另行贴花。

4.8 🔍斯尔解析   **A**   本题考查"运输合同"印花税的计算。

选项 A 当选，运输合同的计税依据为取得的运费收入，不包括所运货物的金额、装卸费和保险费等。即甲企业该份合同应缴纳的印花税 $=5 \times 0.3‰ \times 10\,000=15$（元）。

选项 B 不当选，误将运费和保险费按照财产保险合同计算印花税。

选项 C 不当选，误将运费、保险费和装卸费作为其计税依据。

选项 D 不当选，误将运费和货物价值作为其计税依据。

4.9 Ⓢ斯尔解析 　**D**　本题考查印花税应纳税额的计算。

选项 D 当选，具体计算过程如下：

（1）应税合同在签订时纳税义务即已产生，应计算应纳税额并贴花。所以，不论合同是否兑现或能否按期兑现，都应当缴纳印花税。

（2）设备采购合同应按"买卖合同"纳税，应纳税额 =2 000×0.3‰×10 000=6 000（元）。

（3）融资租赁合同应按"融资租赁合同"纳税，应纳税额 =2 100×0.05‰×10 000= 1 050（元）。

综上，小斯公司上述行为应纳税额 =6 000+1 050=7 050（元）。

选项 A 不当选，误将融资租赁合同按"租赁合同"纳税。

选项 B 不当选，误认为作废的买卖合同无须缴纳印花税。

选项 C 不当选，误将"融资租赁合同"税目适用 0.1‰的税率。

4.10 Ⓢ斯尔解析 　**C**　本题结合国际货运考查"运输合同"印花税的计算。

选项 C 当选，具体计算过程如下：

（1）运输合同的计税依据为取得的运输费金额（运费收入），不包括所运货物的金额、装卸费和保险费等，即不考虑 1 000 万元和 5 000 元。

（2）国际货运，托运方全程计税。承运方为我国运输企业的按本程运费计算贴花，承运方为外国运输企业的免征印花税。即只由甲公司缴纳印花税，乙公司免征印花税。

综上，甲公司应缴纳印花税 =25×0.3‰×10 000=75（元）。

选项 A 不当选，误将"运输合同"税率适用了 0.5‰。

选项 B 不当选，未考虑到承运方为外国运输企业的免征印花税。

选项 D 不当选，误将保险费纳入"运输合同"的计税依据。

4.11 Ⓢ斯尔解析 　**D**　本题考查产权转移书据以及营业账簿印花税的计算。

选项 D 当选，具体计算过程如下：

（1）产权转移书据的计税依据，为产权转移书据所列的金额，不包括列明的增值税税款，依照 0.5‰计算纳税。

（2）已缴纳印花税的营业账簿，以后年度实收资本（股本）、资本公积合计金额增加的，按照增加部分，依照 0.25‰计算纳税。

综上，子公司应缴纳的印花税 =1 000×0.5‰ +1 000×0.25‰ =0.75（万元）。

选项 A 不当选，未考虑产权转移书据印花税的计算。

选项 B 不当选，未考虑资金账簿印花税的计算。

选项 C 不当选，产权转移书据的印花税税率适用错误。

4.12 Ⓢ斯尔解析 　**C**　本题考查"借款合同"印花税的计算。

选项 C 当选，具体计算过程如下：

（1）借款合同，指银行业金融机构、经批准设立的其他金融机构与借款人（不包括同业拆借）的借款合同，不包括企业与企业之间签订的借款合同。故甲企业向乙企业借款 100 万元无须缴纳印花税。

（2）企业与银行签订的流动资金周转性借款合同，应以合同规定的最高限额为计税依据一次性纳税，在限额内随借随还不签订新合同的，不再缴纳。虽签订合同但未实际发生借款的，也需要按照限额纳税。

综上，甲企业与向商业银行签订的借款合同应纳税额 =5 000×0.05‰ ×10 000=2 500（元）。

选项 A 不当选，误认为与商业银行签订的流动资金周转性借款合同因未实际发生借款业务，无须缴纳印花税。

选项 B 不当选，误认为与商业银行签订的借款合同无须缴纳印花税，与乙公司借款合同按照0.05‰税率计算缴纳印花税。

选项 D 不当选，误认为与乙公司签订的借款合同需要计算缴纳印花税。

4.13 🔍斯尔解析　**D**　本题考查印花税应纳税额的计算。

选项 D 当选，具体计算过程如下：

（1）购入研发设备，合同中单独列明了不含税金额，应以不含税金额作为计税依据，应纳税额 =500×0.3‰ ×10 000=1 500（元）。

（2）技术开发合同，只就合同所载的报酬金额计税，研究开发经费不作为计税依据，应纳税额 =100×0.3‰ ×10 000=300（元）。

（3）一般的法律、会计、审计等方面的咨询不属于技术咨询，故税务咨询合同无须缴纳印花税。

综上，甲企业 8 月份印花税应纳税额 =1 500+300=1 800（元）。

选项 A 不当选，误认为税务咨询合同应缴纳印花税。

选项 B 不当选，在计算研发设备购入合同的应纳税额时，误用价税合计金额作为计税依据。

选项 C 不当选，在计算技术合同应纳税额时，误将研究开发经费纳入其中。

4.14 🔍斯尔解析　**C**　本题考查印花税应纳税额的计算。

选项 C 当选，具体计算过程如下：

（1）在商品购销活动中，采用以货易货方式进行商品交易签订的合同，按购、销合计数计税；甲企业买卖合同应纳税额 =（10+10）×0.3‰ ×10 000=60（元）。

（2）租赁合同以合同约定的租金金额作为计税依据；甲企业租赁合同应纳税额 =200×2×1‰ ×10 000=4 000（元）。

（3）2027 年 12 月 31 日以前，对金融机构与小型企业、微型企业签订的借款合同，免征印花税。因此甲企业签订的借款合同无须缴纳印花税。

（4）2023 年 1 月 1 日至 2027 年 12 月 31 日，对增值税小规模纳税人减半征收印花税（不含证券交易印花税）。

综上，甲企业 2 月份应缴纳印花税 =（60+4 000）×50%=2 030（元）。

选项 A 不当选，租赁合同误以年租金作为计税依据。

选项 B 不当选，买卖合同未将购、销合计数作为计税依据。

选项 D 不当选，未考虑印花税减半优惠。

提示："六税两费"优惠政策与印花税其他优惠政策可叠加享受。

4.15 Ⓢ斯尔解析　D　本题考查印花税计税金额的相关规定。

选项 D 当选、选项 A 不当选，应税合同未列明金额的，计税依据应按照实际结算的金额确定；仍无法确定的，再按照书立合同时的市场价格确定。

选项 B 不当选，应税合同中所载金额和增值税分开注明的，按不含增值税的合同金额确定计税依据；但未分别注明时，以合同所载金额（无须价税分离）为计税依据。

选项 C 不当选，证券交易无转让价格的，以办理过户登记手续前一个交易日收盘价（而非"开盘价"）计算确定计税依据。

二、多项选择题

4.16 Ⓢ斯尔解析　BCDE　本题考查印花税应税合同适用的税目。

选项 BCDE 当选，专利权转让合同、专有技术使用权转让合同和专利实施许可合同、土地使用权出让合同、土地使用权转让合同、商品房销售合同，按照"产权转移书据"征收印花税。

选项 A 不当选，专利申请转让合同和非专利技术转让合同，属于技术合同。

提示：商品房销售合同不是买卖合同，买卖合同仅包括动产买卖合同。

4.17 Ⓢ斯尔解析　BE　本题考查印花税的征税范围和税收优惠。

选项 B 当选，发电厂与电网之间、电网与电网之间书立的购售电合同，适用"买卖合同"税目征收印花税。

选项 E 当选，抵押贷款合同，按"借款合同"缴税；因无力偿还而将抵押财产转移时，再按"产权转移书据"另行缴税。

选项 A 不当选，企业与非金融机构（如企业与企业之间）的借款合同，不征收印花税。

选项 C 不当选，管道运输合同不属于"运输合同"征税范围，不征收印花税。

选项 D 不当选，再保险合同不属于"财产保险合同"，不征收印花税。

4.18 Ⓢ斯尔解析　BCE　本题考查印花税的纳税义务人。

选项 B 当选、选项 A 不当选，采用委托贷款方式书立借款合同的纳税人，为受托人和借款人，不包括委托人。

选项 C 当选，书立产权转移书据的单位和个人为印花税的纳税人。

选项 E 当选，保管合同属于印花税的征税范围，保管人负有直接的保管义务，属于印花税的纳税义务人。

选项 D 不当选，拍卖成交确认书的纳税人，为拍卖标的产权人和买受人，不包括拍卖人。

4.19 Ⓢ斯尔解析　ACDE　本题考查银行业开展信贷资产证券化业务的税收优惠。

我国银行业开展信贷资产证券化业务试点中，可享受如下税收优惠政策：

（1）发起机构、受托机构在信贷资产证券化过程中，与资金保管机构、证券登记托管机构以及其他为证券化交易提供服务的机构签订的其他应税合同，暂免征收发起机构、受托机构应缴纳的印花税。（选项 D 当选）

（2）受托机构发售信贷资产支持证券以及投资者买卖信贷资产支持证券暂免征收印花税。（选项 AC 当选）

（3）发起机构、受托机构因开展信贷资产证券化业务而专门设立的资金账簿暂免征收印花税。（选项 E 当选）

4.20 Ⓢ斯尔解析　**DE**　本题考查印花税计税依据的细节规定。

选项 A 不当选，同一应税凭证由两方以上当事人书立的，按照各自涉及的金额分别计算应纳税额；未列明纳税人各自涉及金额的，以纳税人平均分摊的应税凭证所列金额确定。

选项 B 不当选，同一应税凭证载有两个以上税目事项并分别列明金额的，按照各自适用的税目税率分别计算应纳税额；未分别列明金额的，从高适用税率。

选项 C 不当选，应税凭证所列金额与实际结算金额不一致，不变更应税凭证所列金额的，以所列金额为计税依据；变更应税凭证所列金额的，以变更后的所列金额为计税依据。

4.21 Ⓢ斯尔解析　**ABCD**　本题考查印花税的税收优惠。

选项 E 不当选，对廉租住房、经济适用住房经营管理单位与廉租住房、经济适用住房相关的印花税以及廉租住房承租人、经济适用住房购买人涉及的印花税予以免征。

4.22 Ⓢ斯尔解析　**ABCE**　本题考查印花税的征税范围及应税凭证适用税目。

选项 D 不当选，证券交易印花税只对出让方（而非受让方）征收。

4.23 Ⓢ斯尔解析　**ACDE**　本题考查印花税的税收优惠。

选项 B 不当选，财产所有权人将财产赠与政府、学校、社会福利机构、慈善组织书立的产权转移书据免征印花税，而将房屋无偿赠与他人仍要征税。

4.24 Ⓢ斯尔解析　**BE**　本题考查印花税的税收优惠。

选项 A 不当选，2027 年 12 月 31 日以前，对金融机构与小型、微型企业签订的借款合同，免征印花税；而融资租赁合同，无免征印花税的规定。

选项 C 不当选，自 2023 年 1 月 1 日至 2027 年 12 月 31 日，对增值税小规模纳税人、小型微利企业和个体工商户减半征收印花税（不含证券交易印花税）。

选项 D 不当选，无息或者贴息借款合同、国际金融组织向中国提供"优惠"贷款书立的借款合同，免征印花税。

提示：印花税的重要税收优惠总结如下。

情形	具体范围
已税	应税凭证的副本或者抄本，免税
军、警、外交	（1）中国人民解放军、中国人民武装警察部队书立的应税凭证，免税。 （2）军事物资运费结算凭证，免税。 （3）外交相关，免税
非营利	（1）无息或者贴息借款合同、国际金融组织向中国提供优惠贷款书立的借款合同，免税。 （2）非营利性医疗卫生机构采购药品或者卫生材料书立的买卖合同，免税。 （3）将财产赠与政府、学校、社会福利机构等书立的产权转移书据，免税。 （4）抢险救灾物资运费结算凭证，免税

续表

情形	具体范围
"三农"	（1）农民、家庭农场、农民专业合作社销售农产品书立的买卖合同，免税。 （2）农业保险合同，免税。 （3）农村饮水安全相关，免税
个人	（1）个人与电子商务经营者订立的电子订单，免税。 （2）对个人出租／承租住房、销售／购买签订的租赁合同，免税
特殊企业、特殊业务	（1）廉租住房、经济适用住房经营管理单位、改造安置住房经营管理单位、异地扶贫搬迁安置住房相关的印花税，免税。 （2）高校学生公寓租赁合同，免税。 （3）在融资性售后回租业务中，对承租人、出租人因出售租赁资产及购回租赁资产所签订的合同，不征收印花税。 （4）金融机构与小型、微型企业签订的借款合同，免税。 （5）增值税小规模纳税人、小型微利企业和个体工商户：减半征收印花税（不含证券交易印花税）。 （6）自2023年8月28日起，证券交易印花税实施减半征收

4.25 ⑤斯尔解析　**ABD**　本题考查印花税的纳税期限。

选项 ABD 当选、选项 C 不当选，应税合同、产权转移书据、资金账簿，实行按季、按年或按次计征（没有按月计征）的，自季度终了／年度终了／纳税义务发生之日起15日内申报纳税。

选项 E 不当选，证券交易印花税按周解缴，扣缴义务人应当自每周终了之日起5日内申报解缴税款及银行结算的利息。

4.26 ⑤斯尔解析　**BCDE**　本题考查印花税征收管理的相关规定。

选项 B 当选、选项 A 不当选，合同、产权转移书据、资金账簿，印花税的纳税义务发生时间为书立应税凭证的当日。

选项 C 当选，证券交易印花税纳税义务发生时间为证券交易完成的当日。

选项 D 当选，农牧业保险合同免征印花税。

选项 E 当选，自2023年8月28日起，证券交易印花税实施减半征收。

一、单项选择题

4.27 ► C

二、多项选择题

4.28 ► ABD

一、单项选择题

4.27 （S）斯尔解析　C　本题考查印花税的税收优惠及印花税的计算。

选项 C 当选，具体计算过程如下：

（1）对保障性住房经营管理单位与保障性住房相关的印花税，以及保障性住房购买人涉及的印花税予以免征。

（2）自 2023 年 8 月 28 日起，证券交易印花税实施减半征收，其计税依据为成交价格，故证券交易印花税 =8×10 000×1‰×50%=40（元）。

（3）需要按买卖合同征收印花税的应税合同不包括个人书立的动产买卖合同，因此，个人签订的汽车买卖合同无须缴纳印花税。

（4）个人向银行借款需要按借款合同缴纳印花税，同时，个人为增值税小规模纳税人，可以享受六税两费减半征收的税收优惠。因此，小王与银行签订的借款合同应缴纳的印花税 =20×10 000×0.05‰×50%=5（元）。

综上，小王应缴纳的印花税 =40+5=45（元）。

二、多项选择题

4.28 （S）斯尔解析　ABD　本题考查印花税的税收优惠。

选项 AB 当选、选项 C 不当选，对银行业金融机构、金融资产管理公司接收、处置抵债资产过程中涉及的合同、产权转移书据和营业账簿免征印花税，对合同或产权转移书据其他各方当事人应缴纳的印花税照章征收。

选项 D 当选，金融机构与小型企业、微型企业签订的借款合同，免征印花税。

选项 E 不当选，借款方以财产做抵押，与贷款方签订的抵押借款合同，双方应按"借款合同"计税贴花。因借款方无力偿还借款而将抵押财产转移给贷款方，应就双方书立的产权转移书据，按"产权转移书据"计税贴花。

第五章 房产税
答案与解析

 做**经典**

一、单项选择题

5.1 ► B	5.2 ► B	5.3 ► B	5.4 ► B	5.5 ► B
5.6 ► C	5.7 ► A	5.8 ► A	5.9 ► B	5.10 ► C
5.11 ► D	5.12 ► C	5.13 ► B	5.14 ► A	5.15 ► A
5.16 ► A				

二、多项选择题

5.17 ► AC	5.18 ► CDE	5.19 ► BD	5.20 ► ABCE	5.21 ► ABDE
5.22 ► ABDE	5.23 ► ABD			

一、单项选择题

5.1 斯尔解析　**B**　本题考查房产税的征税范围。

选项 B 当选，根据关键词"市区""经营性用房"，可判断其属于房产税的征税范围。

选项 AC 不当选，房产税以房产为征税对象，房产则指有屋面和围护结构的场所，独立于房屋之外的建筑物，如加油站的遮阳棚（选项 A 不当选）、菜窖（选项 C 不当选）等都不属于房产，不征收房产税。

选项 D 不当选，房产税的征税范围为城市、县城、建制镇和工矿区的房产，不包括农村的房产。

5.2 斯尔解析　**B**　本题考查房产税计税依据中关于融资租入房产性质的判定。

选项 B 当选，融资租赁是一种变相的分期付款购买固定资产的形式，由承租方作为纳税义务人按照房产余值从价计征房产税。

5.3 斯尔解析　**B**　本题考查房产税适用 4% 优惠税率的情形。

选项 B 当选，个人出租住房，不分用途，均按 4% 的税率征收房产税。

选项 A 不当选，房产税征税范围不包括农村。

选项 CD 不当选，企事业单位、社会团体以及其他组织向个人、专业化规模化住房租赁企业出租住房的，减按 4% 的税率征收房产税。

5.4 斯尔解析　**B**　本题考查房产税的税收优惠。

选项 B 当选，企业闲置未用的房产，应缴纳房产税。

提示：2023 年 1 月 1 日至 2027 年 12 月 31 日，对增值税小规模纳税人、小型微利企业和个体工商户减半征收房产税。

5.5 斯尔解析　**B**　本题考查房产原值的确定

选项 B 当选、选项 A 不当选，房产原值包括与房屋不可分割的各种附属设备或一般不单独计算价值的配套设施，主要有电力、电讯、电缆导线、电梯、升降机、过道、晒台等。

选项 C 不当选，对原有房屋进行改建、扩建的，要相应增加房屋原值。

选项 D 不当选，凡以房屋为载体，不可随意移动的附属设备和配套设施，如给排水、采暖、消防、中央空调等，无论在会计核算中是否单独记账与核算，都应计入房产原值，计征房产税。

5.6 斯尔解析　**C**　本题考查房产税计征方式的判断。

选项 C 当选，以居民住宅区内业主共有的经营性房产进行自营，由于其并未出租，故从价计征房产税。

选项 A 不当选，出租地下建筑物，按照出租地上房屋建筑物的有关规定从租计征房产税。

选项 B 不当选，接受劳务为报酬抵付房租，其虽以劳务的形式偿付，但本质仍是收取房屋租金，金额根据当地同类房屋的租金水平，确定租金标准从租计征。

选项 D 不当选，个人出租房屋用于生产经营，应该从租计征房产税。

5.7 斯尔解析　**A**　本题考查房地产开发企业建造商品房的计税规定。

选项 A 当选，房地产开发企业建造的商品房，在出售前不征收房产税；但对出售前房地产开发企业已使用或出租、出借的商品房，自房屋使用或交付之次月起发生纳税义务，按规定征税，故该企业当年 1 月至 9 月无须缴纳房产税，10 月至 12 月从租计征房产税，应缴纳房产税 $=20×3×12\%=7.2$（万元）。

选项 B 不当选，误认为自出租当月起发生纳税义务。

选项 C 不当选，误以为 1 月至 9 月适用从价计征的方式计算房产税。

选项 D 不当选，纳税义务发生时间和计征方式均选择错误。

5.8 斯尔解析　**A**　本题考查房产原值的确定。

选项 A 当选，具体计算过程如下：

（1）对按照房产原值计税的房产，无论会计上如何核算，房产原值均应包含地价，包括为取得土地使用权支付的价款（1 000 万元）、开发土地发生的成本费用（500 万元）等。

（2）宗地容积率 = 房产建筑面积 ÷ 总用地面积 $=2÷5=0.4$，宗地容积率小于 0.5，按房产建筑面积的 2 倍计算土地面积并据此确定计入房产原值的地价。即计入房产原值的地价款 = 房产建筑面积的 2 倍 ×（总地价款 ÷ 总用地面积）=（2×2）×［（1 000+500）÷5］=1 200（万元）。

综上，该厂房征收房产税所确定的房产原值 =1 200+2 000=3 200（万元）。

选项 B 不当选，在宗地容积率小于 0.5 时，误将全部的地价款计入房产原值。

选项 C 不当选，误将开发土地发生的费用全额计入房产原值。

选项 D 不当选，在计算土地价款时，误按照建造面积占总土地面积的比例乘以总地价款进行计算。

5.9 🔑斯尔解析 **B** 本题考查房产原值的确定。

选项 B 当选，具体计算过程如下：

（1）对按照房产原值计税的房产，无论会计上如何核算，房产原值均应包含地价，包括为取得土地使用权支付的价款（1 500 万元）、开发土地发生的成本费用等。

（2）宗地容积率 = 房产建筑面积 ÷ 总用地面积 =3÷5=0.6，宗地容积率大于 0.5，应将土地价款全额计入房产原值。

综上，该厂房征收房产税所确定的房产原值 =1 500+2 000=3 500（万元）。

选项 A 不当选，房产原值未考虑厂房的建筑成本和费用。

选项 C 不当选，房产原值未考虑土地价款。

选项 D 不当选，在计算土地价款时，误按照建造面积占总土地面积的比例乘以总地价款进行计算。

5.10 🔑斯尔解析 **C** 本题考查房产税的计算。

选项 C 当选，具体计算过程如下：

出租的房产自交付出租之次月（3 月）起从租计征房产税，故分两个时间段分别计算房产税：

（1）1 月至 2 月份，办公楼全部自用，从价计征房产税。

1 月至 2 月份应缴纳房产税 =30 000×（1-20%）×1.2%×2/12=48（万元）

（2）3 月至 12 月份，办公楼自用部分仍从价计征房产税，出租部分从租计征房产税。

3 月至 12 月份从价计征房产税 =（30 000-5 000）×（1-20%）×1.2%×10/12=200（万元）

3 月至 12 月份从租计征房产税 =1 000×12%×10/12=100（万元）

综上，2023 年该公司应缴纳房产税 =48+200+100=348（万元）。

选项 A 不当选，误将该房产全部适用从价计征的房产税计算公式。

选项 B 不当选，在计算从租计征房产税时，未进行年月换算。

选项 D 不当选，在计算从价计征房产税时，房产原值未扣除出租部分原值 5 000 万元。

提示：

（1）适用从价计征的房产税公式计算出的是全年税额，须注意年月之间的换算。

（2）对于从租计征的部分，需关注题干中的租金是年租金还是月租金，如为年租金，也须进行年月之间的换算。

（3）本题的第二种计算方法如下：

①房产出租部分，需要分自用和出租两段计算房产税，自交付出租之次月（3 月）起从租计征房产税，前两个月从价计征房产税。故房产出租部分全年应纳房产税 =5 000×（1-20%）×1.2%×2/12+1 000×12%×10/12=108（万元）。

②房产未出租部分，全年均从价计征房产税，全年应纳房产税＝（30 000－5 000）×（1－20%）×1.2%=240（万元）。

综上，2023年该公司应缴纳房产税＝108+240=348（万元）。

5.11 ⑤斯尔解析   D 本题考查具备房屋功能的地下建筑房产税的计税规定。

选项D当选，具体计算过程如下：

（1）对于与地上房屋相连的地下建筑，如房屋的地下室、地下停车场、商场的地下部分等，应将地下部分与地上房屋视为一个整体，按照地上房屋建筑的有关规定计算征收房产税。

（2）购置存量房，自签发房屋权属证书之次月起计征房产税。该企业3月办妥权属证书，应从4月开始计征房产税。

综上，该企业2023年应缴纳房产税＝8 600×（1－20%）×1.2%×9/12=61.92（万元）。

选项A不当选，误以为该房产为独立地下建筑物，以在原值基础上"打折"的方式计算应纳房产税。

选项B不当选，对地下储物间误用了独立地下建筑物的计算方式，又错误地将纳税义务发生时间判断为购入当月。

选项C不当选，纳税义务发生时间判断错误，误自购入当月开始计税。

提示：具备房屋功能的地下建筑计税规定总结。

经营方式	地下建筑类型		计税规定
出租	与地上房屋相连/独立		按照出租地上建筑物规定从租计征
自用	与地上房屋相连		将地下部分与地上房屋视为一个整体，按照地上房屋建筑的有关规定从价计征房产税
	独立地下建筑	工业用途	以房屋原价的50%～60%作为应税房产原值
		商业和其他用途	以房屋原价的70%～80%作为应税房产原值

5.12 ⑤斯尔解析   C 本题考查独立地下建筑物房产税的计征规定。

选项C当选，具体计算过程如下：

（1）对于自行新建房屋用于生产经营，应自建成之次月起缴纳房产税，因此当年6月至12月（7个月）从价计征房产税。故对于自建厂房，应缴纳的房产税＝7 000×（1－30%）×1.2%×7/12=34.3（万元）。

（2）对于独立地下建筑物，在自用期间应以房屋原价的60%作为应税房产原值，采取从价计征的方式缴纳房产税。自交付出租房产之次月起，采用从租计征的方式缴纳房产税。

独立地下建筑物从价计征的房产税＝1 000×60%×（1－30%）×1.2%×5/12=2.1（万元）

独立地下建筑物从租计征的房产税＝20×7×12%=16.8（万元）

综上，该企业2023年应缴纳房产税＝34.3+2.1+16.8=53.2（万元）。

选项A不当选，纳税义务发生时间判断错误。

选项 B 不当选，未考虑独立地下储藏室从价计征的情况。

选项 D 不当选，未考虑独立地下储藏室应在原值基础上"打折"的情况。

5.13 〔斯尔解析〕 B 本题考查房产税房产原值的确定及纳税义务发生时间。

选项 B 当选，具体计算过程如下：

（1）房产原值，包含房屋原价、地价款及各种附属设备的价值等。其中房屋原价指按照会计制度规定，在账簿"固定资产"科目中记载的房屋原价。会计政策规定，购置的不需要经过建造过程即可使用的固定资产，按实际支付的买价、包装费、运输费、安装成本、缴纳的有关税金等作为入账价值。因此，购房时缴纳的契税应计入房产原值。

（2）购置存量房，自签发房屋权属证书之次月起计征房产税。该企业 11 月办妥权属证书，应从 12 月开始计征房产税。

综上，该企业 2023 年应缴纳房产税 =（500+15）×（1−20%）× 1.2% × 1/12=0.41（万元）。

选项 A 不当选，未将契税纳入房产原值。

选项 C 不当选，纳税义务发生时间判断错误，误认为自交付次月起发生纳税义务。

选项 D 不当选，未将契税纳入房产原值且纳税义务发生时间判断错误。

5.14 〔斯尔解析〕 A 本题考查个人出租住房房产税的税收优惠及计算。

选项 A 当选，具体计算过程如下：

（1）个人自有住房不征收房产税，故 2023 年 1 月王某无须缴纳房产税。

（2）个人出租住房，不区分用途，均按 4% 的税率征收房产税。出租、出借房产，自交付出租、出借房产之次月（2 月）起计征房产税。

（3）2023 年 1 月 1 日起，对增值税小规模纳税人减半征收房产税。

综上，王某 2023 年应缴纳房产税 =5 000 × 4% × 11 × 50%=1 100（元）。

选项 B 不当选，纳税义务时间判断错误，误自出租当月起开始计税。

选项 C 不当选，未考虑到个人出租住房 4% 的税收优惠，且将纳税义务发生时间误认为是出租当月。

选项 D 不当选，未考虑到个人出租住房 4% 的税收优惠。

5.15 〔斯尔解析〕 A 本题考查投资联营房产计税依据的规定和应纳税额的计算。

选项 A 当选，对于以房产投资联营，投资者参与投资利润分红，共担风险的，按房产余值作为计税依据计征房产税，故 2023 年该房产应缴纳的房产税 =500 ×（1−20%）× 1.2%=4.8（万元）。

选项 B 不当选，误将当年取得的分红从租计征房产税。

选项 C 不当选，计算计税依据时误用账面净值。

选项 D 不当选，误将当年取得的分红从租计征房产税且从价计征的计税依据运用错误。

5.16 〔斯尔解析〕 A 本题考查小型微利企业税收优惠同投资联营房产计税依据的规定。

选项 A 当选，具体计算过程如下：

（1）以房产投资，收取固定收入，不承担联营风险的，实际上是以联营名义取得房产租金，由出租方按照租金收入计算缴纳房产税。故用于投资联营的房产 2023 年应缴纳的房产税 =1.8 × 12 × 12%=2.59（万元）。

（2）对以劳务或其他形式作为报酬抵付房租收入的，应根据当地同类房屋的租金水平，确定租金标准，从租计征房产税。故出租给某物流公司的房产 2023 年应缴纳的房产税 =2.2×12×12%=3.17（万元）。

（3）2023 年 1 月 1 日至 2027 年 12 月 31 日，对增值税小规模纳税人、小型微利企业和个体工商户减半征收房产税。

综上，该企业 2023 年应缴纳的房产税 =（2.59+3.17）×50%=2.88（万元）。

选项 B 不当选，未考虑小型微利企业减半征收房产税的税收优惠。

选项 C 不当选，未考虑小型微利企业减半征收房产税的税收优惠以及出租给物流公司的仓库房产税计税依据计算错误。

选项 D 不当选，出租给物流公司的仓库房产税计税依据计算错误。

二、多项选择题

5.17 🔍斯尔解析　**AC**　本题考查房产税的征税范围和纳税人的相关规定。

选项 B 不当选，产权所有人、承典人不在房屋所在地的，由房产代管人或者使用人纳税。

选项 D 不当选，独立于房屋之外的建筑物，如室外游泳池、玻璃暖房等，不属于房产，不需要缴纳房产税。

选项 E 不当选，房地产开发企业建造的商品房，在出售前，不征收房产税；但对出售前房地产开发企业已使用或出租、出借的商品房应按规定征收房产税。

5.18 🔍斯尔解析　**CDE**　本题考查房产税纳税人及纳税义务的相关规定。

选项 C 当选，纳税单位和个人无租使用其他单位房产的，应由使用人依照房产余值代为缴纳房产税。

选项 D 当选，产权出典的，由承典人缴纳房产税。

选项 E 当选，房屋出租的，房屋所有权并未发生转移，因此由出租人缴纳房产税。

选项 A 不当选，租赁合同约定有免收租金期限的出租房产，免收租金期间由产权所有人按照房产余值缴纳房产税。

选项 B 不当选，融资租赁的房产，由承租人自租赁合同约定开始日的次月起依照房产余值缴纳房产税；合同未约定开始日的，由承租人自合同签订的次月（而非当月）起依照房产余值缴纳房产税。

提示：房产税的纳税人具体规定如下。

产权的情形	纳税人
产权属集体和个人所有	集体单位和个人
产权属国家所有	经营管理单位
产权出典	承典人
产权所有人、承典人不在房屋所在地	房产代管人或使用人
产权未确定及租典纠纷未解决的	
居民住宅区内业主共有的经营性房产	

5.19 Ⓢ斯尔解析　**BD**　本题考查房产税计税依据的具体规定。

选项 A 不当选，对于与地上房屋相连的地下建筑，例如地下室、地下停车场等，应将地下部分与地上房屋视为一个整体，按照地上房屋建筑的有关规定计征房产税。

选项 C 不当选，对于产权出典的房产，由承典人依照房产余值缴纳房产税。

选项 E 不当选，免收租金期间，产权所有人应按"房产余值"缴纳房产税。

提示：房产税中的房产余值 = 房产原值 ×（1 - 扣除比例）。

5.20 Ⓢ斯尔解析　**ABCE**　本题考查房产税的税收优惠。

选项 A 当选，中国铁路总公司所属铁路运输企业自用的房产，免征房产税。

选项 B 当选，企业办的各类学校、医院、托儿所、幼儿园自用的房产，免征房产税。

选项 C 当选，非营利性老年服务机构自用的房产，暂免征收房产税。

选项 E 当选，按照国家规定的收费标准收取住宿费的高校学生公寓，免征房产税。

选项 D 不当选，外商投资企业的自用房产，照章征收房产税。

5.21 Ⓢ斯尔解析　**ABDE**　本题考查房产税的税收优惠。

选项 A 当选，按政府规定价格出租的公有住房暂免征收房产税。

选项 B 当选，国家机关、人民团体、军队自用的房产免征房产税，市文工团的办公用房属于人民团体自用房产，可以享受免税优惠。

选项 D 当选，在基建工地为基建工地服务的各种工棚、材料棚、休息棚、办公室、食堂、茶炉房、汽车房等临时性房屋，在施工期间，一律免征房产税。但是，在工程结束后，将这种临时性房屋交还或者估价转让给基建单位的，应当从接收的次月起，依照规定缴纳房产税。

选项 E 当选，饮水工程运营管理单位自用的生产、办公用房产免征房产税。

选项 C 不当选，宗教寺庙、公园、名胜古迹自用的房产免税，但是宗教寺庙、公园、名胜古迹中附设的营业单位，如照相馆、茶社等房产，应照章征税。

5.22 Ⓢ斯尔解析　**ABDE**　本题考查房产税的税收优惠。

选项 A 当选，宗教寺庙自用的房产免税，具体是指举行宗教仪式等的房屋和宗教人员使用的生活用房屋免税。

选项 B 当选，对个人所有的非营业用的房产免征房产税。

选项 D 当选，自 2019 年 6 月 1 日至 2025 年 12 月 31 日，为社区提供养老、托育、家政等服务的机构自用或其通过承租、无偿使用等方式取得的并用于提供社区养老、托育、家政服务的房产免征房产税。

选项 E 当选，经有关部门鉴定，对毁损不堪居住的房屋和危险房屋，在停止使用后，可免征房产税。

选项 C 不当选，纳税人因房屋大修导致连续停用半年以上的，在房屋大修期间免征房产税，而非三个月。

5.23 Ⓢ斯尔解析　**ABD**　本题考查房产税的纳税义务发生时间。

选项 C 不当选，购置新建商品房，自房屋交付使用之次月起计征房产税。

选项 E 不当选，自建的房屋，自建成之日的次月起计征房产税。

new

多项选择题

5.24 ▶ BCD

多项选择题

5.24 ⑤斯尔解析　**BCD**　本题考查房产税税收优惠。

选项 BC 当选，对国家级、省级科技企业孵化器、大学科技园和国家备案众创空间自用以及无偿或通过出租等方式提供给在孵对象使用的房产、土地，免征房产税和城镇土地使用税。

选项 D 当选，对饮水工程运营管理单位自用的生产、办公用房产、土地，免征房产税、城镇土地使用税。

选项 A 不当选，各地可根据实际对银行业金融机构、金融资产管理公司持有的"抵债"不动产减免房产税、城镇土地使用税。

选项 E 不当选，个人出租住房以房屋租金为计税依据，按照 4% 的税率征收房产税。需要注意的是，个人属于增值税小规模纳税人，在该优惠政策的基础上可以叠加享受六税两费减半征收的政策。

第六章　车船税
答案与解析

一、单项选择题

| 6.1 ▶ C | 6.2 ▶ B | 6.3 ▶ B | 6.4 ▶ B | 6.5 ▶ A |
| 6.6 ▶ C | 6.7 ▶ B | 6.8 ▶ B | 6.9 ▶ B | 6.10 ▶ A |

二、多项选择题

| 6.11 ▶ ACE | 6.12 ▶ ABCD | 6.13 ▶ ADE | 6.14 ▶ ABE | 6.15 ▶ BCDE |

一、单项选择题

6.1 斯尔解析　**C**　本题考查车船税的征税范围。

选项 C 当选，车船税的征税范围包含船舶，但船舶上装备的救生艇筏除外。

6.2 斯尔解析　**B**　本题考查车船税的征税范围及征收管理。

选项 A 不当选，车船税按年申报，分月计算，一次性缴纳。

选项 C 不当选，境内单位和个人租入外国籍船舶的，不征收车船税；境内单位和个人将船舶出租到境外的，应依法征收车船税。

选项 D 不当选，车船税的征税范围包括依法应当在车船登记管理部门登记的机动车辆和船舶，也包括依法不需要在车船登记管理部门登记的在单位内部场所行驶或者作业的机动车辆和船舶。

6.3 斯尔解析　**B**　本题考查车船税计税依据的特殊规定。

选项 B 当选，挂车按照货车税额的 50% 计算车船税。

选项 AC 不当选，拖船、非机动驳船按照机动船舶税额的 50% 计算车船税。

选项 D 不当选，纯电动乘用车、燃料电池乘用车不属于车船税征税范围；纯电动商用车、燃料电池商用车属于车船税的征税范围，但是有免税的税收优惠。

6.4 🔍斯尔解析　**B**　本题考查车船税应纳税额的计算。

选项 B 当选，具体计算过程如下：

（1）公司 2023 年原有的 5 辆货车应缴纳车船税 =5×10×96=4 800（元）。

（2）挂车按照货车税额的 50% 征收；纳税义务发生时间为取得车船管理权的当月，即 7 月。故 7 月份新购入的挂车应缴纳车船税 =2×5×96×50%×6÷12=240（元）。

（3）客货两用车按照货车的计税单位和税额计征车船税。故 7 月份新购入的客货两用车应缴纳车船税 =3×8×96×6÷12=1 152（元）。

综上，2023 年应缴纳车船税 =4 800+240+1 152=6 192（元）。

选项 A 不当选，在计算挂车的应纳税额时未考虑挂车应按货车税额的 50% 征收。

选项 C 不当选，在计算客货两用车的应纳税额时误按照客车的计税单位和税额计算。

选项 D 不当选，新购车辆的纳税义务发生时间误认为是购入次月。

6.5 🔍斯尔解析　**A**　本题结合税收优惠考查应纳税额的计算。

选项 A 当选，具体计算过程如下：

（1）主推进动力装置为纯天然气发动机的新能源船舶，免征车船税；因此机动船舶中有 9 艘应缴纳车船税，机动船舶应纳税额 =9×150×3=4 050（元）。

（2）非机动驳船按机动船舶税额的 50% 计算，非机动驳船的应纳税额 =2×287×4×50%=1 148（元）。

（3）拖船按照发动机功率每 1 千瓦折合净吨位 0.67 吨计算，且拖船按机动船舶税额的 50% 计算。车船税纳税义务发生时间为取得车船所有权当月，故拖船的应纳税额 =500×0.67×4×50%×10÷12=558.33（元）。

综上，2023 年该船运公司应缴纳的车船税 =4 050+1 148+558.33=5 756.33（元）。

选项 B 不当选，新购拖船纳税义务发生时间判断有误。

选项 C 不当选，未考虑拖船减半征收的税收优惠。

选项 D 不当选，未考虑新能源船舶免征车船税的税收优惠。

6.6 🔍斯尔解析　**C**　本题考查车辆被盗及失而复得时车船税应纳税额的计算。

选项 C 当选，购置的新车船，购置当年的应纳税额自纳税义务发生的当月起按月计算；在一个纳税年度内，已完税的车船被盗抢、报废、灭失的，纳税人可以凭有关管理机关出具的证明和完税证明，向纳税所在地的主管税务机关申请退还自被盗抢、报废、灭失月份起至该纳税年度终了期间的税款；已办理退税的被盗抢车船失而复得的，纳税人应当从公安机关出具相关证明的当月起计算缴纳车船税。

该公司就该车 2023 年实际应缴纳车船税的期间为 2 月至 5 月、9 月至 12 月。即该公司应缴纳车船税额 =10×96×（4+4）÷12=640（元）。

选项 A 不当选，仅考虑被追回后车船税的应纳税额。

选项 B 不当选，误以为车船税的纳税义务发生时间为购置车辆的次月。

选项 D 不当选，误以为自车辆被盗的次月起开始退税。

6.7 🔍斯尔解析　**B**　本题考查车船税的计算。

选项 B 当选，具体计算过程如下：

（1）燃料电池乘用车不属于车船税的征税范围。

（2）减半征收的节能乘用车需要满足排气量在1.6升以下（含）的条件，该单位购入的油电混合动力乘用车排气量为2.0升，不满足减半征收的优惠条件。车船税的纳税义务发生时间为购入车船的当月，故该车辆2023年应纳税额$=1×540×7÷12=315$（元）。

（3）整备质量、净吨位、艇身长度等计税单位，有尾数的一律按照含尾数的计税单位据实计算应纳税额，如货车的整备质量应按照9.999吨计算，而不能四舍五入为10.00吨。该货车2023年应纳税额$=1×9.999×80×7÷12=466.62$（元）。

（4）已缴纳车船税的车船在同一纳税年度内办理转让过户的，不另纳税，也不退税，故受赠的已纳税的二手货车当年无须另行缴纳车船税。

综上，该公司2023年应缴纳的车船税$=315+466.62=781.62$（元）。

选项A不当选，误认为油电混合动力乘用车符合节能汽车减半征收的条件。

选项C不当选，在计算货车的应纳税额时，整备质量四舍五入按10吨计算。

选项D不当选，误认为受赠的二手货车也要缴纳车船税。

6.8 🔍斯尔解析　**B**　本题考查车船税的税收优惠。

选项B当选，军队、武装警察部队专用车船、警用车船，免征车船税。

选项A不当选，辅助动力帆艇属于游艇的征税范围，且无免税优惠。

选项C不当选，货车包括半挂牵引车、三轮汽车和低速载货汽车，应缴纳车船税。

选项D不当选，客货两用汽车按照货车的计税单位和税额计征车船税。

6.9 🔍斯尔解析　**B**　本题考查车船税的纳税义务发生时间。

选项B当选，车船税纳税义务发生时间为取得车船所有权或者管理权的当月，即为购买车船的发票或者其他证明文件所载日期的当月。对于在国内购买的机动车，购买日期以《机动车销售统一发票》所载日期为准；对于进口机动车，购买日期以《海关关税专用缴款书》所载日期为准；对于购买的船舶，以购买船舶的发票或者其他证明文件所载日期为准。

6.10 🔍斯尔解析　**A**　本题考查车船税的纳税地点。

选项A当选，车船税的纳税地点为车船登记地或者车船税扣缴义务人所在地。依法不需要办理登记的车船，车船税的纳税地点为车船的所有人或者管理人所在地。

二、多项选择题

6.11 🔍斯尔解析　**ACE**　本题考查车船税的税收优惠。

选项B不当选，工程船应照章征收车船税。

选项D不当选，排量为1.6升以下（含）的燃用汽油、柴油的乘用车（含非插电式混合动力、双燃料和两用燃料乘用车），减半征收车船税。

6.12 🔍斯尔解析　**ABCD**　本题考查车船税的征税范围。

选项ABCD当选，车船税的征税范围包括乘用车、客车、货车、挂车、专用作业车、轮式专用机械车、摩托车、机动船舶、游艇。其中，货车包括半挂牵引车、三轮汽车和低速载货汽车等。

选项E不当选，车船税征税范围不包括拖拉机、纯电动乘用车和燃料电池乘用车。

6.13　⑤斯尔解析　**ADE**　本题考查车船税的征税范围及税收优惠。

选项 A 当选，挂车按照货车税额的 50% 计算车船税。

选项 D 当选，摩托车属于车船税应税车辆。

选项 E 当选，节能汽车减半征收车船税。

选项 BC 不当选，免征车船税。

6.14　⑤斯尔解析　**ABE**　本题考查各应税车辆的计税单位。

选项 CD 不当选，客车、乘用车以"每辆"作为车船税计税单位。

提示：商用车税目中，客车以"每辆"作为计税单位、货车以"整备质量每吨"作为计税单位。

6.15　⑤斯尔解析　**BCDE**　本题考查车船税的税收优惠。

选项 B 当选，经批准临时入境的外国车船和香港特别行政区、澳门特别行政区、台湾地区的车船，不征收车船税。

选项 C 当选，纯电动商用车、插电式（含增程式）混合动力汽车、燃料电池商用车免征车船税。

选项 D 当选，省、自治区、直辖市人民政府可根据当地情况，对公共交通车船定期减征或免征车船税。

选项 E 当选，捕捞、养殖渔船免征车船税。

选项 A 不当选，国家机关、事业单位、人民团体等财政拨付经费单位的车船，应照常缴纳车船税。

第七章 契 税
答案与解析

 做经典

一、单项选择题

7.1 ▶ C	7.2 ▶ C	7.3 ▶ D	7.4 ▶ C	7.5 ▶ B
7.6 ▶ D	7.7 ▶ D	7.8 ▶ C	7.9 ▶ C	

二、多项选择题

7.10 ▶ ABCD	7.11 ▶ DE	7.12 ▶ BCD	7.13 ▶ AC	7.14 ▶ BE
7.15 ▶ ABDE	7.16 ▶ BCD	7.17 ▶ AB	7.18 ▶ ABDE	

一、单项选择题

7.1 斯尔解析 **C** 本题考查契税的纳税义务人。

选项 C 当选，契税的纳税人是房屋、土地权属的承受方，转让方无须缴纳契税。

提示：转让方需要缴纳土地增值税。

7.2 斯尔解析 **C** 本题考查契税计税依据的相关规定。

选项 C 当选，房屋附属设施适用的契税税率应分两种情况：（1）与房屋为同一不动产单元的，承受方应付的总价款（与房屋统一计价），适用房屋的税率；（2）与房屋为不同不动产单元，单独计税。并不是所有情况下的附属设施均与房屋一起计价，适用房屋税率。

选项 A 不当选，契税的计税依据包括土地出让金、土地补偿费、安置补助费、地上附着物和青苗补偿费、征收补偿费、城市基础设施配套费、实物配建房屋等应交付的货币以及实物、其他经济利益对应的价款。

选项 B 不当选，土地使用权及地上建筑物转让的，应以承受方应付的总价款为计税依据。

选项 D 不当选，以作价投资（入股）、抵债、以实物交换等方式转移土地、房屋权属的，计税依据为土地、房屋权属转移合同确定的成交价格，即应交付的货币、实物、无形资产或者其他经济利益。

7.3 斯尔解析　**D**　本题考查契税计税依据的相关规定。

选项 D 当选，契税的计税依据不含增值税。

选项 A 不当选，房屋交换价格差额明显不合理且无正当理由的，由征收机关参照市场价格核定。

选项 B 不当选，房屋买卖的契税计税价格为房屋买卖合同的总价款，买卖已装修的房屋，装修费用应包括在内。

选项 C 不当选，承受国有土地使用权，不得因减免土地出让金而减免契税。

7.4 斯尔解析　**C**　本题考查契税的税收优惠。

选项 C 当选，国家机关、事业单位、社会团体、军事单位承受土地、房屋权属用于办公、教学、医疗、科研和军事设施的，免征契税。

选项 A 不当选，个人购买经济适用住房，按法定税率减半征收契税。

选项 BD 不当选，均应照常征收契税。

7.5 斯尔解析　**B**　本题考查契税计税依据的相关规定。

选项 B 当选，具体计算过程如下：

（1）土地使用权出售、房屋买卖，其计税价格为成交价格。该公司购入写字楼应纳契税税额 =1 200×3%=36（万元）。

（2）公司以车换房，属于以实物交换房产的情形（而不属于土地、房屋权属互换），计税依据为应付的货币、实物及其他经济利益，即 200 万元。故该公司以车换房应纳契税税额 =200×3%=6（万元）。

综上，该公司应缴纳契税 =36+6=42（万元）。

选项 A 不当选，误认为以车换房属于土地、房屋权属互换的情形，以支付的差价作为计税依据。

选项 C 不当选，误认为写字楼的计税依据是其账面净值，且误认为以车换房属于土地、房屋权属互换的情形。

选项 D 不当选，误认为写字楼的计税依据是其账面净值。

7.6 斯尔解析　**D**　本题考查契税应纳税额的计算。

选项 D 当选，土地使用权出让的，其计税依据为土地的成交价格，具体包括土地出让金、土地补偿费、安置补助费、地上附着物和青苗补偿费、征收补偿费、城市基础设施配套费、实物配建房屋等应交付的货币以及实物、其他经济利益对应的价款。故房地产开发企业应缴纳的契税 =（12 000+500+300）×4%=512（万元）。

选项 A 不当选，仅以土地出让金扣除收到的财政返还土地出让金后的金额计算契税。

选项 B 不当选，误将财政返还的土地出让金进行扣除并以此地计算契税。

选项 C 不当选，仅以支付的土地出让金和土地补偿费来计算契税。

提示： 对承受国有土地使用权应支付的土地出让金，要征收契税。不得因减免土地出让金而减免契税。

7.7 斯尔解析　**D**　本题考查契税的税收优惠。

选项 D 当选，先以划拨方式取得土地使用权，后经批准改为以出让方式取得该土地使用权的，应依法缴纳契税，其计税依据为补缴的土地出让价款。

选项 A 不当选，夫妻因离婚分割共同财产发生土地、房屋权属变更的，免征契税；婚姻关系存续期间夫妻之间变更土地、房屋权属，免征契税。

选项 B 不当选，法定继承人通过继承承受土地、房屋权属的，免征契税；但非法定继承人继承房屋，应缴纳契税。

选项 C 不当选，2027 年 12 月 31 日以前，对饮水工程运营管理单位为建设饮水工程而承受土地使用权，免征契税。

7.8 斯尔解析　**C**　本题考查契税的纳税义务发生时间。

选项 C 当选，契税的纳税义务发生时间是纳税人签订土地、房屋权属转移合同的当日，或者取得其他具有土地、房屋权属转移合同性质凭证的当日。

7.9 斯尔解析　**C**　本题考查契税征收管理的相关规定。

选项 A 不当选，契税在土地、房屋所在地的税务机关申报纳税。

选项 B 不当选，在依法办理土地、房屋权属登记前，权属转移合同、权属转移合同性质凭证不生效、无效、被撤销或者被解除的，可以向税务机关申请退还已缴纳的税款。

选项 D 不当选，按规定不再需要办理土地、房屋权属登记的，纳税人应自纳税义务发生之日起 90 日（而不是 60 日）内申报缴纳契税。

二、多项选择题

7.10 斯尔解析　**ABCD**　本题考查契税的征税范围。

选项 E 不当选，以自有房产作股投入本人独资经营的企业（个人独资企业），免征契税。

7.11 斯尔解析　**DE**　本题考查契税的征税范围。

选项 D 当选，非法定继承人承受死者生前的房屋，应视同赠与，缴纳契税。

选项 E 当选，对金融租赁公司开展售后回租业务，承受承租人房屋、土地权属的，照常征税；对售后回租合同期满，承租人回购原房屋、土地权属的，免征契税。

选项 A 不当选，土地承包经营权和土地经营权的转移不属于土地使用权的转让，不征收契税。

选项 B 不当选，房屋产权相互交换，双方交换价值相等的，免纳契税，办理免征契税手续。其价值不相等的，按超出部分由支付差价方缴纳契税。

选项 C 不当选，单位或个人以房产投资入股、增资，应视同房屋买卖，征收契税；而单位或个人以房屋、土地以外的资产增资，相应扩大其在被投资公司的股权持有比例，无论被投资公司是否变更工商登记，其房屋、土地权属不发生转移，不征收契税。

7.12 斯尔解析　**BCD**　本题考查契税的纳税义务人及计税依据。

选项 B 当选，丙企业以股权支付方式购买房产，仍属于房屋买卖，以其成交价格（支付的股份价值 30 000 万元）为计税依据，由承受方丙企业缴纳契税。

选项 D 当选，以房产作价投资、入股，视同房屋买卖，以成交价格为计税依据，但成交价格明显偏低且无正当理由的，以税务机关核定价格为计税依据，故乙企业应按 29 000 万元作为计税依据缴纳契税。

选项 C 当选、选项 A 不当选，契税是向产权承受人，即受让方征收的一种税。甲企业以房产投资、乙企业向丙企业出售房屋，两者都属于转让方，不缴纳契税。

选项 E 不当选，单位和个人土地使用权互换、房屋互换且互换价格不相等的，以其差额（1 000 万元）为计税依据，由支付差额的一方缴纳契税。

7.13 ⓢ斯尔解析　**AC**　本题考查契税的税收优惠。

选项 B 不当选，同一投资主体内部所属企业之间土地、房屋权属的划转，包括母公司与其全资子公司之间土地、房屋权属的划转，免征契税。此选项不属于全资子公司，不免征。

选项 D 不当选，个人首次购买 90 平方米以下改造安置住房的，按 1% 计征契税；超过 90 平方米的，按法定税率减半征收契税。

选项 E 不当选，翻建新房应照常缴纳契税。

7.14 ⓢ斯尔解析　**BE**　本题考查契税的税收优惠。

选项 B 当选，合伙企业的合伙人将其名下的房屋、土地权属转移至合伙企业名下，或合伙企业将其名下的房屋、土地权属转回原合伙人名下，免征契税。

选项 E 当选，承受荒山、荒地、荒滩土地使用权用于农、林、牧、渔业生产，免征契税。

选项 A 不当选，个体工商户的经营者将其个人名下的房屋、土地权属转移至个体工商户名下，或个体工商户将其名下的房屋、土地权属转回原经营者个人名下，免征契税。

选项 C 不当选，因房屋被县级以上人民政府征用，重新承受房屋权属的，由省、自治区、直辖市决定免征或减征契税。

选项 D 不当选，非营利性医疗机构承受土地、房屋权属用于医疗的，免征契税；用于其他用途的，应照常征税。

7.15 ⓢ斯尔解析　**ABDE**　本题综合考查契税的相关规定。

选项 C 不当选，以出让方式或国家作价出资（入股）方式承受原改制重组企业、事业单位划拨用地的，对承受方应按规定征收契税。

7.16 ⓢ斯尔解析　**BCD**　本题考查契税退税的规定。

纳税人缴纳契税后发生下列情形，可依照有关法律法规申请退税：

（1）因人民法院判决或者仲裁委员会裁决导致土地、房屋权属转移行为无效、被撤销或者被解除，且土地、房屋权属变更至原权利人的。（选项 B 当选）

（2）在出让土地使用权交付时，因容积率调整或实际交付面积小于合同约定面积需退还土地出让价款的。（选项 C 当选）

（3）在新建商品房交付时，因实际交付面积小于合同约定面积需返还房价款的。（选项 D 当选）

选项 AE 不当选，在依法办理土地、房屋权属登记前，权属转移合同不生效、无效、被撤销或者被解除的，可以向税务机关申请退还已缴纳的税款。

7.17 ⓢ斯尔解析　**AB**　本题考查契税的税收优惠。

选项 A 当选，国家机关、事业单位、社会团体、军事单位承受土地、房屋权属用于办公、教学、医疗、科研和军事设施的，免征契税。

选项 B 当选，非营利性的学校、医疗机构、社会福利机构承受土地、房屋权属用于办公、教学、医疗、科研、养老、救助的，免征契税。

选项 C 不当选，个人购买 90 平方米以下家庭唯一普通住房，适用 1% 契税税率。

选项 D 不当选，个人首次购买 90 平方米以下的改造安置住房，按 1% 计征契税；超过 90 平方米，按法定税率减半征收契税。

选项 E 不当选，个人购买经济适用住房，按法定税率减半征收契税。

7.18 🄢斯尔解析　**ABDE**　本题考查契税的税收优惠。

选项 C 不当选，非债权人承受破产企业的土地、房屋权属，且与原企业全部职工签订服务年限不少于三年的劳动用工合同的，免征契税；与原企业超过 30% 的职工签订服务年限不少于三年的劳动用工合同的，减半征收契税。

提示：有关改制重组的征免政策如下。

满足	条件	征免规定
企业改制	同时满足： （1）原企业投资主体存续并在改制（变更）后的公司中所持股权（股份）比例超过 75%。 （2）改制（变更）后公司承继原企业权利、义务	免征
事业单位改制	原投资主体存续并在改制后企业中出资（股权、股份）比例超过 50% 的	免征
公司合并	依照法律规定、合同约定，合并为一个公司，且原投资主体存续的	免征
公司分立	公司依照法律规定、合同约定分立为两个或两个以上与原公司投资主体相同的公司	免征
企业破产（债权人承受土地、房屋权属）	—	免征
企业破产（非债权人承受土地、房屋权属）	妥善安置原企业全部职工规定，与原企业全部职工签订服务年限不少于三年的劳动用工合同的	免征
	与原企业超过 30% 的职工签订服务年限不少于三年的劳动用工合同的	减半征收
资产划转	对承受县级以上人民政府或国有资产管理部门按规定进行行政性调整、划转国有土地、房屋权属的单位	免征
	同一投资主体内部所属企业之间	免征
	母公司以土地、房屋权属向其全资子公司增资，视同划转	免征
债权转股权	经国务院批准实施债权转股权的企业，对债权转股权后新设立的公司承受原企业的土地、房屋权属	免征

单项选择题

7.19 ▶ C

单项选择题

7.19  **C** 本题考查契税的税收优惠。

选项 A 不当选，对个人购买保障性住房，减按 1% 的税率征收契税。

选项 B 不当选，自 2023 年 1 月 1 日至 2027 年 12 月 31 日，对增值税小规模纳税人、小型微利企业和个体工商户减半征收资源税（不含水资源税）、城市维护建设税、房产税、城镇土地使用税、印花税（不含证券交易印花税）、耕地占用税和教育费附加、地方教育附加。该政策不适用于契税。

选项 D 不当选，因不可抗力灭失住房，重新承受住房权属的，属于省、自治区、直辖市可以决定免征或减征契税的情形。

第八章　城镇土地使用税
答案与解析

一、单项选择题

| 8.1 ▶ A | 8.2 ▶ D | 8.3 ▶ C | 8.4 ▶ B | 8.5 ▶ B |

| 8.6 ▶ C | 8.7 ▶ C | 8.8 ▶ B | 8.9 ▶ D | 8.10 ▶ C |

| 8.11 ▶ A |

二、多项选择题

| 8.12 ▶ ABDE | 8.13 ▶ ACD | 8.14 ▶ ACD | 8.15 ▶ ABCE | 8.16 ▶ BCD |

| 8.17 ▶ ACD | 8.18 ▶ CE |

一、单项选择题

8.1 〔斯尔解析〕　**A**　本题考查城镇土地使用税的征税范围。

选项 A 当选，城市维护建设税的征税范围不包含农村。

选项 BCD 不当选，在城市、县城、建制镇、工矿区范围内使用土地的单位和个人，为城镇土地使用税的纳税人。

8.2 〔斯尔解析〕　**D**　本题考查城镇土地使用税的计税依据。

城镇土地使用税以纳税人实际占用的土地面积为计税依据。纳税人实际占用的土地面积按下列办法确定：

（1）以房地产管理部门核发的土地使用证书与确认的土地面积为准。（选项 D 当选）

（2）尚未核发土地使用证书的，应由纳税人申报土地面积，据以纳税，待核发土地使用证后再作调整。

8.3 斯尔解析 **C** 本题考查城镇土地使用税的税收优惠。

选项 C 当选，免税单位无偿使用纳税单位的土地（如公安、海关等单位使用铁路、民航等单位的土地），免征城镇土地使用税。

选项 ABD 不当选，不属于免征城镇土地使用税的情形，均应缴纳城镇土地使用税。

8.4 斯尔解析 **B** 本题结合税收优惠考查城镇土地使用税的计算。

选项 B 当选，具体计算过程如下：

（1）企业办的学校、医院、托儿所、幼儿园，其自用的土地免征城镇土地使用税，故学校占用的 2 000 平方米的土地免征城镇土地使用税。

（2）为居民供热所使用的厂房及土地免征房产税、城镇土地使用税；对供热企业其他厂房及土地，应当按规定征收房产税、城镇土地使用税。对专业供热企业，按其向居民供热取得的采暖费收入占全部采暖费收入的比例，计算免征税额。

综上，2023 年应缴纳城镇土地使用税 =（20 000-2 000）×（1-70%）×4=21 600（元）。

选项 A 不当选，未考虑企业办的学校的税收优惠，且向居民供热免征城镇土地使用税的比例计算有误。

选项 C 不当选，未考虑向居民供热的厂房免征城镇土地使用税的情况。

选项 D 不当选，未考虑企业办的学校以及向居民供热的厂房的税收优惠。

8.5 斯尔解析 **B** 本题考查城镇土地使用税的税收优惠。

选项 B 当选，国家机关、人民团体、军队自用的土地免征城镇土地使用税。

选项 A 不当选，免税单位职工家属的宿舍用地，由各省、自治区、直辖市税务局确定征免城镇土地使用税。

选项 C 不当选，房地产开发公司开发建造商品房的用地，除经批准开发建设经济适用房的用地外，对各类房地产开发用地一律不得减免城镇土地使用税。

选项 D 不当选，对核电站应税土地在基建期内减半征收城镇土地使用税。

8.6 斯尔解析 **C** 本题考查城镇土地使用税的税收优惠。

选项 C 当选，交通部门的港口码头（即泊位，包括岸边码头、伸入水中的浮码头、堤岸、堤坝、栈桥等）用地免税，其他用地应照章征税。

选项 A 不当选，直接从事种植、养殖、饲养的专业用地免征城镇土地使用税，农业生产单位的办公用地要照章征收城镇土地使用税。

选项 B 不当选，对矿山企业的办公、生活区用地，应征收城镇土地使用税。

选项 D 不当选，企业厂区内的绿化用地照章征税，厂区以外的公共绿化用地暂免征税。

8.7 斯尔解析 **C** 本题结合税收优惠考查城镇土地使用税的计算。

选项 C 当选，直接用于农、林、牧、渔业的生产用地，免税；农副产品加工厂占地和生活、办公用地应照章征收城镇土地使用税。该企业种植果树的 5 500 平方米土地可以免征，其余用地应照章征税。故该企业 2023 年度应缴纳的城镇土地使用税 =（2 500+2 000）×2÷10 000=0.9（万元）。

选项 A 不当选，未考虑直接用于农、林、牧、渔业的生产用地免税的规定。

选项 B 不当选，误按果树占地作为计税依据计算应纳税额。

选项 D 不当选，误认为农副产品加工厂用地免税。

提示：由题干可知税率单位是"元"，选项是"万元"，做题时要留意单位换算。

8.8　🔍斯尔解析　**B**　本题结合税收优惠考查城镇土地使用税的计算。

选项 B 当选，具体计算过程如下：

（1）由国家财政部门拨付事业经费的单位自用的土地免征城镇土地使用税，但实行自收自支后，应征收城镇土地使用税，故本题中业务办公用地应纳税。

（2）对企事业单位兴办的非营利性的老年服务机构（含老年公寓）自用的土地以及企业厂区以外向社会开放的公园用地，均暂免征收城镇土地使用税。

综上，2023 年该单位应缴纳城镇土地使用税 =（80 000-20 000-40 000）×2=40 000（元）。

选项 A 不当选，未考虑非营利性老年服务机构自用的土地免税。

选项 C 不当选，误将业务办公用地和对外开放的公园占地作为计税依据，计算纳税。

选项 D 不当选，未考虑对外出租的土地应纳税。

8.9　🔍斯尔解析　**D**　本题考查城镇土地使用税的税收优惠。

由省、自治区、直辖市税务机关确定是否减免城镇土地使用税的情形有：

（1）个人所有的居住房屋及院落用地。（选项 D 当选）

（2）免税单位职工家属的宿舍用地。

（3）集体和个人办的各类学校、医院、托儿所和幼儿园用地。

选项 ABC 不当选，均可享受免缴城镇土地使用税的优惠。

8.10　🔍斯尔解析　**C**　本题结合税收优惠考查城镇土地使用税的计算。

选项 C 当选，具体计算过程如下：

（1）对农产品批发市场、农贸市场专门用于经营农产品的土地，免征城镇土地使用税；而经营其他产品的用地，应照章征税。即经营家居用品的土地和行政办公区占地应照章征税。

（2）该农贸市场为增值税小规模纳税人，2023 年 1 月 1 日至 2027 年 12 月 31 日，对增值税小规模纳税人、小型微利企业和个体工商户减半征收城镇土地使用税。

综上，2023 年该农贸市场应缴纳城镇土地使用税 =（300+100）×10×50%=2 000（元）。

选项 A 不当选，误认为经营家居用品的土地免征城镇土地使用税。

选项 B 不当选，误认为经营家居用品的土地免征城镇土地使用税，且未考虑小规模纳税人的税收优惠。

选项 D 不当选，未考虑小规模纳税人的税收优惠。

8.11　🔍斯尔解析　**A**　本题考查城镇土地使用税的纳税义务发生时间。

选项 A 当选，购置新建房，自房屋交付使用之次月起计征城镇土地使用税。

二、多项选择题

8.12　🔍斯尔解析　**ABDE**　本题考查城镇土地使用税纳税义务人的相关规定。

选项 AB 当选，城镇土地使用税由拥有土地使用权的单位或个人缴纳。

选项 D 当选，土地使用权未确定或权属纠纷未解决的，其实际使用人为纳税人。

选项 E 当选，土地使用权共有的，共有各方都是纳税人，由共有各方分别纳税。

选项 C 不当选，土地使用权出租的，应以拥有土地使用权的单位或个人，即出租人为纳税人。

8.13　§斯尔解析　**ACD**　本题考查城镇土地使用税的税收优惠。

选项 A 当选，对饮水工程运营管理单位自用的生产、办公用土地，免征城镇土地使用税。其中饮水工程是指为农村居民提供生活用水而建设的供水工程设施，饮水工程运营管理单位是指负责饮水工程运营管理的自来水公司、供水公司、供水（总）站（厂、中心）、村集体、农民用水合作组织等单位。

选项 C 当选，对火电厂厂区围墙外的灰场、输灰管、输油（气）管道、铁路专用线用地，免征城镇土地使用税；火电厂厂区围墙内的用地，应征收城镇土地使用税。

选项 D 当选，老年人康复中心属于老年服务机构，对福利性老年服务机构自用的土地免征城镇土地使用税。

选项 B 不当选，水电站的发电厂房用地，生产、办公、生活用地，应征收城镇土地使用税。

选项 E 不当选，机场工作区（包括办公、生产和维修用地及候机楼、停车场）用地、生活区用地、绿化用地，均须依照规定征收城镇土地使用税。

8.14　§斯尔解析　**ACD**　本题考查城镇土地使用税的税收优惠。

选项 B 不当选，物流企业承租的大宗商品仓储设施用地，减按 50% 计征城镇土地使用税（不是免税）。

选项 E 不当选，纳税单位无偿使用免税单位的土地，纳税单位应照章缴纳城镇土地使用税。

提示：物流企业大宗商品仓储设施用地减按 50% 计征城镇土地使用税的税收优惠同"六税两费"减半征收城镇土地使用税税收优惠可叠加享受。

8.15　§斯尔解析　**ABCE**　本题考查城镇土地使用税的纳税义务发生时间。

选项 D 不当选，纳税人占用的非耕地，自批准征用"次月"起计征城镇土地使用税。新征用的耕地，自批准征用之日起满 1 年时开始缴纳城镇土地使用税。

8.16　§斯尔解析　**BCD**　本题考查城镇土地使用税的税收优惠。

选项 B 当选，对国家级、省级科技企业孵化器、大学科技园和国家备案的众创空间自用及无偿或通过出租等方式提供给在孵对象使用的土地，免征城镇土地使用税。

选项 C 当选，机场飞行区（包括跑道、滑行道、停机坪、安全带、夜航灯光区）用地、场内外通信导航设施用地和飞行区四周排水防洪设施用地，免征城镇土地使用税。

选项 D 当选，机场道路中，场外道路用地免征城镇土地使用税，场内道路用地照章征收。

选项 A 不当选，农产品批发市场、农贸市场专门用于经营农产品的土地，免征城镇土地使用税，但是其行政办公区、生活区，以及商业餐饮娱乐等非直接为农产品交易提供服务的土地，应照章征收城镇土地使用税。

选项 E 不当选，盐场的盐滩、盐矿的矿井用地，暂免征收城镇土地使用税，但生产厂房、办公、生活区用地，照章征收城镇土地使用税。

8.17　§斯尔解析　**ACD**　本题考查城镇土地使用税的税收优惠。

选项 B 不当选，经批准开山填海整治的土地和改造的废弃土地，从使用的月份起免缴城镇土地使用税 5 年至 10 年。

选项 E 不当选，对公租房建设期间用地及公租房建成后占地，免征城镇土地使用税。

8.18　🔍斯尔解析　**CE**　本题考查城镇土地使用税的相关规定。

选项 A 不当选，经省、自治区、直辖市人民政府批准，经济落后地区城镇土地使用税的适用税额标准可适当降低，但降低额不得超过上述规定最低税额的 30%（而不是 50%）。

选项 B 不当选，经济发达地区的适用税额标准可以适当提高，但须报财政部批准（不是经省人民政府批准，也不是经国家税务总局批准）。

选项 D 不当选，集体和个人办的各类学校、医院、托儿所和幼儿园用地，由省、自治区、直辖市税务局确定具体的减免优惠。

提示：针对选项 E 的内容，应同房产税相关规定进行辨析。房地产开发企业建造的商品房，在出售前，不征收房产税；但对出售前已使用或出租、出借的商品房，应按规定征税。

多项选择题

8.19 ▶ ABCD

多项选择题

8.19 🄢斯尔解析　**ABCD**　本题考查城镇土地使用税的税收优惠。

选项 A 当选，对商品储备管理公司及其直属库自用的承担商品储备业务的房产、土地，免征房产税、城镇土地使用税。

选项 B 当选，对港口的码头（即泊位，包括岸边码头、伸入水中的浮码头、堤岸、堤坝、栈桥等）用地，免征城镇土地使用税。

选项 C 当选，对城市公交站场、道路客运站场、城市轨道交通系统运营用地，免征城镇土地使用税。

选项 D 当选，对纳税人从事空载重量大于 45 吨的民用客机研制项目而形成的增值税期末留抵税额予以退还；对上述纳税人及其全资子公司自用的科研、生产、办公房产及土地，免征房产税、城镇土地使用税。

选项 E 不当选，对棚户区改造安置住房建设用地免征城镇土地使用税。

第九章　耕地占用税
答案与解析

一、单项选择题

9.1 ▶ B	9.2 ▶ A	9.3 ▶ C	9.4 ▶ D	9.5 ▶ A
9.6 ▶ A	9.7 ▶ A	9.8 ▶ A	9.9 ▶ C	9.10 ▶ B

二、多项选择题

9.11 ▶ ADE	9.12 ▶ ABE	9.13 ▶ ABCD	9.14 ▶ BDE	9.15 ▶ AE

一、单项选择题

9.1　斯尔解析　**B**　本题考查耕地占用税的特点。
选项 B 不当选，耕地占用税采用地区差别定额税率。

9.2　斯尔解析　**A**　本题考查耕地占用税的纳税人。
选项 A 当选，经批准占用耕地，农用地转用审批文件中标明建设用地人的，耕地占用税的纳税人是建设用地人。
提示：农用地转用审批文件中未标明建设用地人的，纳税人为用地申请人；未批准占用耕地的，纳税人为实际用地人。

9.3　斯尔解析　**C**　本题考查耕地占用税的征税范围。
选项 C 当选，军事设施占用耕地免征耕地占用税，其中军事设施包括军队为执行任务必需设置的临时设施。
选项 A 不当选，纳税人因建设项目施工或者地质勘查临时占用耕地，应缴纳耕地占用税；若在批准临时占用耕地期满之日起 1 年内依法复垦，恢复种植条件的，全额退还已经缴纳的耕地占用税。
选项 B 不当选，纳税人因挖损、采矿塌陷、压占、污染等损毁耕地的，应依法缴纳耕地占用税；自然资源、农业农村等相关部门认定损毁耕地之日起 3 年内依法复垦或修复，恢复种植条件的，可以依法申请退税。

选项 D 不当选，农村居民在规定用地标准以内占用耕地新建自用住宅，按照当地适用税额减半征收耕地占用税。

9.4 斯尔解析 **D** 本题考查耕地占用税的税收优惠。

选项 A 不当选，医疗机构内职工住房占用耕地的，按照当地适用税额缴纳耕地占用税。

选项 B 不当选，铁路线路防火隔离带占用耕地的，减按每平方米 2 元的税额征收耕地占用税。

选项 C 不当选，滩涂治理工程占用耕地的，减按每平方米 2 元的税额征收耕地占用税。

9.5 斯尔解析 **A** 本题考查耕地占用税的税收优惠。

选项 A 当选，占用耕地从事农业建设的，不征耕地占用税。

选项 BD 不当选。专用铁路和专用公路占用耕地的，按照当地适用税额缴纳耕地占用税。铁路线路、公路线路、飞机场跑道、停机坪、港口、航道、水利工程占用耕地，减按每平方米 2 元的税额征收耕地占用税。

选项 C 不当选。农村居民经批准搬迁，新建自用住宅占用耕地不超过原宅基地面积的，免征耕地占用税；超过原宅基地面积的，对超过部分按照当地适用税额减半征收耕地占用税。

9.6 斯尔解析 **A** 本题考查耕地占用税税收优惠和应纳税额的计算。

选项 A 当选，具体计算过程如下：

（1）对占用耕地建设建筑物、构筑物或者从事非农业建设的单位和个人，以其实际占用的耕地面积为计税依据来征收耕地占用税。因此，占用 1 000 平方米耕地建设办公用房和 500 平方米耕地建设食堂，征收耕地占用税。

（2）占用 2 000 平方米耕地种植蔬菜，不征收耕地占用税。

（3）自 2023 年 1 月 1 日至 2027 年 12 月 31 日，对增值税小规模纳税人减半征收耕地占用税。

综上，甲企业应缴纳耕地占用税 =（1 000+500）×25×50%=18 750（元）。

选项 B 不当选，未考虑增值税小规模纳税人享受耕地占用税减半征收的优惠。

选项 C 不当选，未考虑种植蔬菜不征收耕地占用税。

选项 D 不当选，未考虑增值税小规模纳税人享受耕地占用税减半征收的优惠和种植蔬菜不征税。

9.7 斯尔解析 **A** 本题考查税收优惠和耕地占用税的计算。

选项 A 当选，具体计算过程如下：

（1）占用 2 000 平方米耕地种植中药材，不征收耕地占用税。

（2）农村居民在规定用地标准以内占用耕地新建住宅，按照当地适用税额减半征收耕地占用税。

（3）耕地占用税一次性缴纳，小规模纳税人耕地占用税减半征收。

综上，王某新建住宅应缴纳的耕地占用税 =500×30×50%×50%=3 500（元）。

选项 B 不当选，误认为耕地占用税从批准次月起开始缴纳，即误以为 2022 年应缴纳 6 个月（7—12 月）税款。

选项 C 不当选，未考虑农村居民占用耕地新建住宅享受的减半征收的税收优惠。

选项 D 不当选，直接按占用耕地的全部面积计算应纳税额。

9.8 🔍斯尔解析 **A** 本题考查耕地占用税的减征优惠。

选项 A 当选，减税的公路线路，具体范围限于经批准建设的国道、省道、县道、乡道和属于农村公路的村道的主体工程以及两侧边沟或者截水沟。

选项 B 不当选，农村烈士遗属、因公牺牲军人遗属、残疾军人，以及符合农村最低生活保障条件的农村居民，在规定用地标准以内新建自用住宅占用耕地，免征耕地占用税。

选项 C 不当选，县级以上人民政府教育行政部门批准成立的大学、中学、小学、学历性职业教育学校和特殊教育学校，免征耕地占用税。

选项 D 不当选，专用铁路和铁路专用线占用耕地的，按照当地适用税额缴纳耕地占用税。

9.9 🔍斯尔解析 **C** 本题考查耕地占用税的相关规定。

选项 C 当选，经批准占用耕地的，纳税义务发生时间为收到自然资源主管部门办理占用耕地手续的书面通知的当日。

提示：经批准改变用途的，纳税义务发生时间为收到批准文件的当日。

9.10 🔍斯尔解析 **B** 本题考查耕地占用税的征收管理。

选项 B 当选，未经批准占用耕地的，耕地占用税纳税义务发生时间为自然资源主管部门认定的纳税人实际占用耕地的当天。

二、多项选择题

9.11 🔍斯尔解析 **ADE** 本题考查耕地占用税中"耕地"的范围。

占用耕地（含园地、林地、草地、农田水利用地、养殖水面、渔业水域滩涂用地）建设建筑物、构筑物或者从事非农业建设的，均要征收耕地占用税。

选项 A 当选，园地，包括茶园、果园、橡胶园和其他园地。

选项 D 当选，农田水利用地，包括农田排灌沟渠及相应附属设施用地。

选项 E 当选，渔业水域滩涂，包括专门用于种植或养殖水生动植物的海水潮浸地带和滩地，以及用于种植芦苇并定期进行人工养护管理的苇田。

选项 BC 不当选。林地不包括城镇村庄范围内的绿化林木用地以及沟渠的护堤林用地。因此，占用此类用地从事非农业建设，不属于耕地占用税的征税范围，无须缴纳耕地占用税。

9.12 🔍斯尔解析 **ABE** 本题考查耕地占用税的税收优惠、应纳税额的计算及征收管理。

选项 A 当选、选项 C 不当选。医疗机构占用耕地免征耕地占用税，但限于其专门从事医疗活动的场所，医疗机构内职工住房占用耕地的，按照当地适用税额缴纳耕地占用税。占用园地、林地、牧草地、农田水利用地、养殖水面以及渔业水域滩涂等其他农用地建房或者从事非农业建设的，比照占用耕地征收耕地占用税。因此，医院耕地占用税的计税依据 =1.5+1=2.5（万平方米）。

选项 B 当选，耕地占用税一次性征收。

选项 E 当选，纳税义务发生时间为纳税人收到自然资源主管部门办理占用耕地手续的书面通知的当日，即 2023 年 5 月 6 日当日。

选项 D 不当选，纳税人占用基本农田的，加按 150% 征收，应缴纳耕地占用税 =1.5×20×150%+1×20=65（万元）。

9.13 【斯尔解析】 **ABCD** 本题考查耕地占用税的征税范围及税收优惠。

选项 AD 当选、选项 E 不当选，纳税人占用耕地从事非农业建设，应征收耕地占用税，占用耕地建设农田水利设施，不征收耕地占用税。

选项 B 当选，铁路线路、公路线路、飞机场跑道、停机坪、港口、航道占用耕地，减按每平方米 2 元的税额征收耕地占用税（不是免税）。

选项 C 当选，专用的铁路和铁路专用线、专用公路和城区内机动车道占用耕地的，按照当地适用税额缴纳耕地占用税，无减征优惠。

9.14 【斯尔解析】 **BDE** 本题考查耕地占用税税率及计税依据的相关规定。

选项 B 当选，占用园地、林地、草地、农田水利用地、养殖水面、渔业水域滩涂以及其他农用地建设建筑物、构筑物或者从事非农业建设的，适用税额可以适当降低，但降低的部分不得超过 50%。

选项 D 当选，未经批准占用的土地面积也应该计入耕地占用税的计税依据。

选项 E 当选，补缴税款时适用税额应按改变用途时的适用税额计算。

选项 A 不当选，人均耕地低于 0.5 亩的地区，省、自治区、直辖市政府可以适当提高适用税额，但提高的部分不得超过当地规定税额标准的 50%。

选项 C 不当选，适用税额是指省、自治区、直辖市人民代表大会常务委员会决定的应税土地所在地县级行政区的现行适用税额。

9.15 【斯尔解析】 **AE** 本题考查耕地占用税的征收管理。

选项 B 不当选，耕地占用税由税务机关征收。

选项 C 不当选，在供地环节，建设用地人使用耕地用途符合免税情形的，由用地申请人和建设用地人共同申请，退还用地申请人已经缴纳的耕地占用税。

选项 D 不当选。纳税人因挖损、采矿塌陷、压占、污染等损毁耕地，占用时应缴纳耕地占用税。自相关部门认定损毁耕地之日起 3 年内依法复垦或修复，恢复种植条件的，可申请退税。

一、单项选择题

| 10.1 ▸ A | 10.2 ▸ B | 10.3 ▸ A | 10.4 ▸ C |

二、多项选择题

| 10.5 ▸ ACE | 10.6 ▸ ABCD | 10.7 ▸ ABDE | 10.8 ▸ ABE | 10.9 ▸ CE |

| 10.10 ▸ ABCD |

一、单项选择题

10.1 〔斯尔解析〕　**A**　本题考查船舶吨税的税收优惠。

选项 A 当选，捕捞、养殖渔船，免征船舶吨税。

选项 BC 不当选，非机动驳船和拖船需要按照相同净吨位船舶税率的 50% 计征船舶吨税。

选项 D 不当选，机动船舶正常纳税，没有免税的优惠。

提示：非机动船舶，免征；非机动驳船，征收。

10.2 〔斯尔解析〕　**B**　本题考查船舶吨税的征收管理。

选项 B 当选，应税船舶负责人应当自海关填发船舶吨税缴款凭证之日起 15 日缴清税款。未按期缴清税款的，自滞纳税款之日起至缴清税款之日止，按日加收滞纳税款 0.5‰ 的滞纳金。

10.3 〔斯尔解析〕　**A**　本题考查船舶吨税应纳税额的计算。

选项 A 当选，对无法提供净吨位证明文件的游艇，按照发动机功率每千瓦折合净吨位 0.05 吨来计算，故应缴纳的船舶吨税 =1 680×2×0.05×1.5=252（元）。

选项 B 不当选，误按照发动机功率每千瓦折合净吨位 0.67 吨来计算且仅考虑了一台发动机。

选项 C 不当选，误按照发动机功率每千瓦折合净吨位 0.67 吨来计算。

选项 D 不当选，仅考虑了一台发动机。

10.4 🔍斯尔解析　C　本题考查船舶吨税应纳税额的计算。

选项 C 当选，拖船按照发动机功率每千瓦折合净吨位 0.67 吨计征税款，拖船和非机动驳船分别按相同净吨位船舶税率的 50% 计征税款。该拖船应缴纳船舶吨税 = 10 000 × 0.67 × 4 × 50% = 13 400（元）。

选项 A 不当选，未考虑千瓦和吨的换算。

选项 B 不当选，未考虑千瓦和吨的换算以及拖船的税收优惠。

选项 D 不当选，未考虑拖船的税收优惠。

二、多项选择题

10.5 🔍斯尔解析　ACE　本题考查船舶吨税的税收优惠。

选项 A 当选、选项 B 不当选，非机动船舶（不包括非机动驳船），免征船舶吨税。

选项 C 当选，警用船舶免征船舶吨税。

选项 E 当选，自境外以购买、受赠、继承等方式取得船舶所有权的初次进口到港的空载船舶，免征船舶吨税。

选项 D 不当选，终止运营或者拆解，并不上下客货的船舶免征船舶吨税。

10.6 🔍斯尔解析　ABCD　本题考查船舶吨税的税收优惠。

选项 E 不当选，对避难、防疫隔离、修理、改造、终止运营或者拆解，并不上下客货的船舶，免征船舶吨税。

10.7 🔍斯尔解析　ABDE　本题考查船舶吨税的延期优惠政策。

海关可按照实际发生天数批注延长吨税执照期限的情形包括：

（1）避难、防疫隔离、修理、改造并不上下客货的船舶。（选项 ADE 当选）

（2）军队、武装警察部队征用的船舶。（选项 B 当选）

选项 C 不当选，没有延期优惠。

10.8 🔍斯尔解析　ABE　本题考查船舶吨税的征收管理。

选项 C 不当选，应税船舶在吨税执照期限内，因修理、改造导致净吨位变化的，吨税执照继续有效。

选项 D 不当选，应当自上一次执照期满的次日（而非当日）起续缴吨税。

10.9 🔍斯尔解析　CE　本题考查船舶吨税的税收优惠及征收管理。

选项 A 不当选，自境外以购买、受赠、继承等方式取得船舶所有权的初次进口到港的空载船舶，免征船舶吨税。

选项 B 不当选，相同净吨位的船舶，吨税执照期限越长，适用的单位税额越高。

选项 D 不当选，海关发现少征或者漏征税款的，一年内补征，不加征滞纳金；但因应税船舶违反规定造成税款少征或漏征的，海关可以自应当缴纳税款之日起三年内追征，并按日加征滞纳金。

10.10 🔍斯尔解析　ABCD　本题考查船舶吨税担保的规定。

下列财产、权利可以用于担保：

（1）人民币、可自由兑换货币。（选项 E 不当选）

（2）汇票、本票、支票、债券、存单。（选项 CD 当选）

（3）银行、非银行金融机构的保函。（选项 AB 当选）

（4）海关依法认可的其他财产、权利。

综合题演练
答案与解析

11.1 (1) ▶ D	11.1 (2) ▶ C	11.1 (3) ▶ A	11.1 (4) ▶ A
11.2 (1) ▶ B	11.2 (2) ▶ D	11.2 (3) ▶ C	11.2 (4) ▶ D
11.3 (1) ▶ A	11.3 (2) ▶ C	11.3 (3) ▶ A	11.3 (4) ▶ B
11.3 (5) ▶ B	11.3 (6) ▶ BDE		

11.1 (1) ⓢ斯尔解析 **D** 本小问考查契税应纳税额的计算。

选项 D 当选，具体计算过程如下：

①房屋所有权互换，价值不等的，契税由支付差价的一方缴纳，故王某和某企业换购房产的行为应由王某缴纳契税，税额 =1 400×4%=56（万元）。

②王某将换购的厂房无偿划入物流公司，由受赠方物流公司作为契税的纳税义务人，按照市场价格作为契税的计税依据，故物流公司应缴纳的契税 =（600+1 400）×4%=80（万元）。

综上，物流公司和股东王某合计应缴纳契税 =56+80=136（万元）。

选项 A 不当选，误以为王某享受契税减半的税收优惠且未考虑物流公司应缴纳的契税。

选项 B 不当选，未考虑王某将厂房无偿划转给物流公司的相关征税规定。

选项 C 不当选，误以为物流企业的契税享受"六税两费"的税收优惠。

(2) ⓢ斯尔解析 **C** 本小问考查城镇土地使用税的税收优惠和应纳税额的计算。

选项 C 当选，具体计算过程如下：

① 2027 年 12 月 31 日以前，对物流企业自有（包括自用和出租）或承租的大宗商品仓储设施用地，减按 50% 计征城镇土地使用税。物流企业的办公、生活区用地及其他非直接用于大宗商品仓储的土地，不属本项规定的减税范围，应按规定征收。因此，仅 10 000 平方米的用于大宗商品的仓储的厂房，可享受物流企业的税收优惠。

② 2027 年 12 月 31 日以前，对小型微利企业减半征收城镇土地使用税，且可叠加享受其他税收优惠政策。

③该物流公司自厂房交付使用的次月起缴纳城镇土地使用税。

综上，物流公司接受股东王某划入的厂房应缴纳城镇土地使用税 =（20 000×4×3÷12+10 000×4×3÷12×50%）×50%÷10 000=1.25（万元）。

选项 A 不当选，误以为用于办公的厂房也享受物流公司城镇土地使用税减半的税收优惠。

选项 B 不当选，未考虑物流公司城镇土地使用税减半的税收优惠。

选项 D 不当选，未考虑"六税两费"的税收优惠。

(3) 🅢斯尔解析   A   本小问考查城镇土地使用税应纳税额的计算。

选项 A 当选，具体计算过程如下：

①该公司年初办公用房占地 2 000 平方米，应缴纳城镇土地使用税 =2 000×4÷10 000=0.8（万元）。

②土地使用权未确定或权属纠纷未解决的，其实际使用人为纳税人；从临近企业租入工业用地无须缴纳城镇土地使用税。出租房产的，应自交付出租房产之次月起纳税，当年应缴纳 6 个月税款。故业务（1）中为开展大宗商品仓储业务应缴纳的城镇土地使用税 =40 000×4×6÷12×50%÷10 000=4（万元）。

综上，物流公司当年应缴纳城镇土地使用税 =（0.8+4）×50%+1.25=3.65（万元）。

选项 B 不当选，未考虑有产权纠纷的土地。

选项 C 不当选，误以为租入的土地也需要缴纳城镇土地使用税。

选项 D 不当选，未考虑"六税两费"税收优惠。

提示：在计算城镇土地使用税时要时刻注意物流公司城镇土地使用税的税收优惠条件以及"六税两费"的税收优惠。

(4) 🅢斯尔解析   A   本小问考查车船税应纳税额的计算。

选项 A 当选，具体计算过程如下：

①挂车的应纳税额按货车的 50% 计算，年初拥有的货车和挂车车船税的应纳税额 =8×12×90+8×14×90×50%=13 680（元）。

②已缴纳车船税的车船在同一纳税年度内办理转让过户的，不另纳税，也不退税。故 7 月转让的 4 辆挂车不另外纳税也无须退税。

③车船税的纳税期限为购买车船的"发票"或者其他证明文件所载日期的当月为准，即进口的客货两用车自 9 月份开始计税，当年纳税月份为 4 个月。客货两用车按照货车的计税单位和税额计征车船税。故客货两用车的应纳税额 =10×10×90×4÷12=3 000（元）。

综上，物流公司当年应缴纳车船税 =13 680+3 000=16 680（元）。

选项 B 不当选，误将转让的挂车已缴纳的车船税进行扣减。

选项 C 不当选，误将客货两用车按照大客车来计算车船税。

选项 D 不当选，未考虑挂车的应纳税额应按货车的 50% 计算。

11.2 **(1)** Ⓢ斯尔解析　**B**　本小问考查印花税应纳税额的计算。

选项 B 当选，具体计算过程如下：

①买卖合同的计税依据为买卖价款，适用税率为 0.3‰；运输合同的计税依据为运输费用，适用税率为 0.3‰；财产保险合同的计税依据为保险费，不包含所保财产的金额，适用税率为 1‰；借款合同的计税依据为借款金额，适用税率为 0.05‰；技术服务合同属于技术合同，其计税依据为合同中记载的价款，适用税率为 0.3‰。

②在 2027 年 12 月 31 日之前，对增值税小规模纳税人减半征收印花税（不含证券交易印花税）。

综上，甲公司 7 月应缴纳的印花税 =（500×0.3‰ +18×0.3‰ +2×1‰ +400×0.05‰ +2×0.3‰）×10 000×50%=890（元）。

选项 A 不当选，未考虑增值税小规模印花税减半的税收优惠，且在计算运输合同印花税时，误将装卸费用也作为计税依据。

选项 C 不当选，在计算运输合同印花税时，误将装卸费用也作为计税依据。

选项 D 不当选，未考虑增值税小规模纳税人印花税减半的税收优惠。

(2) Ⓢ斯尔解析　**D**　本小问考查印花税应纳税额的计算。

选项 D 当选，具体计算过程如下：

①房产销售合同按照产权转移书据来计征印花税，其计税依据为价款，适用税率为 0.5‰；买卖合同的计税依据为买卖价款，适用税率为 0.3‰。

②在 2027 年 12 月 31 日之前，对增值税小规模纳税人减半征收印花税（不含证券交易印花税）。

综上，甲公司 8 月应缴纳的印花税 =（1 000×0.5‰ +30×0.3‰）×10 000×50%=2 545（元）。

选项 A 不当选，误将房产销售合同按照买卖合同计征印花税，且未考虑增值税小规模纳税人印花税减半的税收优惠。

选项 B 不当选，误将房产销售合同按照买卖合同计征印花税。

选项 C 不当选，未考虑增值税小规模纳税人印花税减半的税收优惠。

(3) Ⓢ斯尔解析　**C**　本小问考查印花税应纳税额的计算。

选项 C 当选，具体计算过程如下：

①租赁合同的计税依据为租金，适用税率为 1‰，题干中约定 9 月份为免租期，故租金按照 23 个月来进行计算；证券交易印花税的计税依据为成交价格，适用税率为 1‰。

②在 2027 年 12 月 31 日之前，对增值税小规模纳税人减半征收印花税（不含证券交易印花税）。

③证券交易印花税只对出让方征收，不对受让方征收。自 2023 年 8 月 28 日起，证券交易印花税实施减半征收。

综上，甲公司 9 月应缴纳的印花税 =2×23×1‰ ×10 000×50%+50×1‰ ×10 000×50%=480（元）。

选项 A 不当选，未考虑"六税两费"和证券交易印花税的税收优惠。

选项 B 不当选，未考虑"六税两费"的税收优惠。

选项 D 不当选，未考虑证券交易印花税的税收优惠。

（4） 🅢斯尔解析　**D**　本小问考查房产税应纳税额的计算。

选项 D 当选，具体计算过程如下：

①新购商品房，自房屋交付使用之次月起计征房产税，当年房产税计税月份为 9 月至 12 月，共计 4 个月。新购商品房应缴纳的房产税 =［1 000×（1-30%）×1.2%×4/12］×10 000= 28 000（元）。

②出租旧仓库，免租期间按照从价计征房产税，即从价计征房产税的月份为 1 月至 9 月，共计 9 个月；从租计征房产税的月份为 10 月至 12 月，共计 3 个月。因此，旧仓库应缴纳的房产税 =［300×（1-30%）×1.2%×9/12+2×3×12%］×10 000=26 100（元）。

③在 2027 年 12 月 31 日之前，对增值税小规模纳税人减半征收房产税。

综上，甲公司旧仓库与新购商品房应缴纳的房产税 =（28 000+26 100）×50%=27 050（元）。

选项 A 不当选，未考虑"六税两费"税收优惠。

选项 B 不当选，新购商品房纳税义务发生时间计算有误。

选项 C 不当选，新购商品房纳税义务发生时间计算有误，且未考虑"六税两费"税收优惠。

11.3 **（1）** 🅢斯尔解析　**A**　本小问考查房产税和印花税应纳税额的计算。

选项 A 当选，具体计算过程如下：

①个人将自己名下的仓库从 10 月 1 日起租，其中免租期为 10 月至 11 月，免收租金期间由产权所有人从价计征房产税，即 1 月至 11 月共计 11 个月，从价计征房产税，12 月从租计征房产税。故应缴纳的房产税 =［500×（1-20%）×1.2%×11÷12+2×12%］×10 000= 46 400（元）。

②个人将仓库出租按照"租赁合同"计征印花税，其计税依据为租金收入，故应缴纳的印花税 =2×（12×2-2）×1‰×10 000=440（元）。

③ 2027 年 12 月 31 日之前，对增值税小规模纳税人减半征收房产税、印花税（不含证券交易印花税），张某以自己的名义出租的仓库，可以享受此税收优惠。

综上，张某合计应缴纳仓库的房产税和印花税 =（46 400+440）×50%=23 420（元）。

选项 B 不当选，未考虑"六税两费"的税收优惠且误将免租期按照从租计征房产税。

选项 C 不当选，未考虑"六税两费"的税收优惠且印花税纳税义务发生时间判断有误。

选项 D 不当选，未考虑"六税两费"的税收优惠。

（2） 🅢斯尔解析　**C**　本小问考查财产租赁所得个人所得税的计算。

选项 C 当选，具体计算过程如下：

①财产租赁所得以一个月内取得的收入为一次计征个人所得税。

②每次（月）收入超过 4 000 元的，应纳税所得额 =［每次（月）收入 - 准予扣除项目 - 修缮费用（800 元为限）］×（1-20%），其中许可扣除的项目中包含在出租仓库过程中缴纳的印花税和房产税，其中房产税仅考虑从租计征的部分。

③结合上一问，出租仓库的个人所得税应纳税所得额 =［2×10 000-（2×10 000×12%+440）×50%］×（1-20%）=14 864（元）。

综上，出租仓库应缴纳的个人所得税 =14 864×20%=2 972.8（元）。

选项 A 不当选，未考虑"六税两费"的税收优惠。

选项 B 不当选，未考虑扣除的印花税金额以及"六税两费"的税收优惠。

选项 D 不当选，未考虑扣除的印花税金额。

（3） 🔍斯尔解析 **A** 本小问考查个人所得税的税务处理。

选项 A 当选，个人独资企业对外投资分回的利息或者股息、红利，不并入企业的收入，而应单独作为投资者个人取得的利息、股息、红利所得，按"利息、股息、红利所得"应税项目计算缴纳个人所得税；合伙企业的合伙人取得的合伙企业的生产经营所得，按照"经营所得"项目计算缴纳个人所得税。

（4） 🔍斯尔解析 **B** 本小问考查个人独资企业经营所得的扣除项目。

选项 B 当选，具体计算过程如下：

①支付给张某本人的工资不得扣除，故可以扣除的主营业务成本 =70-10=60（万元）。

②业务招待费按照实际发生额的 60% 和当年销售收入的 5‰孰低扣除，扣除限额 1=6×60%=3.6（万元），扣除限额 2=120×5‰=0.6（万元），故业务招待费可扣除的限额为 0.6 万元，可以扣除的管理费用 =10-6+0.6=4.6（万元）。

综上，可扣除的主营业务成本和管理费用合计 =60+4.6=64.6（万元）。

选项 A 不当选，未考虑管理费用中的其他可扣除项目。

选项 C 不当选，业务招待费的扣除限额计算有误。

选项 D 不当选，未考虑张某本人工资不得税前扣除。

（5） 🔍斯尔解析 **B** 本小问考查个人所得税经营所得的计算。

选项 B 当选，具体计算过程如下：

①个人独资企业的应纳税所得额，等于每一纳税年度的收入总额减除成本、费用以及损失后的余额。即经营所得应纳税所得额 =120-60-3-18-4.6-8-5+60-6=75.4（万元）。

②查经营所得税率表（年度）可得，适用税率为 35%，速算扣除数 65 500 元。

综上，张某 2023 年度经营所得应缴纳个人所得税 =75.4×35%-65 500÷10 000=19.84（万元）。

选项 A 不当选，未考虑减除费用 6 万元以及投资收益的金额。

选项 C 不当选，未考虑减除费用 6 万元。

选项 D 不当选，未考虑减除费用 6 万元以及业务招待费扣除金额计算有误。

提示：张某没有其他综合所得，即在计算经营所得时应当减除费用 6 万元。

（6） 🔍斯尔解析 **BDE** 本小问考查个人独资企业所得税的征收管理规定。

选项 A 不当选，投资者兴办两个或两个以上企业的，年度终了时，应汇总从所有企业取得的应纳税所得额，据此确定适用税率并计算缴纳个人所得税。

选项 C 不当选，投资者兴办两个或两个以上企业的，企业的年度经营亏损不能跨企业弥补。